高校经典教材同步辅导丛书

信号与系统（第三版·下册）同步辅导及习题全解

主　编　孙雨雷

主　审　周　涛

中国水利水电出版社
www.waterpub.com.cn

内 容 提 要

本书共 6 章：离散时间系统的时域分析、z 变换、离散时间系统的 z 域分析、离散傅里叶变换以及其他离散正交变换、模拟与数字滤波器、反馈系统、系统的状态变量分析，各章均包括考试要求、知识点归纳、经典考题解析、历年考研真题评析、教材同步习题全解五部分内容，并针对各章习题给出详细解答，思路清晰、逻辑性强，循序渐进地帮助读者分析并解决问题。

本书可作为高等院校“信号与系统”课程的辅导教材，也可作为考研人员复习备考和教师备课命题的参考资料。

图书在版编目（CIP）数据

信号与系统（第三版·下册）同步辅导及习题全解 / 孙雨雷主编. -- 北京 : 中国水利水电出版社, 2012.6（2021.1 重印）
（高校经典教材同步辅导丛书）
ISBN 978-7-5084-9870-6

Ⅰ. ①信… Ⅱ. ①孙… Ⅲ. ①信号系统－高等学校－教学参考资料 Ⅳ. ①TN911.6

中国版本图书馆CIP数据核字(2012)第123589号

策划编辑：杨庆川　　责任编辑：张玉玲　　封面设计：李　佳

书　　名	高校经典教材同步辅导丛书 **信号与系统（第三版·下册）同步辅导及习题全解**
作　　者	主　编　孙雨雷 主　审　周　涛
出版发行	中国水利水电出版社 （北京市海淀区玉渊潭南路 1 号 D 座　100038） 网址：www.waterpub.com.cn E-mail：mchannel@263.net（万水） 　　　　sales@waterpub.com.cn 电话：（010）68367658（营销中心）、82562819（万水）
经　　售	全国各地新华书店和相关出版物销售网点
排　　版	北京万水电子信息有限公司
印　　刷	三河市祥宏印务有限公司
规　　格	170mm×227mm　16 开本　15 印张　345 千字
版　　次	2012 年 8 月第 1 版　2021 年 1 月第 7 次印刷
定　　价	30.80 元

前 言

POSTSCRIPT

为了帮助读者更好地学习“信号与系统”这门课程，掌握更多的知识，我们根据多年的教学经验编写了这本辅助教材，旨在帮助读者理解基本概念，掌握基本知识，学会基本解题方法和解题技巧，进而提高应试能力。

本书作为一种辅助性的教材，具有较强的针对性、启发性、指导性和补充性。考虑到“信号与系统”这门课程的特点，我们在内容上作了以下安排：

(1)考试要求。根据教学大纲要求，总结学习的重点和需要掌握的知识点。

(2)知识点归纳。对每章知识点做了简练概括，梳理了各知识点之间的脉络联系，突出各章主要定理及重要公式，使读者在各章学习过程中目标明确，有的放矢。

(3)经典考题解析。该部分选取了一些具有启发性或综合性较强的经典例题，对所给例题先进行分析，再给出详细解答，意在抛砖引玉。

(4)历年考研真题评析。精选历年研究生入学考试中具有代表性的试题进行详细解答，开阔学生的解题思路，使其能更好地掌握该课程的基本内容和解题方法。

(5)教材同步习题全解。教材中课后习题丰富、层次多样，许多基础性问题从多个角度帮助学生理解基本概念和基本理论，促其掌握基本解题方法。我们对教材的课后习题给出了详细的解答。

由于时间仓促，加之编者水平有限，书中难免有疏漏之处，敬请各位同行和读者批评指正。

编者

2012 年 8 月

目录
contents

目录
contents

第七章

离散时间系统的时域分析

考试要求

本章要求熟练掌握离散时间系统的时域表达方式，并能利用离散时间系统的数学模型进行简单的性能分析。

知识点归纳

■ 离散时间信号

1. 常用序列之间的关系

$$\delta(n) = u(n) - u(n-1)$$

$$u(n) = \sum_{m=0}^{\infty}\delta(n-m)$$

2. 离散时间信号的表示

$$x(n) = \sum_{m=0}^{\infty}x(m)\delta(n-m)$$

任意序列 $x(n)$ 可以表示为加权、延迟的单位样值序列之和的形式。

3. 离散信号的卷积和

$$x(n) * h(n) = \sum_{m=0}^{\infty}x(m)h(n-m)$$

卷积满足交换律、分配律、结合律：

$$x_1(n)*x_2(n)=x_2(n)*x_1(n)$$

$$[x_1(n)+x_2(n)]*x_3(n)=x_1(n)*x_3(n)+x_2(n)*x_3(n)$$

$$[x_1(n)*x_2(n)]*x_3(n)=x_1(n)*[x_2(n)*x_3(n)]$$

$x(n)$ 与 $\delta(n)$ 的卷积：

$$x(n)*\delta(n)=x(n)$$

$$x(n)*\delta(n-m)=x(n-m)$$

$$x(n-m_1)*\delta(n-m_2)=x(n-m_1-m_2)$$

■ 离散时间系统

1. 常系数线性差分方程

$$a_0y(n)+a_1y(n-1)+\cdots+a_{N-1}y(n-N+1)+a_Ny(n-N)$$
$$=b_0x(n)+b_1x(n-1)+\cdots+b_{M-1}x(n-M+1)+b_Mx(n-M)$$

差分方程的两种解法:迭代法、时域经典法。

2. 离散线性时不变系统作为因果系统的充要条件是

$$h(n)=0(\text{当 } n<0 \text{ 时}) \text{ 或 } h(n)=h(n)u(n)$$

3. 稳定系统的充要条件是单位样值响应绝对可积，即

$$\sum_{n=-\infty}^{\infty}|h(n)|\leqslant M\text{，}M\text{为有界正值}$$

4. 线性时不变系统的总响应可表示为

$$y(n)=\sum_{n=-\infty}^{\infty}x(m)h(n-m)$$

上式称为卷积和,简化记为 $y(n)=x(n)*h(n)$

5. 卷积服从交换律、分配律和结合律。

6. 解卷积也称为反卷积、反演卷积或逆卷积。

由给定的 $h(n)$、$y(n)$ 求 $x(n)$：

$$x(n)=[y(n)-\sum_{m=0}^{n-1}x(m)h(n-m)]/h(0)$$

由给定的 $x(n)$、$y(n)$ 求 $h(n)$：

$$h(n) = [y(n) - \sum_{m=0}^{n-1} h(m)x(n-m)]/x(0)$$

■ 序列 x(n) 的差分运算

1. 前向差分运算

一级　$\Delta x(n) = x(n+1) - x(n)$

二级　$\Delta^2 x(n) = \Delta[\Delta x(n)] = \Delta[x(n+1) - x(n)]$

$= x(n+2) - 2x(n+1) + x(n)$

三级　$\Delta^3 x(n) = \Delta[\Delta^2 x(n)]$

$= \Delta[x(n+2) - 2x(n+1) + x(n)]$

$= x(n+3) - 3x(n+2) + 3x(n+1) - x(n)$

2. 后向差分运算

一阶　$\nabla x(n) = x(n) - x(n-1)$

二阶　$\nabla^2 x(n) = \nabla[\nabla x(n)] = \nabla[x(n) - x(n-1)]$

$= x(n) - 2x(n-1) + x(n-2)$

三阶　$\nabla^3 x(n) = \nabla[\nabla^2 x(n)]$

$= \nabla[x(n) - 2x(n-1) + x(n-2)]$

$= x(n) - 3x(n-1) + 3x(n-2) - x(n-3)$

3. 典型序列的差分

$$\delta(n) = \varepsilon(n) - \varepsilon(n-1) = \nabla\varepsilon(n)$$

$$h(n) = g(n) - g(n-1) = \nabla g(n)$$

上式中 $h(n)$ 为单位样值响应，$g(n)$ 为阶跃响应。

■ 离散信号的卷积和单位样值响应

离散信号的卷积(卷积和或卷和) 定义为

$$f_1(n) * f_2(n) = \sum_{k=-\infty}^{\infty} f_1(k) f_2(n-k)$$

借助这一关系，任意离散信号可以表示为

$$f(n) = \sum_{k=-\infty}^{\infty} f(k)\delta(n-k) = f(n) * \delta(n)$$

经典考题解析

例 1 离散时间系统的差分方程 $2y(n)-y(n-1)=4x(n)+2x(n-1)$，求系统的单位样值响应 $h(n)$。

逻辑推理 根据差分方程和 $h(n)$ 的定义求解。

解题过程 $2h(n)-h(n-1)=4\delta(n)+2\delta(n-1)$

$2\alpha-1=0 \quad \alpha=\frac{1}{2} \quad h(n)=C\left(\frac{1}{2}\right)^n$

$2h_1(n)-h_1(n-1)=4\delta(n) \quad 2h_2(n)-h_2(n-1)=2\delta(n-1)$

$h_1(0)=2 \quad C=2 \quad h_1(n)=2\left(\frac{1}{2}\right)^n u(n)$

$h_2(1)=1 \quad C=2 \quad h_2(n)=2\left(\frac{1}{2}\right)^n u(n-1)$

$$h(n)=h_1(n)+h_2(n)=2\left(\frac{1}{2}\right)^n u(n)+2\left(\frac{1}{2}\right)^n u(n-1)$$

$$=2\delta(n)+4\left(\frac{1}{2}\right)^n u(n-1)$$

例 2 已知离散系统的差分方程为 $y(n+2)-3y(n+1)+2y(n)=x(n+1)-2x(n)$，$x(n)=2^n u(u)$，$y_{zi}(0)=0$，$y_{zi}(1)=1$，求系统的零输入响应、零状态响应及完全响应。

逻辑推理 已知系统差分方程求各种响应，理解各响应的构成。

解题过程 求零输入响应 $y_{zi}(n)$：

$y(n+2)-3y(n+1)+2y(n)=0 \quad \alpha^2-3\alpha+2=0 \quad \alpha_1=1,\alpha_2=2$

$y_{zi}(n)=C_1+C_2 2^n \quad C_1+C_2=0, C_1+2C_2=1$，求得 $C_1=-1, C_2=1$

$y_{zi}(n)=[-1+2^n]u(n)$

求单位样值响应 $h(n)$：

$h(n)=B_1+B_2 2^n$

$h(n+2)-3h(n+1)+2h(n)=\delta(n+1)-2\delta(n)$

$n=-2 \quad h(0)=0; n=-1 \quad h(1)=1; n=0 \quad h(2)=3-2=1$

代入 $h(n)$ $\quad h(1)=B_1+2B_2=1$

$h(2)=B_1+4B_2=1$ 求得 $B_1=1, B_2=0 \quad h(n)=u(n-1)$

求零状态响应：

$y_{zs}(n)=x(n)*h(n)=2^n u(n)*u(n-1)=(2^n-1)u(n-1)$

求全响应 $y(n) = y_{zi}(n) + y_{zs}(n) = (-1+2^n)u(n) + (2^n-1)u(n-1)$

$$= 2[(2^n-1)u(n-1)]$$

例 3 如图 7-1 所示的复合离散系统由两个子系统级联组成，已知 $h_1(n) = 2\cos\left(\frac{n\pi}{4}\right)$，$h_2(n) = a^n u(n)$，激励 $f(n) = \delta(n) - a\delta(n-1)$，求零状态响应 $y_{zs}(k)$。

逻辑推理 利用卷积和的交换律直接进行计算。

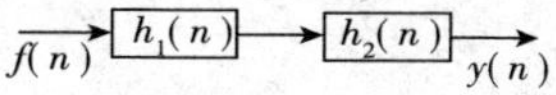

图 7-1

解题过程

$$y_{zs}(n) = f(n) * h_1(n) * h_2(n) = f(n) * h_2(n) * h_1(n)$$
$$= [\delta(n) - a\delta(n-1)] * a^n u(n) * h_1(n)$$
$$= [a^n u(n) - a^n u(n-1)] * h_1(n)$$
$$= \{a^n[u(n) - u(n-1)]\} * h_1(n)$$
$$= a^n\delta(n) * h_1(n) = h_1(n)$$
$$= 2\cos\left(\frac{n\pi}{4}\right)$$

例 4 求图 7-2 所示系统的单位序列响应 $h(n)$。

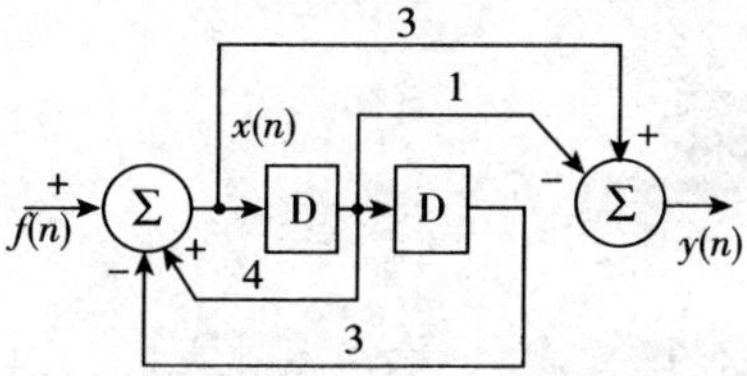

图 7-2

逻辑推理 首先会写系统输出表达式，再求解即可。

解题过程 设图 7-2 中左边加法器的输出为 $x(n)$，其后迟延单元的输出分别为 $x(n-1)$、$x(n-2)$。所以

$$x(n) = 4x(n-1) - 3x(n-2) + f(n) \tag{1}$$

由右边加法器的输出端可列出方程

$$y(n) = 3x(n) - x(n-1) \tag{2}$$

首先求差分方程式(1) 的单位序列响应 $h_x(n)$，$h_x(n)$ 满足

$$h_x(n) = 4h_x(n-1) - 3h_x(n-2) + \delta(n) \tag{3}$$

和初始状态 $h_x(-1) = h_x(-2) = 0$。

令 $n = 0$、1 可得单位序列响应 $h_x(n)$ 的初始值。

$$h_x(0) = 4h_x(-1) - 3h_x(-2) + \delta(0) = 1$$
$$h_x(1) = 4h_x(0) - 3h_x(-1) + \delta(1) = 4$$

对于 $n > 0$，由式(3) 知 $h_x(n)$ 满足齐次方程

$$h_x(n) - 4h_x(n-1) + 3h_x(n-2) = 0$$

可求得其特征根 $\lambda_1 = 1, \lambda_2 = 3$，得方程的齐次解

$$h_x(n) = C_1 + C_2 3^n, n \geqslant 0$$

将初始值代入，有

$$h_x(0) = C_1 + C_2 = 1$$

$$h_x(1) = C_1 + 3C_2 = 4$$

可解得 $C_1 = -\frac{1}{2}, C_2 = \frac{3}{2}$，于是

$$h_x(n) = -\frac{1}{2}[1 - 3^{(n+1)}]u(n)$$

由式(2)可得系统单位序列响应

$$\begin{aligned} h(n) &= 3h_x(n) - h_x(n-1) \\ &= -\frac{3}{2}[1 - 3^{(n+1)}]u(n) + \frac{1}{2}[1 - 3^n]u(n-1) \\ &= (4 \cdot 3^n - 1)u(n) \end{aligned}$$

历年考研真题评析

题 1 （北京邮电大学 2009 年）已知 $f(n) = \{-\underset{\substack{\uparrow \\ n=0}}{2} \quad -1 \quad 0\}$，$h(n) = \{0 \quad 1 \quad 2 \quad \underset{\substack{\uparrow \\ n=0}}{3}\}$，求卷积 $y(n) = f(n) * h(n)$。

逻辑推理 此题考查了离散时间系统卷积和的求法。

解题过程

$$\begin{array}{rrrrrr}
 & f(n): & -\underset{\uparrow}{2} & -1 & 0 & \\
 & h(n): & 1 & 2 & \underset{\uparrow}{3} & \\
\hline
 & & -\underset{\uparrow}{6} & -3 & 0 & \\
 & -4 & -2 & 0 & & \\
-2 & -1 & 0 & & & \\
\hline
-2 & -5 & -\underset{\uparrow}{8} & -3 & 0 &
\end{array}$$

所以 $y(n) = \{-2, -5, -\underset{\uparrow}{8}, -3\}$

题 2 （北京邮电大学2010年）已知 LTI 离散系统如图 7-3 所示，画出系统总的冲激响应 $h(n)$ 波形。各子系统的冲激响应为：

$h_1(n)=\delta(n-1)-\delta(n-3)$，

$h_2(n)=h_3(n)=(n+1)u(n)$，

$h_4(n)=\delta(n-1)$，$h_5(n)=\delta(n)-2\delta(n-3)$

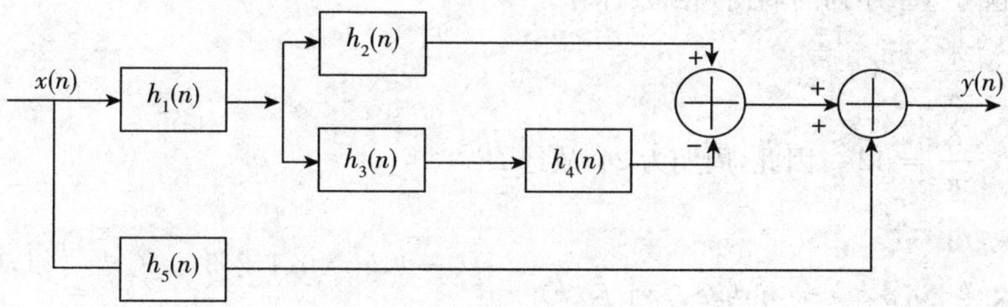

图 7-3

逻辑推理 此题考查了由系统框图写出函数及重要序列 $\delta(n)$、$u(n)$ 的波形。

解题过程 由图可以写出：

$$\begin{aligned}h(n)&=h_5(n)+h_1(n)*[h_2(n)-h_3(n)*h_4(n)]\\&=\delta(n)-2\delta(n-3)+[\delta(n-1)-\delta(n-3)]*\\&\quad[(n+1)u(n)-(n+1)u(n)*\delta(n-1)]\\&=\delta(n)+\delta(n-1)+\delta(n-2)-2\delta(n-3)\end{aligned}$$

波形如图 7-4 所示。

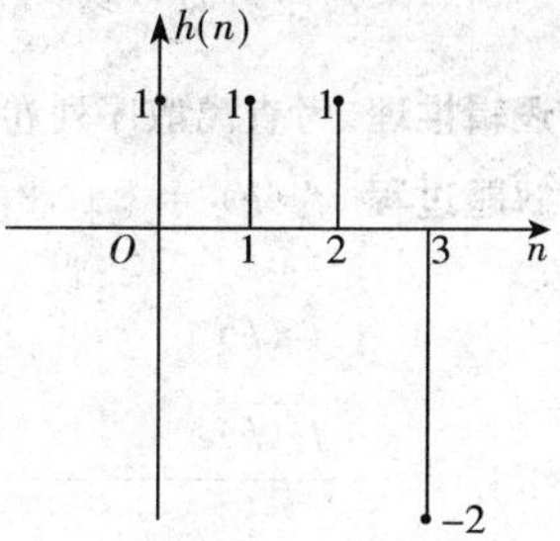

图 7-4

题 3 （电子科技大学 2010 年）完成解卷积和卷积积分的运算！

已知 $2^n u(n)*x(n)=\delta(n)-\delta(n-1)$，试求出 $x(n)$，并画出其波形。

解题过程 $\because$ $2^n u(n)*\{\delta(n)-2\delta(n-1)\}=\delta(n)$

$2^n u(n)*\{\delta(n-1)-2\delta(n-2)\}=\delta(n-1)$

$\therefore x(n)=\delta(n)-2\delta(n-1)-\{\delta(n-1)-2\delta(n-2)\}$

$=\delta(n)-3\delta(n-1)+2\delta(n-2)$

$\therefore x(n)=\{\underset{\substack{\uparrow\\ n=0}}{1},-3,2\}$

波形如图 7-5 所示。

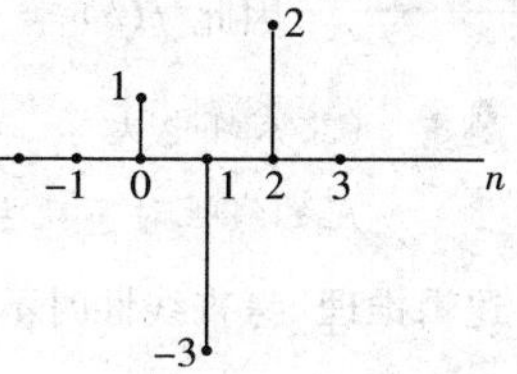

图 7-5

题 4 （北京邮电大学 2009 年）若 $y(n)=x(n)*x(n)$，则 $x(n-1)*x(n-2)=$ __________。

解题过程 $x(n-1)*x(n-2)=y(n-3)$

题 5 （北京邮电大学 2009 年）单位阶跃序列 $u(n)$ 的平均功率是__________。

解题过程 $\frac{1}{2}$

题 6 (北京邮电大学 2010 年)信号 $x(n)=\sin\frac{n\pi}{4}-2\cos\frac{n\pi}{6}$ 的周期为(　　)。

A. 8　　B. 24　　C. 12π　　D. 12

逻辑推理 此题考查了序列的周期判断及计算。

解题过程 $2\pi\times\frac{4}{\pi}=8$

$2\pi\times\frac{6}{\pi}=12$ 　因此,周期为 24,故选 B。

题 7 (江苏大学 2008 年)如有两个序列 $f_1(k)=\begin{cases}k+1, k=0,1,2,3\\0, \quad 其他\end{cases}$,$f_2(k)=\begin{cases}1, k=0,1,2\\0,其他\end{cases}$。试求两序列的卷积和 $f(k)=f_1(k)*f_2(k)$。

逻辑推理 考查离散序列卷积和的计算。

解题过程 $f_1(k)=\{\underset{\underset{k=0}{\uparrow}}{1},2,3,4\}$　　$f_2(k)=\{\underset{\underset{k=0}{\uparrow}}{1},1,1\}$

$f_1(k)$:			$\underset{\uparrow}{1}$	2	3	4
$f_2(k)$:				$\underset{\uparrow}{1}$	1	1
			1	2	3	4
		1	1	3	4	
	1	2	3	4		
	$\underset{\uparrow}{1}$	3	6	9	7	4

因此 $f(k)=\{\underset{\uparrow}{1},3,6,9,7,4\}$

题 8 (北京邮电大学 2008 年)若 $h(n)<k$(对每一个 n),k 为某已知数,则以 $h(n)$ 作为单位样值,响应的线性时不变系统是稳定的。(　　)

逻辑推理 考查线性时不变系统稳定性的判断。

解题过程 $\sum\limits_{n=0}^{\infty}h(n)$ 是有限的,则系统稳定,而此题中 n 的取值范围未给定,因此无法判断是否稳定。

题 9 (北京邮电大学 2008 年)已知 $x(n)=\{3,4,\underset{\uparrow}{5},6\}$,$h(n)=x(0.5n-1)=$ ______。

逻辑推理 考查序列的变换。

解题过程 $h(n)=x(0.5n-1)$

$=\{3,0,\underset{\uparrow}{4},0,5,0,6\}$

教材同步习题全解

7.1 知识点窍 加强对离散时间序列概念的认识。

逻辑推理 本题要求对单位阶跃序列 $u(n)$ 的表达形式有清楚的理解。

解题过程

(1) $x(n) = \left(\frac{1}{2}\right)^n u(n)$　　(2) $x(n) = 2^n u(n)$

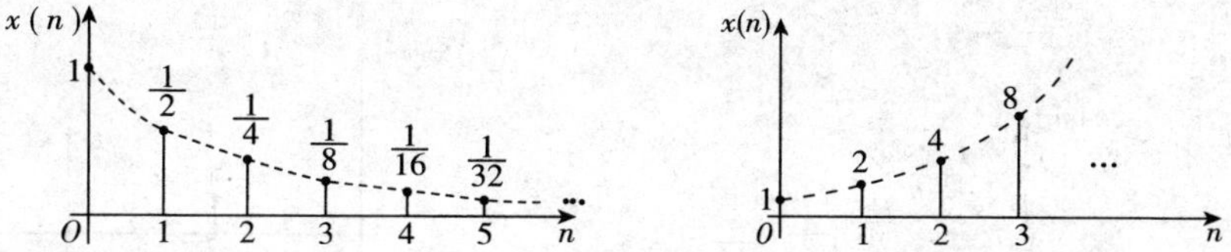

解图 7-1(a)

(3) $x(n) = \left(-\frac{1}{2}\right)^n u(n)$　　(4) $x(n) = (-2)^n u(n)$

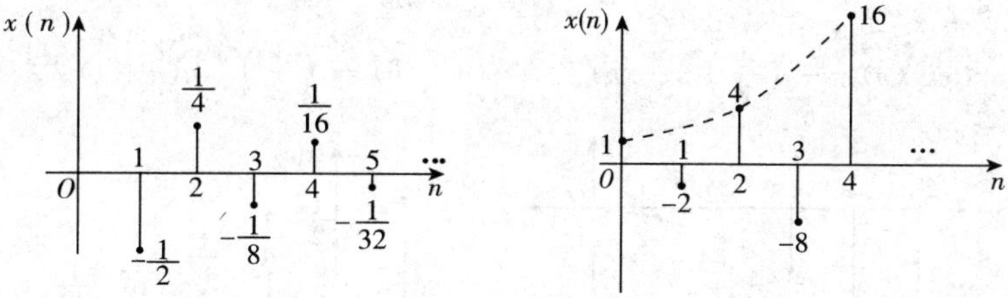

解图 7-1(b)

(5) $x(n) = 2^{n-1} u(n-1)$　　(6) $x(n) = \left(\frac{1}{2}\right)^{n-1} u(n)$

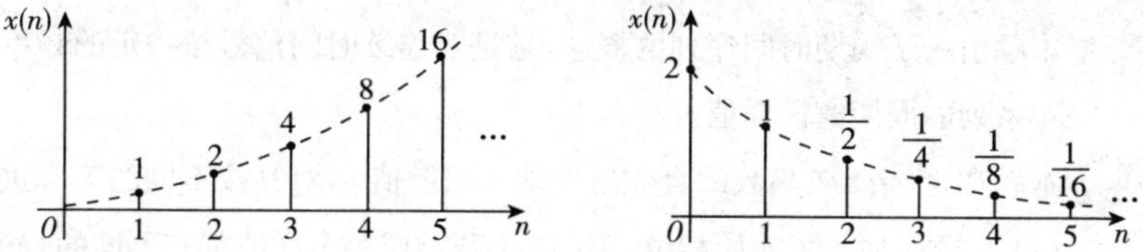

解图 7-1(c)

7.2 知识点窍 本题旨在考查不同形式的离散时间序列，加深对基础概念的理解和认识。

逻辑推理 解答本题的关键是对一些基本的序列进行变通，包括左右移位、反转等，要熟练掌握这些对离散序列的基本操作。

解题过程

(1) $x(n)=nu(n)$　　　　(2) $x(n)=-nu(-n)$

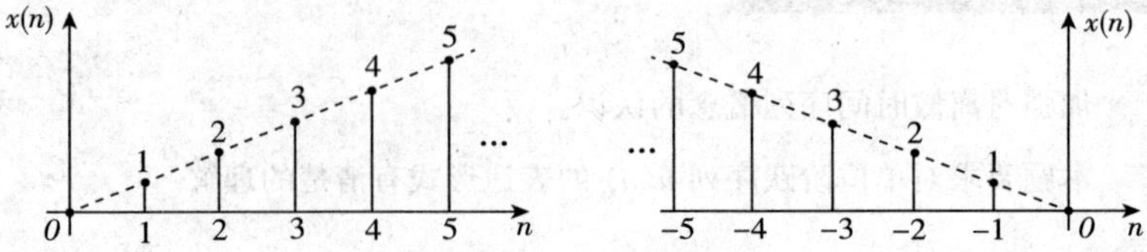

解图 7-2(a)

(3) $x(n)=2^{-n}u(n)$　　　　(4) $x(n)=\left(-\frac{1}{2}\right)^{-n}u(n)$

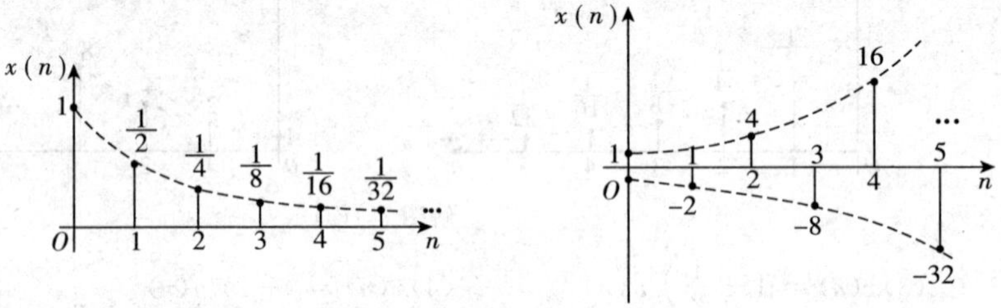

解图 7-2(b)

(5) $x(n)=-\left(\frac{1}{2}\right)^{n}u(-n)$　　　　(6) $x(n)=\left(\frac{1}{2}\right)^{n+1}u(n+1)$

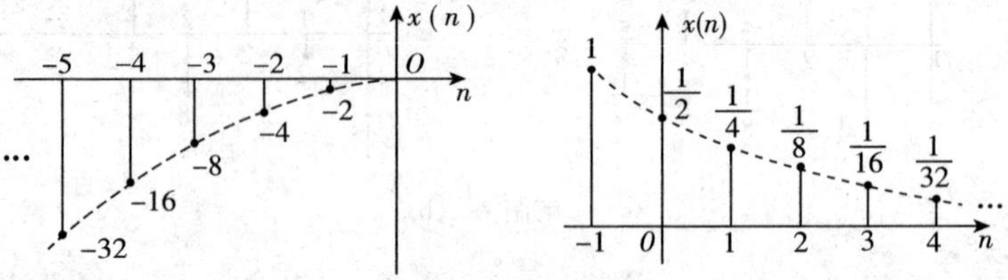

解图 7-2(c)

7.3 **知识点窍** 本题引入了周期时间序列的概念,它是对连续时间信号按一定的频率进行采样,形成一系列的周期离散样值。

逻辑推理 本题在正(余)弦函数的自变量处乘入离散值 n,对其按不同的频率进行采样,对应第(2)小题还加入了初始相位,第(3)小题对应每个样值都有不同的权值。

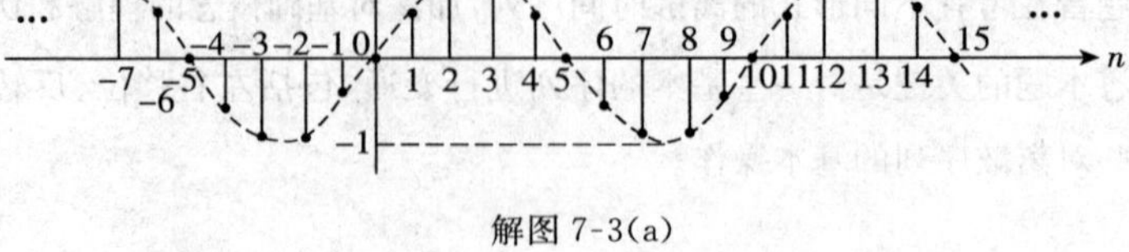

解图 7-3(a)

解题过程 (1) $x(n)=\sin\frac{n\pi}{5}$

(2) $x(n)=\cos\left(\frac{n\pi}{10}-\frac{\pi}{5}\right)$

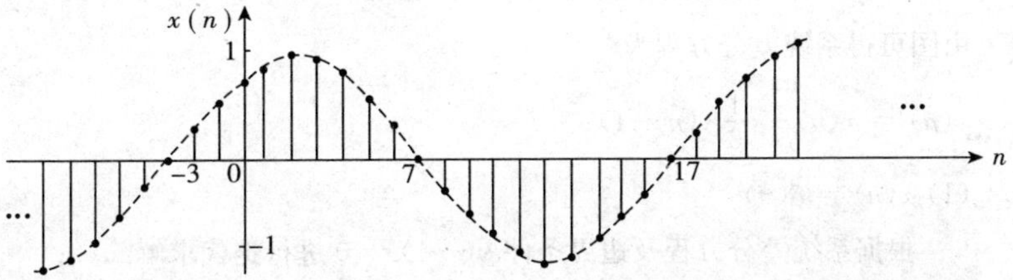

解图 7-3(b)

(3) $x(n)=\left(\frac{5}{6}\right)^n\sin\left(\frac{n\pi}{5}\right)$

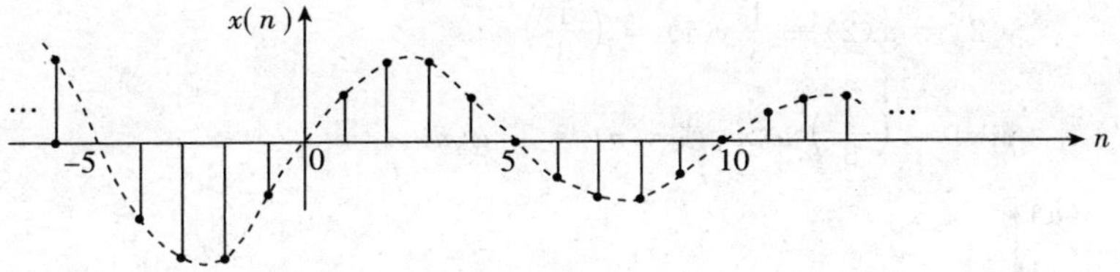

解图 7-3(c)

7.4 知识点窍 判断一个序列是否是周期序列的关键在于设法找出其周期 T，若 $T\to\infty$，则序列是非周期的。

逻辑推理 第(1)小题为判定一余弦序列的周期性，设法求其周期；第(2)小题需要作适当变形，然后求证其周期是否存在。

解题过程 (1) 如果对于整数 N，有 $x(n+N)=x(n)$，则 $x(n)$ 是周期序列。

$$\begin{aligned}由于\ x(n+N)&=A\cos\left[\frac{3\pi}{7}(n+N)-\frac{\pi}{8}\right]\\&=A\cos\left[\frac{3\pi}{7}n+\frac{3\pi}{7}N-\frac{\pi}{8}\right]\end{aligned}$$

如果 $\frac{3\pi}{7}N$ 是 2π 的整数倍，则由余弦函数的性质有 $x(n+N)=x(n)$，显然，满足此条件的最小整数值为 $N=14$，故 $x(n)$ 是周期序列，其周期为 14。

(2) 由于 $x(n+N)=e^{j\left[\frac{1}{8}(n+N)-\pi\right]}=e^{j\left(\frac{n}{8}-\pi\right)}\cdot e^{j\frac{N}{8}}=x(n)e^{j\frac{N}{8}}$

若 $x(n+N)=x(n)$，则要求 $e^{j\frac{N}{8}}=1$，即 $\frac{N}{8}=2k\pi$，由于 π 为无理数，故不可能存在满足此式的整数 N、k，所以 $x(n)$ 不是周期序列。

7.5 知识点窍 本题将离散时间系统的数学模型与差分方程结合起来考查。

逻辑推理 熟知几种基本的数学模型表示法，$\frac{1}{E}$ 为单位延时，也可用符号“D”或“T”表示，$\sum$ 表示加法器，箭头上的系数为需要相乘的权值。

解题过程 由图可得系统差分方程为

$$y(n)=x(n)+\frac{1}{3}y(n-1)$$

(1) $x(n)=\delta(n)$

根据系统差分方程及边界条件 $y(-1)=0$ 进行迭代求解：

$$y(0)=x(0)+\frac{1}{3}y(-1)=1$$

$$y(1)=x(1)+\frac{1}{3}y(0)=\frac{1}{3}$$

$$y(2)=x(2)+\frac{1}{3}y(1)=\left(\frac{1}{3}\right)^2$$

$$y(n)=\left(\frac{1}{3}\right)^n u(n) \text{ 或 } y(n)=3^{-n}u(n)$$

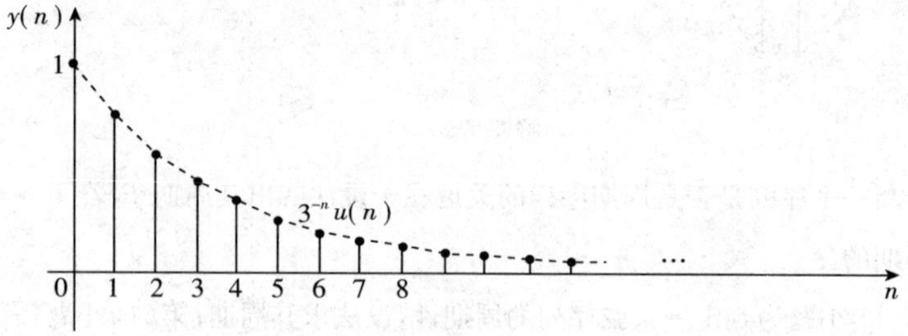

解图 7-5(a)

(2) $x(n)=u(n)$

$$y(0)=x(0)+\frac{1}{3}y(-1)=1=\frac{3^0}{3^0}$$

$$y(1)=x(1)+\frac{1}{3}y(0)=1+\frac{1}{3}=\frac{4}{3}=\frac{3^0+3^1}{3^1}$$

$$y(2)=x(2)+\frac{1}{3}y(1)=1+\frac{4}{9}=\frac{13}{9}=\frac{3^0+3^1+3^2}{3^2}$$

…

$$y(n)=x(n)+\frac{1}{3}y(n-1)=\frac{3^0+3^1+3^2+\cdots+3^n}{3^n}$$

$$=\frac{1}{3^n}\cdot\frac{3^{n+1}-1}{3-1}=\frac{3-3^{-n}}{2}u(n)$$

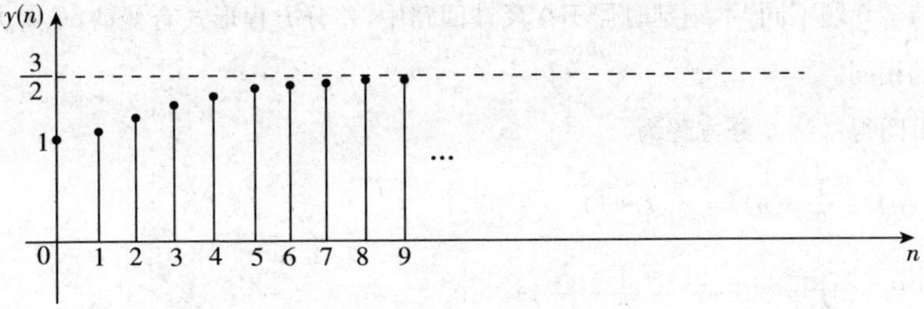

解图 7-5(b)

(3) $x(n)=u(n)-u(n-5)$

$$y(0)=x(0)+\frac{1}{3}y(-1)=1=\frac{3^0}{3^0}$$

$$y(1)=x(1)+\frac{1}{3}y(0)=\frac{4}{3}=\frac{3^0+3^1}{3^1}$$

…

$$y(4)=x(4)+\frac{1}{3}y(3)=\frac{3^0+3^1+\cdots+3^4}{3^4}=\frac{121}{81}$$

$$y(5)=x(5)+\frac{1}{3}y(4)=\frac{1}{3}\cdot\frac{121}{81}$$

$$y(6)=x(6)+\frac{1}{3}y(5)=\left(\frac{1}{3}\right)^2\cdot\frac{121}{81}$$

…

$$y(n)=\frac{3-3^n}{2}[u(n)-u(n-5)]+\frac{121}{81}\left(\frac{1}{3}\right)^{n-4}u(n-5)$$

$$=\frac{3-3^n}{2}[u(n)-u(n-5)]+\frac{121}{3^n}u(n-5)$$

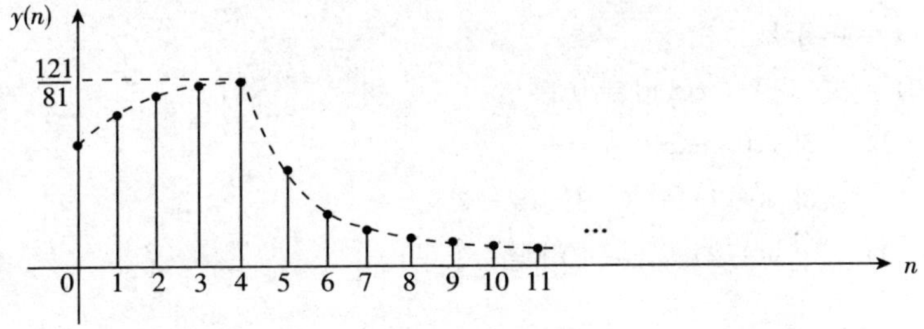

解图 7-5(c)

本小题也可用线性移不变性质，由 $x(n)=u(n)-u(n-5)$，利用第(2) 小题的结果求出。

7.6 知识点窍 本题仍为考查系统模型与差分方程之间的联系。

逻辑推理 与 7.5 题不同,本题延时器不在反馈回路中,差分方程形式有变动,求解方法仍与 7.5 题相同。

解题过程 由图得系统差分方程为

$$x(n)+\frac{1}{3}y(n)=y(n+1)$$

所以 $y(0)=x(-1)+\frac{1}{3}y(-1)=0$

$$y(1)=x(0)+\frac{1}{3}y(0)=1$$

$$y(2)=x(1)+\frac{1}{3}y(1)=\frac{1}{3}$$

$$y(3)=x(2)+\frac{1}{3}y(2)=\left(\frac{1}{3}\right)^2$$

$$\vdots$$

$$y(n)=\left(\frac{1}{3}\right)^{n-1}u(n-1)$$

此结果是 7.5 题(1) 向右移位一个单位后的结果。从系统框图来看,两个系统完全一致,只有取输出信号 $y(n)$ 的地方不同,7.5 题在移位前取,本题在移位后取。

7.7 **知识点窍** 此题要求在 7.5 题的基础上进行融会贯通,将系统的初始条件改变观察输出的变化,同时要求对离散域内的左边序列、右边序列概念了解清晰。

逻辑推理 关键是根据不同的初始条件进行迭代,总结规律。

解题过程 由 7.5 题知 $y(n)=x(n)+\frac{1}{3}y(n-1)$

所以 $y(n-1)=3[y(n)-x(n)]$,且当 $n>0$ 时 $y(n)=0$,

$y(1)=0$,于是

$y(0)=3[y(1)-x(1)]=0$

$y(-1)=3[y(0)-x(0)]=-3$

$y(-2)=3[y(-1)-x(-1)]=-3^2$

$y(-3)=3[y(-2)-x(-2)]=-3^3$

$\vdots$

所以有 $y(n)=-3^{-n}u(-n-1)$ 为一左边序列。

从离散系统的记忆性来看,由于 $x(n)=\delta(n)$,在 $n=0$ 时有 1 的输入,若 $n<0$ 时,$y(n)=0$,则不可能满足边界条件 $y(1)=0$,从而出现一个左边序列。

7.8 **知识点窍** 一个离散时间系统由延时、相加、乘系数等基本部件组合而成。

逻辑推理 围绕相加器给出输入、输出序列的关系。

解题过程 由图得方程 $y(n)=\frac{1}{b_0}[a_0x(n)+a_1x(n-1)-b_1y(n-1)]$

整理得差分方程为 $y(n)+\frac{b_1}{b_0}y(n-1)=\frac{a_0}{b_0}x(n)+\frac{a_1}{b_0}x(n-1)$

这是一阶差分方程。

或写作 $b_0y(n)+b_1y(n-1)=a_0x(n)+a_1x(n-1)$

7.9 知识点窍 本题考查的是较一阶差分方程稍复杂的差分方程的书写。

逻辑推理 注意输出序列经过两次延时进入相加器。

解题过程 围绕相加器给出

$$y(n)=b_1y(n-1)+b_2y(n-2)+a_0x(n)+a_1x(n-1)$$

整理得差分方程为

$$y(n)-b_1y(n-1)-b_2y(n-2)=a_0x(n)+a_1x(n-1)$$

这是二阶差分方程。

7.10 知识点窍 考查对差分方程与系统框图之间关系的理解。

逻辑推理 输入序列 $x(n)$ 经过多次右移后相加，由此可知系统中有多个延时器。

解题过程 系统方框图如下：

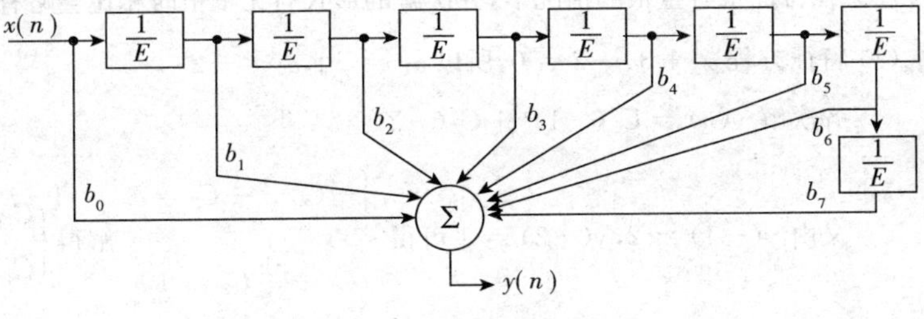

解图 7-10

由 $x(n)=\delta(n)$ 得 $y(n)=\sum_{r=0}^{7}b_r\delta(n-r)$

所以有 $y(0)=b_0, y(1)=b_1, \cdots, y(7)=b_7$，且 $y(n)=0 \quad (n<0, n>7)$

由差分方程可知 $y(n)$ 只与输入序列 $x(n)$ 有关，而与过去的响应无关，这种特点是由于系统中没有反馈回路造成的。

7.11 知识点窍 用常系数线性差分方程的时域经典法求解。

逻辑推理 由特征方程求齐次解与特解，然后代入边界条件求待定系数。

解题过程 (1) 特征方程 $\alpha-\frac{1}{2}=0$，所以 $\alpha=\frac{1}{2}$

故齐次解为 $y(n)=C\left(\frac{1}{2}\right)^n$

又由 $y(0)=1$ 得 $C=1$,故 $y(n)=\left(\frac{1}{2}\right)^n$

(2) 特征方程 $\alpha-2=0$,所以 $\alpha=2$

齐次解为 $y(n)=C(2)^n$

又由 $y(0)=\frac{1}{2}$ 得 $C=\frac{1}{2}$,故 $y(n)=\frac{1}{2}\cdot 2^n=2^{n-1}$

(3) 特征方程 $\alpha+3=0$,所以 $\alpha=-3$

齐次解为 $y(n)=C(-3)^n$

又由 $y(1)=1$ 得 $C=-\frac{1}{3}$,故 $y(n)=\left(-\frac{1}{3}\right)(-3)^n=(-3)^{n-1}$

(4) 特征方程 $\alpha+\frac{2}{3}=0$,所以 $\alpha=-\frac{2}{3}$

齐次解为 $y(n)=C\left(-\frac{2}{3}\right)^n$

又由 $y(0)=1$ 得 $C=1$,故 $y(n)=\left(-\frac{2}{3}\right)^n$

7.12 **知识点窍** 二阶常系数线性差分方程。

逻辑推理 注意在特征根有重根的情况下,齐次解的形式与无重根时相比会略有不同。

解题过程 (1) 特征方程 $\alpha^2+3\alpha+2=0$,所以 $\alpha_1=-1,\alpha_2=-2$

齐次解 $y(n)=C_1(-1)^n+C_2(-2)^n$

又由 $y(-1)=2,y(-2)=1$ 可得 $\begin{cases}-C_1-\frac{1}{2}C_2=2\\ C_1+\frac{1}{4}C_2=1\end{cases}$ 解得 $\begin{cases}C_1=4\\ C_2=-12\end{cases}$

故 $y(n)=4(-1)^n-12(-2)^n$

(2) 特征方程 $\alpha^2+2\alpha+1=0$,所以 $\alpha_1=\alpha_2=-1$

齐次解 $y(n)=(C_1n+C_2)(-1)^n$

又由 $y(0)=y(-1)=1$ 得 $\begin{cases}C_2=1\\ -(-C_1+C_2)=1\end{cases}$ 解得 $\begin{cases}C_1=2\\ C_2=1\end{cases}$

故 $y(n)=(2n+1)(-1)^n$

(3) 特征方程 $\alpha^2+1=0$,所以 $\alpha_1=\mathrm{j},\alpha_2=-\mathrm{j}$

齐次解 $y(n)=C_1(\mathrm{j})^n+C_2(-\mathrm{j})^n$

又由 $y(0)=1,\ y(1)=2$ 得

$$\begin{cases} C_1 + C_2 = 1 \\ -C_1 + C_2 = 2\mathrm{j} \end{cases} \text{解得} \begin{cases} C_1 = \dfrac{1-2\mathrm{j}}{2} \\ C_2 = \dfrac{1+2\mathrm{j}}{2} \end{cases}$$

$$\text{故 } y(n) = \frac{1-2\mathrm{j}}{2}(\mathrm{j})^n + \frac{1+2\mathrm{j}}{2}(-\mathrm{j})^n = \frac{1-2\mathrm{j}}{2}\mathrm{e}^{\mathrm{j}\frac{n\pi}{2}} + \frac{1+2\mathrm{j}}{2}\mathrm{e}^{-\mathrm{j}\frac{n\pi}{2}}$$

$$= \cos\left(\frac{n\pi}{2}\right) + 2\sin\left(\frac{n\pi}{2}\right)$$

7.13 知识点窍 高阶常系数线性差分方程。

逻辑推理 特征根有重根使得齐次解的形式略有不同。

解题过程 特征方程 $\alpha^3 - 7\alpha^2 + 16\alpha - 12 = 0$

$$(\alpha^3 - 7\alpha^2 + 12\alpha) + (4\alpha - 12) = 0$$

$$(\alpha - 3)(\alpha - 2)^2 = 0$$

所以 $\alpha_1 = 3, \alpha_2 = \alpha_3 = 2$

齐次解 $y(n) = C_1 3^n + (C_2 n + C_3)2^n$

又由 $y(1) = -1, y(2) = -3, y(3) = -5$ 得

$$\begin{cases} 3C_1 + 2(C_2 + C_3) = -1 \\ 9C_1 + 4(2C_2 + C_3) = -3 \\ 27C_1 + 8(3C_2 + C_3) = -5 \end{cases} \text{解得} \begin{cases} C_1 = 1 \\ C_2 = -1 \\ C_3 = -1 \end{cases}$$

故 $y(n) = 3^n - (n+1)2^n$

7.14 知识点窍 非齐次差分方程。

逻辑推理 求齐次解、特解，最后得出完全响应。

解题过程 由齐次方程 $y(n) + 5y(n-1) = 0$ 得齐次解为 $C(-5)^n$。

根据自由项形式设特解为 $D_1 n + D_2$，代入原方程有：

$D_1 n + D_2 = -5[D_1(n-1) + D_2] + n$

即 $6D_1 n + 6D_2 - 5D_1 = n$

解之得 $D_1 = \dfrac{1}{6}, D_2 = \dfrac{5}{36}$

故特解为 $\dfrac{1}{6}n + \dfrac{5}{36}$，由此可得

$$y(n) = C(-5)^n + \frac{1}{6}n + \frac{5}{36}$$

利用边界条件 $y(-1) = 0$ 可得 $C = -\dfrac{5}{36}$，则

$$y(n)=-\frac{5}{36}(-5)^n+\frac{1}{6}n+\frac{5}{36}=\frac{1}{36}[(-5)^{n+1}+6n+5]$$

7.15 逻辑推理 求齐次解、特解，最后得出完全响应。

解题过程 由齐次方程 $y(n)+2y(n-1)=0$ 得齐次解为 $C(-2)^n$。

设特解为 D_1n+D_2，代入原方程有：

$D_1n+D_2+2[D_1(n-1)+D_2]=n-2$

即 $3D_1n+3D_2-2D_1=n-2$

解得 $D_1=\frac{1}{3}, D_2=-\frac{4}{9}$

所以 $y(n)=C(-2)^n+\frac{1}{3}n-\frac{4}{9}$

利用边界条件 $y(0)=1$ 可得 $C=\frac{13}{9}$，则

$$y(n)=\frac{13}{9}(-2)^n+\frac{1}{3}n-\frac{4}{9}$$

7.16 知识点窍 熟悉对应于方程右端不同函数形式的特解。

逻辑推理 方程右端出现 a^n 形式的函数，特解选 Da^n。

解题过程 特征方程为 $\alpha^2+2\alpha+1=0$，所以 $\alpha_1=\alpha_2=-1$

齐次解 $y(n)=(C_1n+C_2)(-1)^n$

设特解为 $D\cdot 3^n$，代入原方程有：

$D\cdot 3^n+2D\cdot 3^{n-1}+D\cdot 3^{n-2}=3^n$　解得 $D=\frac{9}{16}$

故 $y(n)=(C_1n+C_2)(-1)^n+\frac{9}{16}\cdot 3^n$

又由 $y(-1)=0, y(0)=0$ 得

$$\begin{cases}-(-C_1+C_2)+\frac{3}{16}=0\\ C_2+\frac{9}{16}=0\end{cases}\quad 解得\begin{cases}C_1=-\frac{3}{4}\\ C_2=-\frac{9}{16}\end{cases}$$

$$故\ y(n)=\left(-\frac{3}{4}n-\frac{9}{16}\right)(-1)^n+\frac{9}{16}\cdot 3^n$$

$$=\left(\frac{3}{4}n+\frac{9}{16}\right)(-1)^{n+1}+\frac{1}{16}\cdot 3^{n+2}$$

7.17 知识点窍 本题仍为差分方程的求解。

逻辑推理 与上面几道题不同，本题形式上仍是求解差分方程，但方程右端为 $\sin n$，特征根是一

对共轭复根，所设特解的形式也应注意。

解题过程 求解特征方程，得一对共轭根

$\alpha_1 = \mathrm{j} = \mathrm{e}^{\mathrm{j}\frac{\pi}{2}} \quad \alpha_2 = -\mathrm{j} = \mathrm{e}^{-\mathrm{j}\frac{\pi}{2}}$

故齐次解 $y(n) = C_1(\mathrm{e}^{\mathrm{j}\frac{\pi}{2}})^n + C_2(\mathrm{e}^{-\mathrm{j}\frac{\pi}{2}})^n = B_1\cos\frac{n\pi}{2} + B_2\sin\frac{n\pi}{2}$

设特解为 $D_1\sin n + D_2\cos n$，代入原方程有：

$D_1\sin n + D_2\cos n + D_1\sin(n-2) + D_2\cos(n-2) = \sin n$

即 $D_1\sin n + D_2\cos n + D_1(\sin n\cos 2 - \cos n\sin 2) + D_2(\cos n\cos 2 + \sin n\sin 2) = \sin n$

由 $\begin{cases} D_1 + D_1\cos 2 + D_2\sin 2 = 1 \\ D_2 - D_1\sin 2 + D_2\cos 2 = 0 \end{cases}$ 解得 $\begin{cases} D_1 = \dfrac{1}{2} \\ D_2 = \dfrac{1}{2}\tan 1 \end{cases}$

于是 $y(n) = B_1\cos\left(\dfrac{n\pi}{2}\right) + B_2\sin\left(\dfrac{n\pi}{2}\right) + \dfrac{1}{2}\sin n + \dfrac{1}{2}\tan 1\cos n$

由 $y(-1) = 0, y(-2) = 0$ 求得 $B_1 = -\dfrac{1}{2}\tan 1, B_2 = 0$

故 $y(n) = -\dfrac{1}{2}\tan 1\cos\left(\dfrac{n\pi}{2}\right) + \dfrac{1}{2}\sin n + \dfrac{1}{2}\tan 1\cos n$

$$= \frac{1}{2(1+\cos 2)}\left[\sin n + \sin(n+2) - \sin 2\cos\left(\frac{n\pi}{2}\right)\right]$$

7.18 **知识点窍** 本题将迭代法与特征方程法放在一起考查，再次巩固、加深对差分方程求解的理解与把握。

逻辑推理 本题的难点在于第(2)小题中假设特解函数形式的部分，注意到方程右端为 n，可与离散序列函数的微分联系起来，然后对方程式进行适当的变形，以此为依据假设特解函数的形式。

解题过程 (1) 由差分方程 $y(n) - y(n-1) = n$ 及初值 $y(-1) = 0$ 可得

$n \geqslant 0$ 时，$y(0) - y(-1) = 0 \quad y(0) = 0$

$y(1) - y(0) = 1 \quad y(1) = 1 = 0 + 1$

$y(2) - y(1) = 2 \quad y(2) = 3 = 0 + 1 + 2$

$y(3) - y(2) = 3 \quad y(3) = 6 = 0 + 1 + 2 + 3$

$y(4) - y(3) = 4 \quad y(4) = 10 = 0 + 1 + 2 + 3 + 4$

$\vdots$

归纳出 $\quad y(n) = \sum_{k=0}^{n} k = \dfrac{n(n+1)}{2}$

故 $n \geqslant 0$ 时，$y(n) = \dfrac{n(n+1)}{2}$

(2) 由差分方程 $y(n)-y(n-1)=n$ 可知齐次解为

$C_1 1^n = C_1$

若将特解设为 $D_1 n + D_2$,代入差分方程有:

$D_1 n + D_2 - [D_1(n-1)+D_2] = D_1 = n$

显然,D_1、D_2 无法确定。

我们借用微分方程解释这个问题。

对方程作变形,有 $y(n)-y(n-1)=\dfrac{y(n)-y(n-1)}{n-(n-1)}$

可以将 $y(n)-y(n-1)$ 看做是微分方程中的一阶导数,即$\dfrac{\mathrm{d}y(x)}{\mathrm{d}x}$,这样对应上述差分方程的微分方程为$\dfrac{\mathrm{d}y(x)}{\mathrm{d}x}=x$

其解应包括 x 的二次幂,因此差分方程的特解应设为 $D_1 n^2 + D_2 n$

代入原方程,有

$D_1 n^2 + D_2 n - [D_1(n-1)^2 + D_2(n-1)] = n$

即 $2D_1 n - (D_1 - D_2) = n$

$\begin{cases} 2D_1 = 1 \\ D_1 - D_2 = 0 \end{cases}$ 解得 $D_1 = D_2 = \dfrac{1}{2}$

于是特解为$\dfrac{1}{2}n^2 + \dfrac{1}{2}n$。

完全解 $y(n) = C_1 + \dfrac{1}{2}n^2 + \dfrac{1}{2}n$

由初始值 $y(-1)=0$ 求得 $C_1 = 0$

所以 $y(n) = \dfrac{1}{2}n^2 + \dfrac{1}{2}n = \dfrac{n(n+1)}{2}$,与迭代法结果一致。

7.19 知识点窍 考查点与上题一致,在上题的基础上融会贯通。

逻辑推理 本题将上题右端的 n 改为 n^3,关键还是在于第(2)问特殊形式的问题,从微分方程的角度来考虑,意味着求导次数增加了,特解形式也应相应改变,具体见解题过程。

解题过程 (1) 由原方程有 $y(n) = y(n-1) + n^3$,初始值$y(-1)=0$, 于是

$y(0) = 0$

$y(1) = 1^3$

$y(2) = 1^3 + 2^3$

$y(3) = 1^3 + 2^3 + 3^3$

⋮

$y(n)=1^3+2^3+3^3+\cdots+n^3=[\frac{1}{2}n(n+1)]^2$

故当 $n\geqslant 0$ 时，$y(n)=[\frac{1}{2}n(n+1)]^2$

(2) 齐次解的形式同上题，由于方程右端是 n^3，特解的最高次幂应为 n^4，设特解为 $D_4n^4+D_3n^3+D_2n^2+D_1n$

代入原方程有

$4D_4n^3+(3D_3-6D_4)n^2+(4D_4-3D_3+2D_2)n+(D_1+D_3-D_2-D_4)=n^3$

于是 $D_4=\frac{1}{4}, D_3=\frac{2}{4}, D_2=\frac{1}{4}, D_1=0$

求得特解为$\frac{1}{4}n^4+\frac{2}{4}n^3+\frac{1}{4}n^2$

完全解 $y(n)=C_1+\frac{1}{4}n^4+\frac{2}{4}n^3+\frac{1}{4}n^2$

由初值 $y(-1)=0$　得 $C_1=0$

所以 $y(n)=\frac{1}{4}n^4+\frac{2}{4}n^3+\frac{1}{4}n^2=[\frac{1}{2}n(n+1)]^2$，与迭代法结果一致。

7.20 **知识点窍** 本题第(1)小题考查的是由已知响应反推差分方程，从根本上讲仍是用到了差分方程的求解，系统静止隐含说明了 n 小于 0 时输出为 0。

逻辑推理 已知所求的差分方程是二阶的，首先假设出其一般形式，结合响应用特征方程法求解。

解题过程 (1) 设此二阶差分方程为

$y(n)+a_1y(n-1)+a_2y(n-2)=\sum_{k=0}^{n}b_kx(n-k)$

其特征方程

$\alpha^2+a_1\alpha+a_2=0$

从已知响应 $y(n)=[2^n+3(5^n)+10]u(n)$

可得特征根 $\alpha_1=2, \alpha_2=5$

于是 $\alpha^2+a_1\alpha+a_2=(\alpha-2)(\alpha-5)=\alpha^2-7\alpha+10$

因此 $a_1=-7, a_2=10$

从而 $y(n)-7y(n-1)+10y(n-2)=\sum_{k=0}^{n}b_kx(n-k)$

又知 $x(n)=u(n)$

所以 $y(n)-7y(n-1)+10y(n-2)=\sum_{k=0}^{n}b_ku(n-k)=\sum_{k=0}^{n}b_k$

又由于系统静止，因此 $y(-1)=0, y(-2)=0$，

当 $n=0$ 时,有

$$y(0)-7y(-1)+10y(-2)=b_0$$

即 $b_0=y(0)=[2^n+3(5)^n+10]|_{n=0}=14$

$n=1$ 时有 $y(1)-7y(0)+10y(-1)=b_0+b_1$

而 $y(1)=[2^n+3(5^n)+10]|_{n=1}=27$

故 $b_1=y(1)-7y(0)-b_0=27-7\times14-14=-85$

$n=2$ 时有

$y(2)=[2^n+3(5^n)+10]|_{n=2}=89$

$y(2)-7y(1)+10y(0)=b_0+b_1+b_2$

求得 $b_2=89-7\times27+10\times14-14+85=111$

当 $n\geqslant3$ 时,可将方程改写为:令 $n=m+2,m=1,2,\cdots$

$$[2^{m+2}+3(5)^{m+2}+10]-7[2^{m+1}+3(5)^{m+1}+10]+10[2^m+3(5)^m+10]$$

$$=\sum_{k=0}^{m+2}b_k$$

方程左端为

$$4\cdot2^m+75\cdot5^m+10-14\cdot2^m-105\cdot5^m-70+10\cdot2^m+30\cdot5^m+100=40$$

即方程左端当 $n\geqslant3$ 后恒等于 40,

而方程右端有 $b_0+b_1+b_2=14-85+111=40$,

故在 $n\geqslant3$ 时,b_n 恒等于 0。

于是所求的二阶差分方程为

$$y(n)-7y(n-1)+10y(n-2)=14x(n)-85x(n-1)+111x(n-2)$$

(2) 由于 $x(n)=2[u(n)-u(n-10)]$

而系统对 $u(n)$ 的响应已知为

$g(n)=[2^n+3(5^n)+10]u(n)$

又知该系统是由一、二阶线性常系数线性差分方程描述,且处于静止状态,因此该系统是线性移不变系统,故其对 $x(n)$ 的响应为(记第(1)问中的响应 $y(n)$ 为 $y_1(n)$)

$$\begin{aligned}y(n)&=2[y_1(n)-y_1(n-10)]\\&=2\{[2^n+3(5^n)+10]u(n)-[2^{n-10}+3(5)^{n-10}+10]u(n-10)\}\end{aligned}$$

7.21 **知识点窍** 用差分方程解决实际问题时,关键是找出各离散值前后之间的等式关系。

逻辑推理 $y(n)$ 表示第 n 次跳起的最高值,又知每次跳起的最高值是前次的 2/3,找出等式关系,问题迎刃而解。

解题过程 由题意可得差分方程

$y(n)-\frac{2}{3}y(n-1)=0$，且 $y(0)=H, n>0$

从而解得 $y(n)=C\left(\frac{2}{3}\right)^n$

由 $y(0)=H$ 得 $C=H$，于是：$y(n)=H\left(\frac{2}{3}\right)^n$

当 $H=2\text{m}$ 时，求得 $y(n)=2\left(\frac{2}{3}\right)^n\text{m}$

7.22 **知识点窍** 上题是差分方程用于实际生活中物理现象的实例，本题是用于银行信贷业务的实例。解答时应注意输入方式与上题的差别。

逻辑推理 $y(n)$ 是第 n 个月初的本息和，它共由三部分组成：本月存入、上月结余以及上月的利息，以此得出等式关系。

解题过程 由题可得第 n 个月的本息和为

$y(n)=x(n)+y(n-1)+ay(n-1)$，

即 $y(n)-(1+a)y(n-1)=x(n)$

特征根 $\alpha=1+a$，又因为 $x(n)=10$，所以

$y(n)=C(1+a)^n+D$

将特解 D 代入原方程：$D=10+(1+a)D$

$$D=-\frac{10}{a}$$

$$y(n)=C(1+a)^n-\frac{10}{a}$$

又知 $y(0)=20$，得 $C=20+\frac{10}{a}$

故 $y(n)=\left(20+\frac{10}{a}\right)(1+a)^n-\frac{10}{a}$

将 $a=0.003, n=12$ 代入算得

$y(12)=\frac{1}{0.003}[10.06\times(1.003)^{12}-10]=142.732$(元)

7.23 **知识点窍** 与连续时间系统的情况相同，线性时不变离散系统的完全响应也可分解为自由响应分量与强迫响应分量，或零输入响应分量与零状态响应分量。自由响应对应差分方程的齐次解，强迫响应对应于特解。

逻辑推理 本题是有关溶液浓度的差分方程求解。分析时要清楚第 n 次循环时原有溶液内含特定成分的比例，加入新混合液后变化了多少，找出相等关系后列差分方程。

解题过程 在第 n 个循环开始前，容器内有液体 A $900\cdot y(n-1)$ 升，在第 n 次循环时又倒入液

体 A $x(n)$ 升，因此第 n 次循环结束时，A 在混合液中所占的百分比 $y(n)$ 为：

$$y(n)=\frac{1}{1000}[900y(n-1)+x(n)]$$

即 $1000y(n)-900y(n-1)=x(n)$　齐次解为：$y(n)=C(0.9)^n$

由于 $x(n)=50$，设特解为 D，代入原方程：

$1000D-900D=50\quad D=0.5$

故 $y(n)=C\cdot(0.9)^n+0.5$

又因为 $y(0)=0$，所以 $C=-0.5$

故
$$y(n)=\underbrace{-0.5(0.9)^n}_{\text{自由分量}}+\underbrace{0.5}_{\text{强迫分量}}$$

由 $y(n)$ 的表达式知，当 $n\to\infty$ 时，$y(n)\approx 0.5$

从直观上看，当 $n\to\infty$ 时，可认为容器内的液体 A 所占比例已达平衡，这样每次倒入的 A 和倒出的 100 升混合液中所含的 A 应当相等，而倒入的 A 是 50 升，因此有

$50=100y(n)$

所以 $y(n)=\frac{50}{100}=0.5$

7.24 **知识点窍** 本题考查到了部分电路的知识，但主要思路还是找出其中的对应相等关系。

逻辑推理 第(1)小题中，$t=nT$ 时 S_1 通，S_2 断，此时节点 A,B 间的电压为 $x(nT)$；在 $t=nT+\frac{T}{2}$ 时，S_1 断，S_2 通，考虑两个电容上所带的总电荷量 Q，然后求出两个电容的并联等效电容，求得输出值 $y\left(nT+\frac{T}{2}\right)$；

第(2)小题中在下一轮通 S_1 断 S_2 之前 $y(n)$ 的值不变，只要将 T 代入第(1)小题式中即可；

第(3)小题只要将 $x(t)=u(t)$ 代入求解差分方程即可。

解题过程 (1) 在 S_1 通，S_2 断开期间，电容 C_1 两端的电压(A、B 两点之间的电压)

$U_{AB}=x(nT)$

在 S_1 断，S_2 通时，运用电荷、电压、电容的关系计算如下：

电容 C_1 所带电荷 $Q_1=C_1U_{AB}=C_1x(nT)$

电容 C_2 所带电荷 $Q_2=C_2y(nT)$

因此总电荷量 $Q=Q_1+Q_2=C_1x(nT)+C_2y(nT)$

两电容是并联关系，总电容 $C=C_1+C_2$

输出端的电压 $y\left(nT+\frac{T}{2}\right)=\frac{Q}{C}=\frac{C_1x(nT)+C_2y(nT)}{C_1+C_2}$

故 $y\left(nT+\frac{T}{2}\right)=\frac{C_1}{C_1+C_2}x(nT)+\frac{C_2}{C_1+C_2}y(nT)$

(2) 将 $T=1$ 代入上述关系式，又有在下一次循环之前 $y\left(nT+\frac{T}{2}\right)$ 的值一直延续到 $y\left(nT+T+\frac{T}{2}\right)$，所以

$$y(n+1)=\frac{C_1}{C_1+C_2}x(n)+\frac{C_2}{C_1+C_2}y(n)$$

即 $$y(n+1)-\frac{C_2}{C_1+C_2}y(n)=\frac{C_1}{C_1+C_2}x(n)$$

(3) 齐次解：$y(n)=C\left(\frac{C_2}{C_1+C_2}\right)^n$

又知 $x(t)=u(t)$，设特解为 D，易得 $D=1$。

要求系统的零状态响应，即 $y(-1)=0$，代入原差分方程有 $y(0)=0$

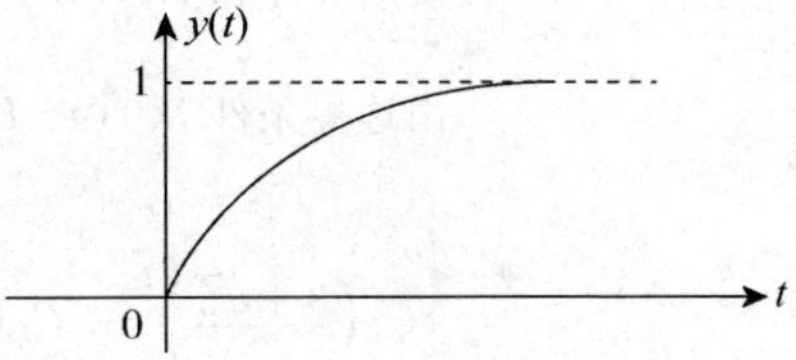

解图 7-24

又有 $y(n)=C\cdot\left(\frac{C_2}{C_1+C_2}\right)^n+1$　得 $C=-1$

故原系统的零状态响应为

$$y(n)=\left[1-\left(\frac{C_2}{C_1+C_2}\right)^n\right]u(n)$$

7.25 知识点窍　对差分方程而言，离散变量的选取要因具体情况而定，本例中 n 代表节点序号。

逻辑推理　对于节数确定的电阻梯形网络，中间节点的电压和总的节数 N 有关，因此在求解 $v(n)$ 的表示式时会含有系数 N。本题大体思路即是按所给边界条件求解差分方程。

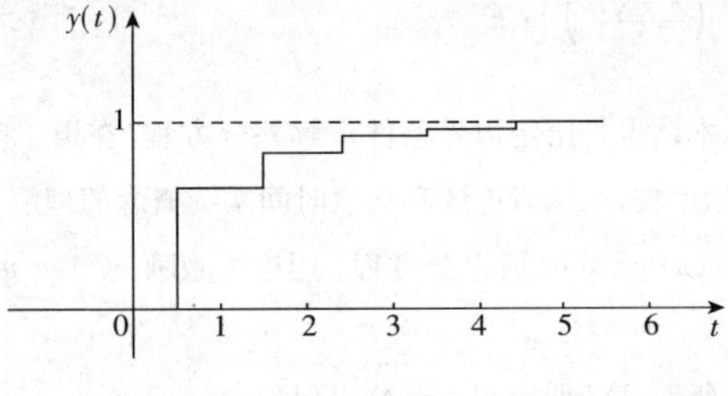

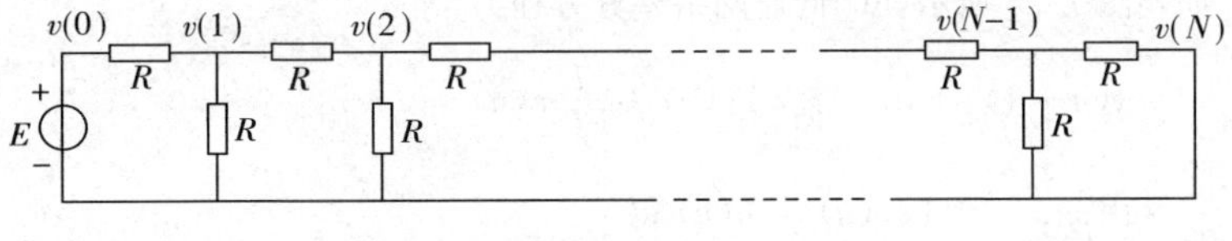

题图 7-25(例 7-4 图)

(注：当 $t=nT+\frac{T}{2}$ 时 $y(t)$ 发生变化)

解题过程 例 7-4 中所列差分方程为

$$v(n)-3v(n-1)+v(n-2)=0$$

特征方程：$\alpha^2-3\alpha+1=0$

特征根：$\alpha_1=\frac{3+\sqrt{5}}{2}$，$\alpha_2=\frac{3-\sqrt{5}}{2}$

齐次解(亦即完全解)：

$$v(n)=C_1\left(\frac{3+\sqrt{5}}{2}\right)^n+C_2\left(\frac{3-\sqrt{5}}{2}\right)^n$$

由边界条件 $v(0)=E$，$v(N)=0$ 有

$$\begin{cases}C_1+C_2=E\\ C_1\left(\frac{3+\sqrt{5}}{2}\right)^N+C_2\left(\frac{3-\sqrt{5}}{2}\right)^N=0\end{cases}$$

解得 $C_1=-\dfrac{\left(\frac{3-\sqrt{5}}{2}\right)^N\cdot E}{\left(\frac{3+\sqrt{5}}{2}\right)^N-\left(\frac{3-\sqrt{5}}{2}\right)^N}$ $C_2=\dfrac{\left(\frac{3+\sqrt{5}}{2}\right)^N\cdot E}{\left(\frac{3+\sqrt{5}}{2}\right)^N-\left(\frac{3-\sqrt{5}}{2}\right)^N}$

所以

$$v(n)=\frac{E}{\left(\frac{3+\sqrt{5}}{2}\right)^N-\left(\frac{3-\sqrt{5}}{2}\right)^N}\left[-\left(\frac{3-\sqrt{5}}{2}\right)^N\left(\frac{3+\sqrt{5}}{2}\right)^n+\left(\frac{3+\sqrt{5}}{2}\right)^N\left(\frac{3-\sqrt{5}}{2}\right)^n\right]$$

当 $N\to\infty$ 时，由于 $\lim\limits_{N\to\infty}\left(\frac{3-\sqrt{5}}{2}\right)^N=0$

所以 $v(n)=\left(\frac{3-\sqrt{5}}{2}\right)^n\cdot E$

7.26 **知识点窍** 与上题相同，本题也是给定边界条件求解差分方程，在第二问中又和连续时间系统的微分方程相比较，加深对连续和离散时间系统概念的理解。

逻辑推理 用离散激励 $x(n)=u(n)$ 解差分方程，用连续激励 $x(t)=u(t)$ 解微分方程，然后进行比较。

解题过程 如题图 7-26 所示，RC 低通网络差分方程为

$$y(n+1)=\left(1-\frac{T}{RC}\right)y(n)+\frac{T}{RC}x(n)$$

由 $\frac{T}{RC}=0.1$，$x(n)=u(n)$ 得

$$y(n+1)-0.9y(n)=0.1u(n)$$

其完全解为 $y(n)=C(0.9)^n+1\qquad(n\geqslant0)$

代入 $y(0)=0$ 得 $C=-1$，所以得

$$y(n) = (1-0.9^n)u(n)$$

上图微分方程为 $RC\frac{\mathrm{d}}{\mathrm{d}t}y(t) + y(t) = x(t)$

当 $x(t) = u(t), y(0) = 0$ 时,得 $y(t) = (1-\mathrm{e}^{-\frac{t}{RC}})u(t)$

$t = nT, T = 1, \frac{T}{RC} = 0.1$ 代入得差分方程

$$y'(n) = (1-\mathrm{e}^{-0.1n})u(n)$$

因为 $\mathrm{e}^{-0.1} \approx 0.9048$,所以两式几乎一致。

$y(t)$ 与 $y(n)$ 的波形如解图 7-26 所示。

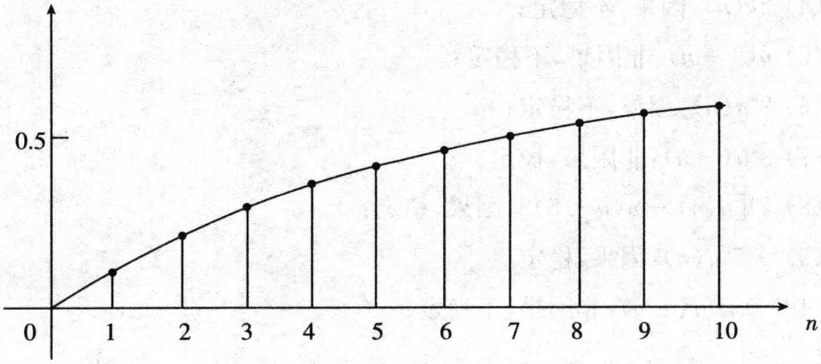

解图 7-26

7.27 知识点窍 列写差分方程要注意一条原则:找第 n 次与第 $n-1$ 次之间的关系(或者第 $n-1$ 次和第 $n-2$ 次,…),列写等式。

逻辑推理 按题中规则,每增加一个盘,需要将其上的所有盘先按规则移至一根木桩,将此盘移走,再将其上的所有盘按规则移至此盘上,共需移两次上面的所有盘,一次当前增加的盘。

解题过程 移动第 n 个圆盘,需将其上 $(n-1)$ 个圆盘移开,按规则需要 $y(n-1)$ 次;然后移动第 n 个盘 1 次;再将 $(n-1)$ 个盘移回第 n 个盘之上,又需要 $y(n-1)$ 次,因而有

$y(n) = 2y(n-1) + 1$

齐次解:$y(n) = C \cdot 2^n$

设特解为 D,代入原方程求得 $D = -1$

所以 $y(n) = C \cdot 2^n - 1$

由 $y(0) = 0$ 可得 $C = 1$

故 $y(n) = 2^n - 1$

7.28 知识点窍 因果系统:充要条件 $h(n) = 0$(当 $n < 0$),或记为 $h(n) = h(n)u(n)$

稳定系统:若输入是有界的,输出必定也是有界的。

逻辑推理 按上述判定条件依次判定。

解题过程 对于线性时不变系统,因果性条件为 $n<0$ 时,$h(n)=0$;稳定性条件为 $\sum_{n=-\infty}^{\infty}|h(n)|<\infty$,因此有

(1) $\delta(n)$:因果,稳定;

(2) $\delta(n-5)$:因果,稳定;

(3) $\delta(n+4)$:非因果,稳定;

(4) $2u(n)$:因果,不稳定;

(5) $u(3-n)$:非因果,不稳定;

(6) $2^n u(n)$:因果,不稳定;

(7) $3^n u(-n)$:非因果,稳定;

(8) $2^n[u(n)-u(n-5)]$:因果,稳定;

(9) $0.5^n u(n)$:因果,稳定;

(10) $0.5^n u(-n)$:非因果,不稳定;

(11) $\frac{1}{n}u(n)$:因果,不稳定;

(12) $\frac{1}{n!}u(n)$:因果,稳定。

7.29 **知识点窍** 线性:$y_1(n)=T[ax_1(n)]$

$y_2(n)=T[bx_2(n)]$

则 $y_1(n)+y_2(n)=T[ax_1(n)+bx_2(n)]$

时不变性:$y(n)=T[x(n)]$,则 $y(n-n_0)=T[x(n-n_0)]$

逻辑推理 严格按照定义代入判定。

解题过程 (1) $y(n)=2x(n)+3$

设 $y_1(n)=T[ax_1(n)]=2ax_1(n)+3$

$y_2(n)=T[bx_2(n)]=2bx_2(n)+3$

则 $T[ax_1(n)]+T[bx_2(n)]=2[ax_1(n)+bx_2(n)]+6$

而 $T[ax_1(n)+bx_2(n)]=2[ax_1(n)+bx_2(n)]+3$,不相等,所以 $y(n)$ 与 $x(n)$ 不是线性关系。

又因为 $T[x(n-n_0)]=2x(n-n_0)+3=y(n-n_0)$

所以 $y(n)$ 与 $x(n)$ 间满足时不变关系。

(2) $y(n)=x(n)\sin\left[\frac{2\pi}{7}n+\frac{\pi}{6}\right]$

设 $y_1(n)=T[ax_1(n)]=ax_1(n)\sin\left[\frac{2\pi}{7}n+\frac{\pi}{6}\right]$

$y_2(n)=T[bx_2(n)]=bx_2(n)\sin\left[\frac{2\pi}{7}n+\frac{\pi}{6}\right]$

则 $T[ax_1(n)+bx_2(n)]=[ax_1(n)+bx_2(n)]\sin\left(\frac{2\pi}{7}n+\frac{\pi}{6}\right)$

$=y_1(n)+y_2(n)$

所以 $y(n)$ 与 $x(n)$ 间是线性关系。

又因为 $T[x(n-n_0)]=x(n-n_0)\sin\left(\frac{2\pi}{7}n+\frac{\pi}{6}\right)$

而 $y(n-n_0)=x(n-n_0)\sin\left[\frac{2\pi}{7}(n-n_0)+\frac{\pi}{6}\right]$

因此 $T[x(n-n_0)]\neq y(n-n_0)$

所以 $y(n)$ 与 $x(n)$ 不满足时不变关系。

(3) $y(n)=[x(n)]^2$

设 $y_1(n)=T[ax_1(n)]=[ax_1(n)]^2$

$y_2(n)=T[bx_2(n)]=[bx_2(n)]^2$

则 $T[ax_1(n)+bx_2(n)]=[ax_1(n)+bx_2(n)]^2\neq y_1(n)+y_2(n)$

又 $T[x(n-n_0)]=[x(n-n_0)]^2=y(n-n_0)$

所以 $y(n)$ 与 $x(n)$ 是非线性时不变关系。

(4) $y(n)=\sum\limits_{m=-\infty}^{n}x(m)$

设 $y_1(n)=T[ax_1(n)]=\sum\limits_{m=-\infty}^{n}ax_1(m)$

$y_2(n)=T[bx_2(n)]=\sum\limits_{m=-\infty}^{n}bx_2(m)$

则 $T[ax_1(n)+bx_2(n)]=\sum\limits_{m=-\infty}^{n}[ax_1(m)+bx_2(m)]$

$=\sum\limits_{m=-\infty}^{n}ax_1(m)+\sum\limits_{m=-\infty}^{n}bx_2(m)$

$=y_1(n)+y_2(n)$

又因为 $T[x(n-n_0)]=\sum\limits_{m=-\infty}^{n}x(m-n_0)=\sum\limits_{l=-\infty}^{n-n_0}x(l)=y(n-n_0)$

故 $y(n)$ 与 $x(n)$ 是线性时不变关系。

7.30 知识点窍 本题要求清楚地理解零状态响应(阶跃响应)的意义,同时要求熟练应用线性时不变系统的基本性质解决问题。

逻辑推理 在阶跃响应求冲激响应的情况下，将单位冲激信号用单位阶跃信号线性表示，利用线性时不变系统的均匀性与叠加性可求得冲激响应 $h(n)$。同样，把单位阶跃信号用单位冲激信号线性表示，也可由冲激响应求得阶跃响应 $g(n)$。

解题过程 (1) 单位冲激信号 $\delta(n)$ 可表示为

$\delta(n)=u(n)-u(n-1)$

系统对 $u(n)$ 的响应是 $g(n)$，又由系统的线性时不变特性可得对 $u(n-1)$ 的响应是$g(n-1)$，故系统的冲激响应

$h(n)=g(n)-g(n-1)$

(2) 单位阶跃信号 $u(n)$ 可表示为

$$u(n)=\sum_{k=0}^{\infty}\delta(n-k)$$

由系统的线性时不变特性可得 $\delta(n-k)$ 的响应为 $h(n-k)$。

故阶跃响应 $g(n)=\sum_{k=0}^{\infty}h(n-k)$

7.31 知识点窍 求卷积和是求离散时间系统响应的重要方法。

逻辑推理 把激励信号分解为冲激函数序列，利用单位冲激序列的卷积性质 $\delta(n)*x(n)=x(n)$ 可得对应于各激励信号的响应序列。

解题过程 (1) 由教材题图 7-31(*a*) 可知

$$x(n)=\delta(n)+2\delta(n-1)+\delta(n-2)$$
$$h(n)=\delta(n)+\delta(n-1)+\delta(n-2)$$

所以
$$\begin{aligned}y(n)&=x(n)*h(n)=[\delta(n)+2\delta(n-1)+\delta(n-2)]\\&\quad*[\delta(n)+\delta(n-1)+\delta(n-2)]\\&=\delta(n)+2\delta(n-1)+\delta(n-2)+\delta(n-1)+2\delta(n-2)\\&\quad+\delta(n-3)+\delta(n-2)+2\delta(n-3)+\delta(n-4)\\&=\delta(n)+3\delta(n-1)+4\delta(n-2)+3\delta(n-3)+\delta(n-4)\end{aligned}$$

$y(n)$ 图形如解图 7-31(a) 所示。

(2) 由教材题图 7-31(*b*) 可知 $x(n)=\delta(n+2)+2\delta(n+1)+\delta(n)+\delta(n-1)+2\delta(n-2)$

$h(n)=\delta(n+2)$

$y(n)$ 图形如解图 7-31(b) 所示。

所以
$$\begin{aligned}y(n)&=x(n)*h(n)=x(n)*\delta(n+2)=x(n+2)\\&=\delta(n+4)+2\delta(n+3)+\delta(n+2)+\delta(n+1)+2\delta(n)\end{aligned}$$

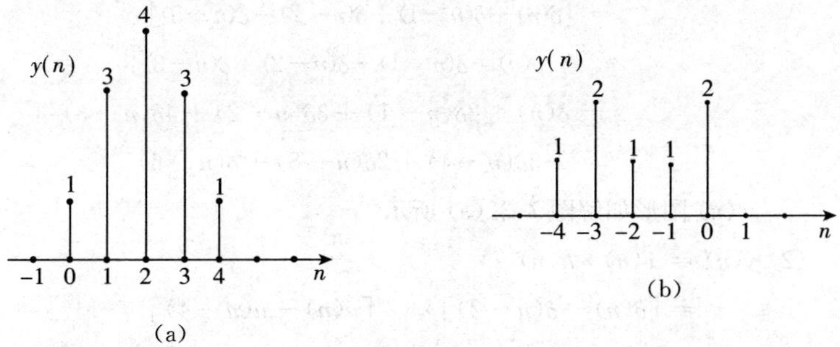

解图 7-31

(3) $y(n) = x(n) * h(n) = \sum_{m=-\infty}^{\infty} x(m)h(n-m)$

$$= \sum_{m=-\infty}^{\infty} \alpha^m u(m)\beta^{n-m}u(n-m)$$

$$= \sum_{m=0}^{n} \alpha^m \beta^{n-m} u(n) = \frac{\beta^n\left(1-\frac{\alpha^{n+1}}{\beta^{n+1}}\right)}{1-\frac{\alpha}{\beta}}u(n)$$

$$= \frac{\beta^{n+1}-\alpha^{n+1}}{\beta-\alpha}u(n)$$

$y(n)$ 图形如解图 7-31(c) 所示。

(4) $y(n) = x(n) * h(n)$

$$= x(n) * [\delta(n-2)-\delta(n-3)] = x(n-2)-x(n-3) = u(n-2)-u(n-3)$$

$$= \delta(n-2)$$

$y(n)$ 图形如解图 7-31(d) 所示。

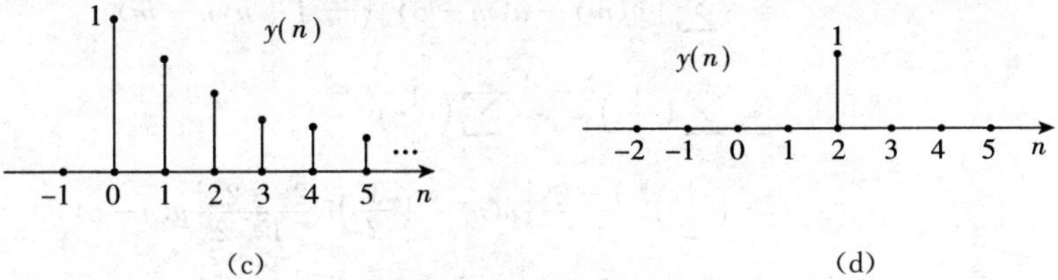

解图 7-31(续图)

7.32 **知识点窍** 利用卷积和求系统响应。

逻辑推理 将单位阶跃序列分解成单位冲激序列，利用 $\delta(n) * x(n) = x(n)$ 的性质求系统响应，以简化计算。

解题过程 (1) $h(n) = x(n) = u(n) - u(n-4)$

$$= \delta(n) + \delta(n-1) + \delta(n-2) + \delta(n-3)$$

所以 $y(n) = x(n) * h(n)$

$$=[\delta(n)+\delta(n-1)+\delta(n-2)+\delta(n-3)]$$
$$*[\delta(n)+\delta(n-1)+\delta(n-2)+\delta(n-3)]$$
$$=\delta(n)+2\delta(n-1)+3\delta(n-2)+4\delta(n-3)$$
$$+3\delta(n-4)+2\delta(n-5)+\delta(n-6)$$

$y(n)$ 图形如解图 7-32(a) 所示。

(2) $y(n)=x(n)*h(n)$
$$=[\delta(n)-\delta(n-2)]*\{2^n[u(n)-u(n-4)]\}$$
$$=2^n[u(n)-u(n-4)]-2^{n-2}[u(n-2)-u(n-6)]$$

$y(n)$ 图形如解图 7-32(b) 所示。

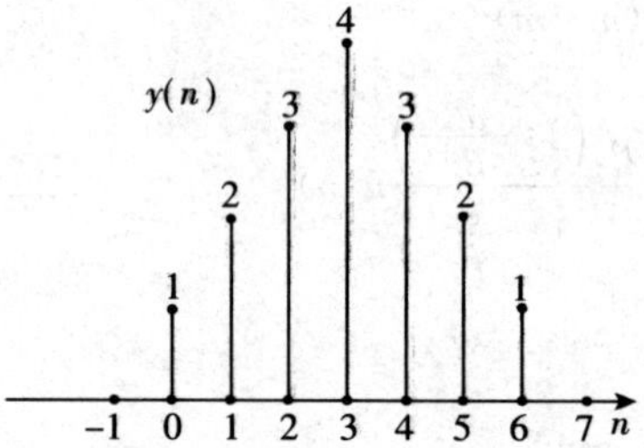

解图 7-32(a)

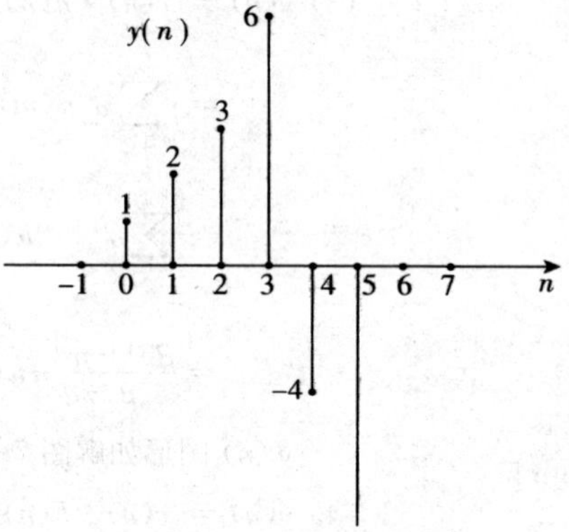

解图 7-32(b)

(3) $y(n)=x(n)*h(n)=[u(n)-u(n-5)]*\left[\left(\frac{1}{2}\right)^n u(n)\right]$
$$=\sum_{m=-\infty}^{\infty}[u(m)-u(m-5)]\left(\frac{1}{2}\right)^{n-m}u(n-m)$$
$$=\sum_{m=0}^{n}\left(\frac{1}{2}\right)^{n-m}-\sum_{m=5}^{\infty}\left(\frac{1}{2}\right)^{n-m}$$
$$=\left(\frac{1}{2}\right)^n\frac{1-2^{n+1}}{1-2}u(n)-\left(\frac{1}{2}\right)^n\frac{2^5-2^{n+1}}{1-2}u(n-5)$$
$$=(2-2^{-n})u(n)-[2-2^{-(n-5)}]u(n-5)$$

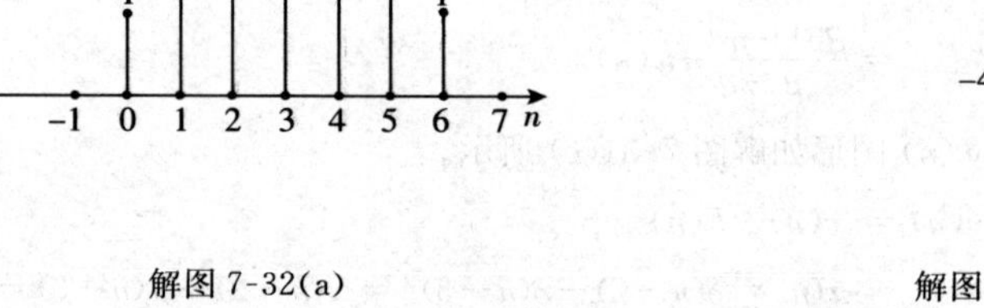

解图 7-32(c)

$y(n)$ 图形如解图 7-32(c) 所示。

7.33 **知识点窍** 验证卷积结合律，从而得出级联的线性时不变系统的单位冲激响应。

逻辑推理 计算过程中灵活运用单位冲激序列 $\delta(n)$ 的卷积性质以简化计算。

解题过程 (1) $y(n)=[x(n)*h_1(n)]*h_2(n)$

$$=\{u(n)*[\delta(n)-\delta(n-3)]\}*[(0.8)^n u(n)]$$

$$=[u(n)-u(n-3)]*[(0.8)^n u(n)]$$

$$=\sum_{m=-\infty}^{\infty}(0.8)^m u(m)u(n-m)-\sum_{m=-\infty}^{\infty}(0.8)^m u(m)u(n-m-3)$$

$$=\sum_{m=0}^{n}0.8^m u(n)-\sum_{m=0}^{n-3}0.8^m u(n-3)$$

$$=\frac{1-(0.8)^{n+1}}{1-0.8}u(n)-\frac{1-0.8^{n-2}}{1-0.8}u(n-3)$$

$$=5[(1-0.8^{n-1})u(n)-(1-0.8^{n-2})u(n-3)]$$

(2) $y(n)=x(n)*[h_1(n)*h_2(n)]$

$$=u(n)*\{[\delta(n)-\delta(n-3)]*(0.8)^n u(n)\}$$

$$=u(n)*[0.8^n u(n)-0.8^{n-3}u(n-3)]$$

$$=\sum_{m=-\infty}^{\infty}0.8^m u(m)u(n-m)-\sum_{m=-\infty}^{\infty}u(m)0.8^{n-m-3}u(n-m-3)$$

$$=\sum_{m=0}^{n}0.8^m u(n)-\sum_{m=0}^{n-3}0.8^{n-m-3}u(n-3)$$

$$=\frac{1-0.8^{n+1}}{1-0.8}u(n)-0.8^{n-3}\,\frac{1-0.8^{-(n-2)}}{1-0.8^{-1}}u(n-3)$$

$$=5[(1-0.8^{n+1})(u(n)-(1-0.8^{n-2})u(n-3))]$$

两种方法结果一致，从而说明卷积满足结合律。

7.34 **知识点窍** 考查对卷积的图形意义的掌握程度。

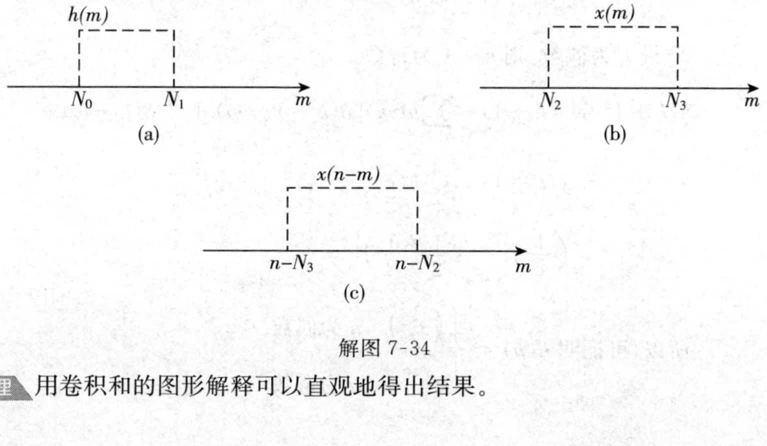

解图 7-34

逻辑推理 用卷积和的图形解释可以直观地得出结果。

解题过程 $h(n)$ 与 $x(n)$ 的示意图如解图 7-34 所示。

从卷积图可知

当 $n-N_2<N_0$ 时,即 $n<N_0+N_2$ 时,$y(n)=0$

当 $n-N_3>N_1$ 时,即 $n>N_1+N_3$ 时,$y(n)=0$

故 $N_4=N_0+N_2, N_5=N_1+N_3$

7.35 **知识点窍** 给定 $x(n)$ 和 $y(n)$,由解卷积运算求 $h(n)$。

逻辑推理 利用计算式 $h(n)=[y(n)-\sum_{m=0}^{n-1}h(m)x(n-m)]/x(0)$ 求 $h(n)$。

解题过程

(1) $h(n)=[y(n)-\sum_{m=0}^{n-1}h(m)x(n-m)]/x(0)$

$$=y(n)-\sum_{m=0}^{n-1}h(m)[\delta(n-m)+\frac{1}{2}\delta(n-m-1)]$$

$$h(0)=y(0)=1, h(1)=y(1)-\frac{1}{2}h(0)\cdot\delta(0)=0$$

$$h(2)=y(2)=\frac{1}{4}, h(3)=y(3)-\frac{1}{2}h(2)\cdot\delta(2)=0$$

⋮

用归纳法证明 $h(n)=\begin{cases}\left(\frac{1}{2}\right)^n, & n\text{ 为偶数}\\ 0, & n\text{ 为奇数}\end{cases}$

① 设 k 为奇数,则 $k+1$ 为偶数。

$$h(k+1)=y(k+1)-\sum_{m=0}^{k}h(m)[\delta(k+1-m)+\frac{1}{2}\delta(k-m)]$$

$$=y(k+1)-\frac{1}{2}h(k)=y(k+1)=\left(\frac{1}{2}\right)^{k+1}$$

② 设 k 为偶数,则 $k+1$ 为奇数。

$$h(k+1)=y(k+1)-\sum_{m=0}^{k}h(m)[\delta(k+1-m)+\frac{1}{2}\delta(k-m)]$$

$$=y(k+1)-\frac{1}{2}h(k)$$

$$=\left(\frac{1}{2}\right)^{k+1}-\frac{1}{2}\left(\frac{1}{2}\right)^{k}=0$$

所以,可证明 $h(n)=\begin{cases}\left(\frac{1}{2}\right)^n, & n\text{ 为偶数}\\ 0, & n\text{ 为奇数}\end{cases}$

(2) 要得出系统的框图,首先要得出差分方程。

由例 7-13 知,系统的单位样值响应相当于零输入响应,即差分方程的齐次解。

即齐次解 $y(n)=h(n)=\begin{cases}\left(\frac{1}{2}\right)^n, & n\text{ 为偶数}\\ 0, & n\text{ 为奇数}\end{cases}$

亦即 $y(n)=\frac{1}{2}\cdot\left(\frac{1}{2}\right)^n+\frac{1}{2}\cdot\left(-\frac{1}{2}\right)^n$

根据齐次解的特征有 $\alpha_1=\frac{1}{2}$,$\alpha_2=-\frac{1}{2}$

所对应的齐次差分方程为 $y(n)-\frac{1}{4}y(n-2)=0$

加上输入 $x(n)$,得差分方程 $y(n)-\frac{1}{4}y(n-2)=x(n)$

所对应系统框图如解图 7-35 所示。

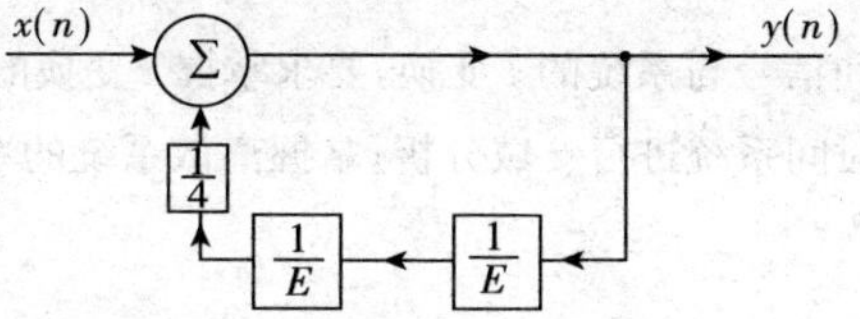

解图 7-35

第八章

z 变换、离散时间系统的 z 域分析

考试要求

本章的重点内容是离散时间信号与系统的 z 变换，要求掌握 z 变换的定义、性质以及它与拉氏变换、傅氏变换的联系；会对离散时间系统进行 z 域分析；掌握离散系统的系统函数与频率响应以及用 z 变换解差分方程。

知识点归纳

■ z 变换的引出

对连续因果信号 $x(t)$ 进行均匀冲激抽样，则抽样信号为

$x_s(t) = x(t) \cdot \delta_T(t) = \sum_{n=0}^{\infty} x(nT)\delta(t-nT)$

T 为抽样间隔，其拉氏变换为 $X_s(s) = \sum_{n=0}^{\infty} x(nT)e^{-snT}$

引入一个新的复变量 z，令 $z = e^{sT}$，则有 $X(z) = \sum_{n=0}^{\infty} x(nT)z^{-n}$

■ z 变换的定义

(1) 单边 z 变换：$X(z) = \mathscr{Z}\left[x(n)\right] = \sum_{n=0}^{\infty} x(n)z^{-n}$；

(2) 双边 z 变换：$X(z) = \mathscr{Z}\left[x(n)\right] = \sum_{n=-\infty}^{\infty} x(n)z^{-n}$。

■ 一些典型序列的 z 变换

(1) 单位样值函数：$\mathscr{Z}[\delta(n)] = \sum_{n=0}^{\infty}\delta(n)z^{-n} = 1$；

(2) 单位阶跃序列：$\mathscr{Z}[u(n)] = \sum_{n=0}^{\infty}u(n)z^{-n} = \frac{1}{1-z^{-1}}$，$|z|>1$；

(3) 斜变序列：$\mathscr{Z}[nu(n)] = \sum_{n=0}^{\infty}nz^{-n} = \frac{z}{(z-1)^2}$，$|z|>1$；

(4) 指数序列：$\mathscr{Z}[a^n u(n)] = \frac{z}{z-a}$，$|z|>|a|$；

(5) 正弦与余弦序列：

$$\mathscr{Z}[\cos(\omega_0 n)u(n)] = \frac{1}{2}\left(\frac{z}{z-e^{j\omega_0}}+\frac{z}{z-e^{-j\omega_0}}\right) = \frac{z(z-\cos\omega_0)}{z^2-2z\cos\omega_0+1}$$

$$\mathscr{Z}[\sin(\omega_0 n)u(n)] = \frac{1}{2j}\left(\frac{z}{z-e^{j\omega_0}}-\frac{z}{z-e^{-j\omega_0}}\right) = \frac{z\sin\omega_0}{z^2-2z\cos\omega_0+1}$$

- 对于任意给定的有界序列 $x(n)$，使 z 变换定义式级数收敛的所有 z 值的集合称为 z 变换 $X(z)$ 的收敛域（region of covergence，ROC）。两个不同的序列虽然收敛域不同，但可能对应于相同的 z 变换。
- 序列形式与双边 z 变换收敛域的关系如表 8-1 所示。

表 8-1　序列形式与双边 z 变换收敛域的关系

序列形式		z 变换收敛域	
有限长序列 ① $n_1<0$，$n_2>0$	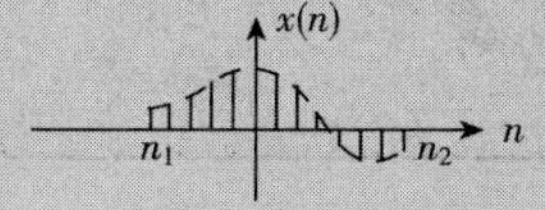	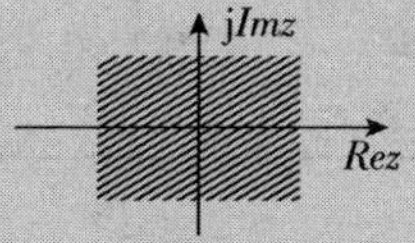	$0<\|z\|<\infty$
② $n_1\geqslant 0$，$n_2>0$		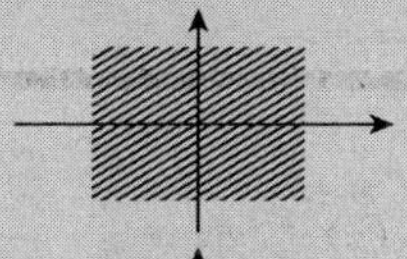	$\|z\|>0$
③ $n_1<0$，$n_2\leqslant 0$	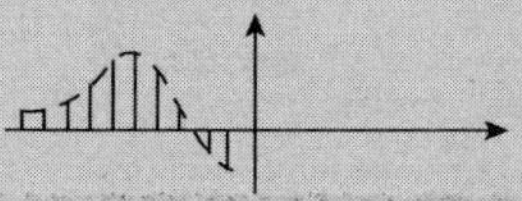	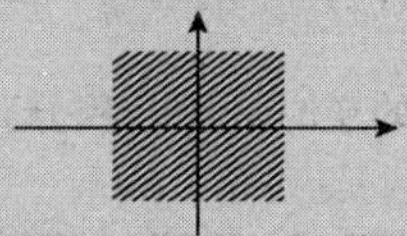	$\|z\|<\infty$

表 8-1　序列形式与双边 z 变换收敛域的关系　　续表

序列形式		z 变换收敛域	
右边序列 ① $n_1 < 0$, $n_2 = \infty$ ② $n_1 \geqslant 0$, $n_2 = \infty$ (因果序列)	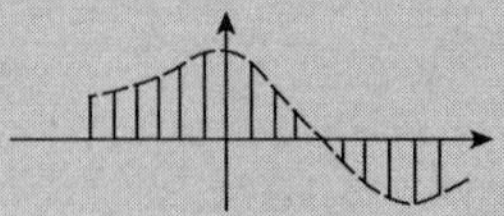 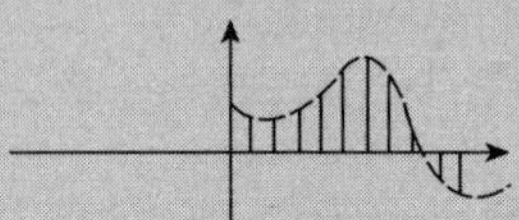	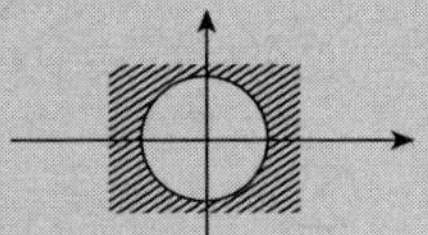 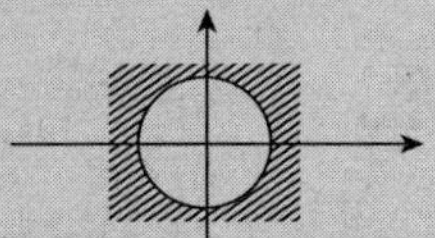	$R_{x1} < \lvert z \rvert < \infty$ $\lvert z \rvert > R_{x1}$
左边序列 ① $n_1 = -\infty$, $n_2 > 0$ ② $n_1 = -\infty$, $n_2 \leqslant 0$	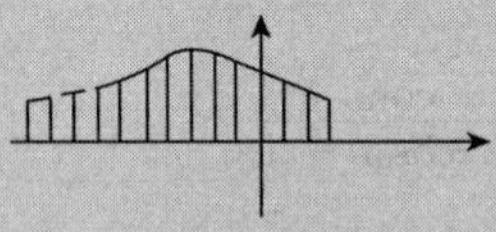 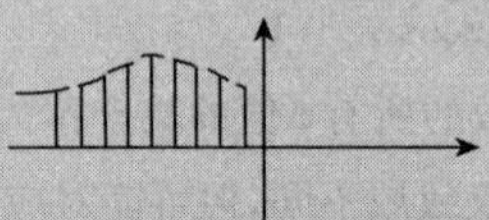	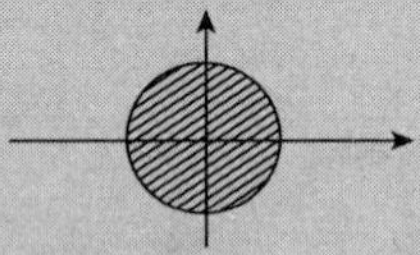 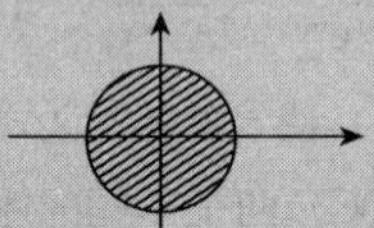	$0 < \lvert z \rvert < R_{x2}$ $R_{x2} > \lvert z \rvert$
双边序列 $n_1 = -\infty$ $n_2 = \infty$	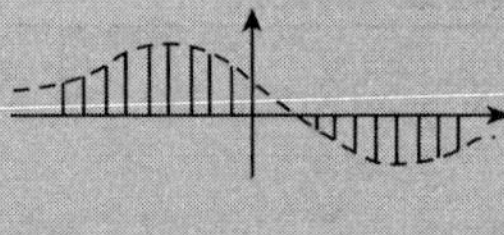	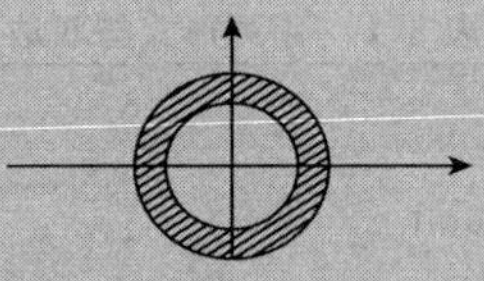	$R_{x1} < \lvert z \rvert < R_{x2}$

■ 逆 z 变换

$$x(n) = \mathscr{Z}^{-1}[X(z)] = \frac{1}{2\pi \mathrm{j}}\oint_c X(z) z^{n-1}\,\mathrm{d}z$$

C 是包围 $X(z)z^{n-1}$ 所有极点的逆时针闭合积分路线。

■求逆 z 变换的方法

(1) 围线积分法(留数法)。

$$x(n) = \frac{1}{2\pi \mathrm{j}}\oint_c X(z) z^{n-1}\,\mathrm{d}z = \sum_m [X(z)z^{n-1} \text{ 在 } C \text{ 内极点的留数}]$$

或简写为

$$x(n) = \sum_m \mathrm{Res}[X(z)z^{n-1}]_{z=z_m}$$

其中 Res 表示极点的留数，z_m 为极点。

(2) 幂级数展开法(长除法)。

由 z 变换的定义 $X(z)=\sum_{n=-\infty}^{\infty}x(n)z^{-n}$，只要在给定的收敛域内把 $X(z)$ 展成幂级数，级数的系数就是序列 $x(n)$。

(3) 部分分式展开法。

先将 $X(z)$ 展成一些简单而常见的部分分式之和，然后分别求出各部分分式的逆变换，把各逆变换相加即可得到 $x(n)$。逆 z 变换表如表 8-2 至表 8-4 所示。

表 8-2　逆 z 变换表(一)

z 变换($\|z\|>\|a\|$)	序列
$\frac{z}{(z-1)}$	$u(n)$
$\frac{z}{(z-a)}$	$a^n u(n)$
$\frac{z^2}{(z-a)^2}$	$(n+1)a^n u(n)$
$\frac{z^3}{(z-a)^3}$	$\frac{(n+1)(n+2)}{2!}a^n u(n)$
$\frac{z^4}{(z-a)^4}$	$\frac{(n+1)(n+2)(n+3)}{3!}a^n u(n)$
$\frac{z^{m+1}}{(z-a)^{m+1}}$	$\frac{(n+1)(n+2)\cdots(n+m)}{m!}a^n u(n)$

表 8-3　逆 z 变换表(二)

z 变换($\|z\|<\|a\|$)	序列
$\frac{z}{(z-1)}$	$-u(-n-1)$
$\frac{z}{(z-a)}$	$-a^n u(-n-1)$
$\frac{z^2}{(z-a)^2}$	$-(n+1)a^n u(-n-1)$
$\frac{z^3}{(z-a)^3}$	$-\frac{(n+1)(n+2)}{2!}a^n u(-n-1)$
$\frac{z^4}{(z-a)^4}$	$-\frac{(n+1)(n+2)(n+3)}{3!}a^n u(-n-1)$
$\frac{z^{m+1}}{(z-a)^{m+1}}$	$-\frac{(n+1)(n+2)\cdots(n+m)}{m!}a^n u(-n-1)$

表 8-4 逆 z 变换表(三)

z 变换($\|z\|>\|a\|$)	序列
$\dfrac{z}{(z-1)^2}$	$nu(n)$
$\dfrac{az}{(z-a)^2}$	$na^n u(n)$
$\dfrac{z}{(z-1)^3}$	$\dfrac{n(n-1)}{2!}u(n)$
$\dfrac{z}{(z-1)^4}$	$\dfrac{n(n-1)(n-2)}{3!}u(n)$
$\dfrac{z}{(z-1)^{m+1}}$	$\dfrac{n(n-1)\cdots(n-m+1)}{m!}u(n)$

■ z 变换的基本性质

常用的变换基本性质包括线性、位移性、序列线性加权(z 域微分)、序列指数加权(z 域尺度变换)、初值定理、终值定理、时域卷积定理、序列相乘(z 域卷积定理),如表 8-5 所示。

表 8-5 z 变换的主要性质(定理)

序号	序列	z 变换	收敛域
1	$x(n)$ $h(n)$	$X(z)$ $H(z)$	$R_{x1}<\|z\|<R_{x2}$ $R_{h1}<\|z\|<R_{h2}$
2	$ax(n)+bh(n)$	$aX(z)+bH(z)$	$\max(R_{x1},R_{h1})<\|z\|<\min(R_{x2},R_{h2})$
3	$\mathrm{Re}[x(n)]$	$\dfrac{1}{2}[X(z)+X^*(z^*)]$	$R_{x1}<\|z\|<R_{x2}$
4	$\mathrm{Im}[x(n)]$	$\dfrac{1}{2j}[X(z)-X^*(z^*)]$	$R_{x1}<\|z\| R_{x2}$
5	$x^*(n)$	$X^*(z^*)$	$R_{x1}<\|z\|<R_{x2}$
6	$x(-n)$	$X(z^{-1})$	$R_{x1}<\|z^{-1}\|<R_{x2}$
7	$a^n x(n)$	$X(a^{-1}z)$	$\|a\|R_{x1}<\|z\|<\|a\|R_{x2}$
8	$(-1)^n x(n)$	$X(-z)$	$R_{x1}<\|z\|<R_{x2}$
9	$nx(n)$	$-z\dfrac{dX(z)}{dz}$	$R_{x1}<\|z\|<R_{x2}$
10	$x(n-m)$	$z^{-m}X(z)$	$R_{x1}<\|z\|<R_{x2}$
11	$x(n)*h(n)$	$X(z)\cdot H(z)$	$\max(R_{x1},R_{h1})<\|z\|<\min(R_{x2},R_{h2})$
12	$x(n)\cdot h(n)$	$\dfrac{1}{2\pi j}\oint_C X(v)H\left(\dfrac{z}{v}\right)\dfrac{dv}{v}$	$R_{x1}\cdot R_{h1}<\|z\|<R_{x2}\cdot R_{h2}$

序号	序列	z 变换	收敛域
13	$\sum_{k=0}^{n} x(k)$	$\frac{z}{z-1}X(z)$	
14	$\frac{1}{n+a}x(n)$	$-z^{a}\int_{0}^{z}\frac{X(v)}{v^{a+1}}\mathrm{d}v$	
15	$\frac{1}{n}x(n)$	$-\int_{0}^{z}X(v)v^{-1}\mathrm{d}v$	

■ z 平面与 s 平面的映射关系

(1) s 平面上的虚轴映射到 z 平面是单位圆，其右半平面映射到 z 平面是单位圆的圆外，而左半平面映射到 z 平面是单位圆的圆内；

(2) s 平面的实轴映射到 z 平面是正实轴，平行于实轴的直线（ω 为常数）映射到 z 平面是始于原点的辐射线，通过 $\mathrm{j}\frac{k\omega_s}{2}(k=\pm1,\pm3,\cdots)$ 而平行于实轴的直线映射到 z 平面是负实轴；

(3) 由于 $\mathrm{e}^{\mathrm{j}\theta}$ 是以 ω_s 为周期的周期函数，因此在 s 平面上沿虚轴移动对应于 z 平面上沿单位圆周期性旋转，每平移 ω_s，则沿单位圆转一圈，所以 z-s 映射并不是单值的。

z 平面与 s 平面的映射关系如表 8-6 所示。

表 8-6　z 平面与 s 平面的映射关系

s 平面 ($s=\sigma+\mathrm{j}\omega$)		z 平面 ($z=r\mathrm{e}^{\mathrm{j}\theta}$)	
虚轴 $\begin{pmatrix}\sigma=0\\ s=\mathrm{j}\omega\end{pmatrix}$	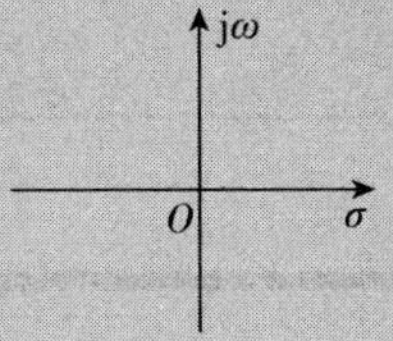	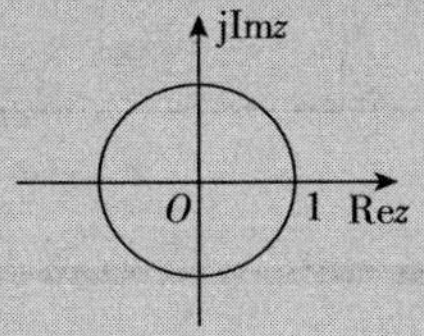	单位圆 $\begin{pmatrix}r=1\\ \theta 任意\end{pmatrix}$
左半平面 ($\sigma<0$)	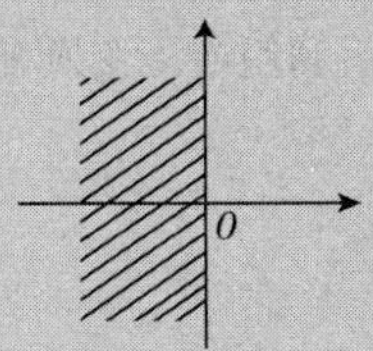	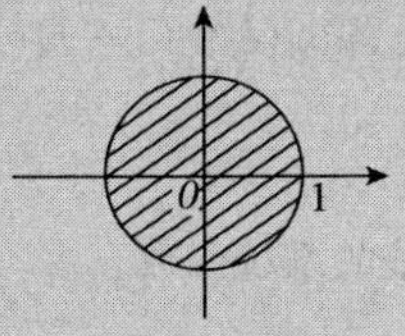	单位圆内 $\begin{pmatrix}r<1\\ \theta 任意\end{pmatrix}$
右半平面 ($\sigma>0$)	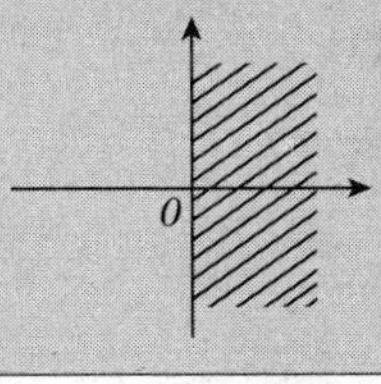	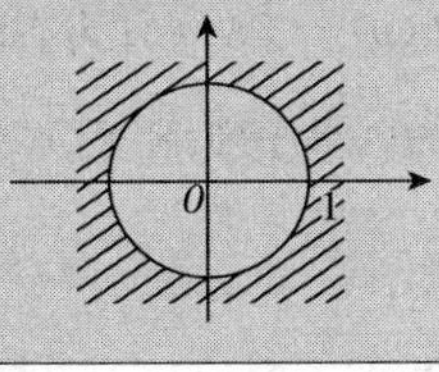	单位圆外 $\begin{pmatrix}r>1\\ \theta 任意\end{pmatrix}$

s 平面（$s=\sigma+\mathrm{j}\omega$）		z 平面（$z=r\mathrm{e}^{\mathrm{j}\theta}$）	
平行于虚轴的直线（σ 为常数）	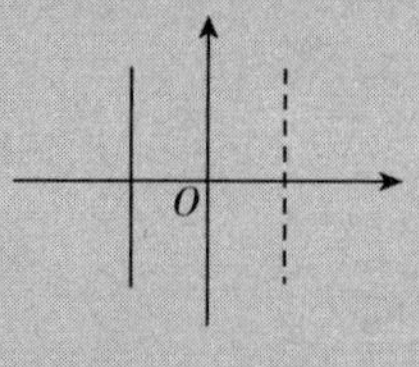	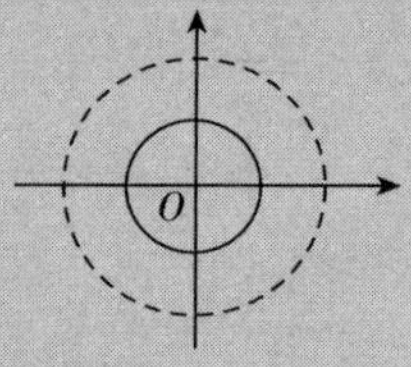	圆 $\begin{pmatrix}\sigma>0,r>1\\ \sigma<0,r<1\end{pmatrix}$
实轴 $\begin{pmatrix}\omega=0\\ s=\sigma\end{pmatrix}$	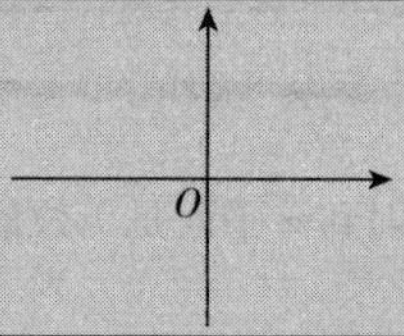	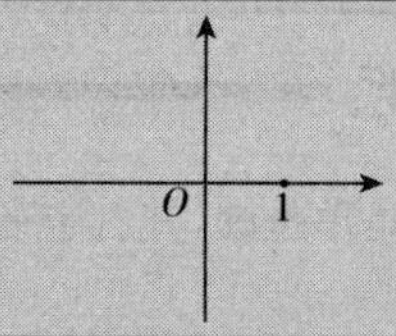	正实轴 $\begin{pmatrix}\theta=0\\ r\text{ 任意}\end{pmatrix}$
平行于实轴的直线（ω 为常数）	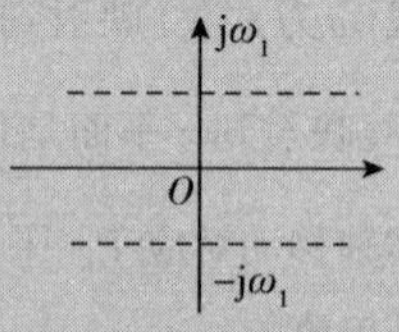	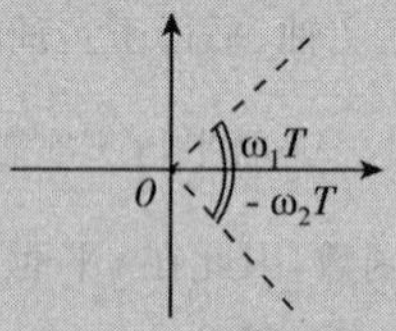	始于原点的辐射线 $\begin{pmatrix}\theta\text{ 为常数}\\ r\text{ 任意}\end{pmatrix}$
通过 $\pm\mathrm{j}\dfrac{k\omega_s}{2}$ 平行于实轴的直线（$k=1,3,\cdots$）	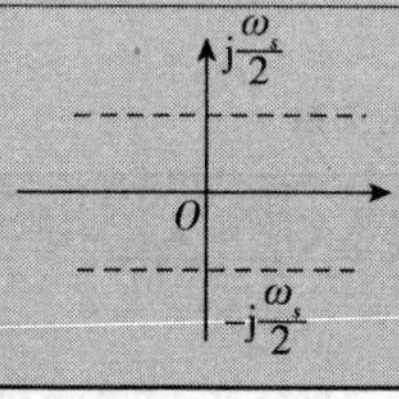	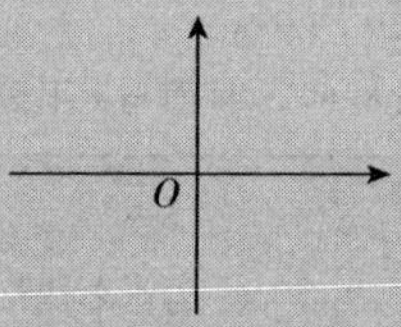	负实轴 $\begin{pmatrix}\theta=\pi\\ r\text{ 任意}\end{pmatrix}$

■ 利用 z 变换解差分方程

将差分方程等式两边取单边 z 变换，得出 $\dfrac{Y(z)}{X(z)}=H(z)$，然后利用逆 z 变换有

$y(n)=\mathscr{Z}^{-1}[X(z)\cdot H(z)]$

- 上面的 $H(z)=\dfrac{Y(z)}{X(z)}$ 称为离散系统的系统函数。
- 离散系统稳定的充要条件：$\sum\limits_{n=-\infty}^{\infty}|h(n)|\leqslant M$（$M$ 为有限正值）。
- 因果离散系统：$h(n)=h(n)u(n)$ 为因果序列。ROC：$a<|z|\leqslant\infty$。
- 系统因果稳定的判定：$\begin{cases}a<|z|\leqslant\infty\\ a<1\end{cases}$
- 序列的傅里叶变换：

$$\mathrm{DTFT}[x(n)]=X(\mathrm{e}^{\mathrm{j}\omega})=\sum_{n=-\infty}^{\infty}x(n)\mathrm{e}^{-\mathrm{j}\omega n}$$

$$\text{IDTFT}[X(e^{j\omega})] = x(n) = \frac{1}{2\pi}\int_{-\pi}^{\pi} X(e^{j\omega})e^{j\omega n}\,d\omega$$

基本性质与 z 变换类似。

- 离散系统的频率响应 $H(e^{j\omega})$ 与单位样值响应 $h(n)$ 是一对傅里叶变换。
- $H(e^{j\omega})$ 的确定:几何确定法。

经典考题解析

例 1 某离散系统的单位响应为

$$h(n) = [(-1)^n + 0.5^n]u(n)$$

试写出该系统的差分方程,并求出单位阶跃响应 $s(n)$。

逻辑推理 考查系统差分方程和单位响应的求法。

解题过程 因为

$$H(z) = \mathscr{Z}[h(n)] = \frac{z}{z+1} + \frac{z}{z-0.5}$$

$$= \frac{4z^2+z}{2z^2+z-1} = \frac{z^{-1}+4}{2+z^{-1}-z^{-2}} = \frac{Y(z)}{F(z)}$$

则有

$$2Y(z) + z^{-1}Y(z) - z^{-2}Y(z) = 4F(z) + z^{-1}F(z)$$

故得差分方程

$$2y(n) + y(n-1) - y(n-2) = 4f(n) + f(n-1)$$

系统阶跃响应的 z 变换

$$S(z) = H(z)F(z) = \frac{(4z+1)z}{(2z-1)(z+1)} \cdot \frac{z}{z-1}$$

从而有 $\quad \dfrac{S(z)}{z} = \dfrac{2.5}{z-1} + \dfrac{0.5}{z+1} - \dfrac{1}{z-0.5}$

所以 $\quad S(z) = \dfrac{2.5z}{z-1} + \dfrac{0.5z}{z+1} - \dfrac{z}{z-0.5}$

故得 $\quad s(n) = [2.5 + 0.5(-1)^n - 0.5^n]u(n)$

例 2 离散系统的差分程为 $y(n) - 2y(n-1) = x(n)$,激励 $x(n) = 3^n u(n)$,$y(0) = 2$,求响应 $y(n)$。

逻辑推理 利用 z 变换求 $y(n)$。

解题过程 $Y(z) - 2z^{-1}Y(z) - 2y(-1) = X(z)$

$$(1-2z^{-1})Y(z) = 2y(-1) + X(z)$$

$$Y_{zi}(z)=\frac{2y(-1)}{1-2z^{-1}},Y_{zs}(z)=\frac{X(z)}{1-2z^{-1}}$$

$$y(0)-2y(-1)=x(0),y(-1)=\frac{1}{2},X(z)=\frac{z}{z-3}$$

$$Y_{zi}(z)=\frac{1}{1-2z^{-1}},Y_{zs}(z)=\frac{z^2}{(z-2)(z-3)}=\frac{-2z}{z-2}+\frac{3z}{z-3}$$

$$y_{zi}(n)=2^n u(n),y_{zs}(n)=(-2\cdot 2^n+3\cdot 3^n)u(n)$$

$$y(n)=y_{zi}(n)+y_{zs}(n)=(3^{n+1}-2^n)u(n)$$

例 3 利用部分分式展开法求 $X(z)=\dfrac{z^3-8z}{(z-4)^3}$，$|z|>4$ 的逆变换 $x(n)$。

逻辑推理 $X(z)$ 具有多重极点的例子是经常出现的，求其逆变换的过程相对复杂些。对于本例，我们用两种不同的形式展开 $X(z)$。

解题过程 将 $\dfrac{X(z)}{z}$ 展开成 $\displaystyle\sum_{j=1}^{3}\frac{B_j}{(z-4)^j}$ 表示，即

$$\begin{aligned}\frac{X(z)}{z}&=\frac{B_1}{z-4}+\frac{B_2}{(z-4)^2}+\frac{B_3}{(z-4)^3}\\&=\frac{B_1(z-4)^2+B_2(z-4)+B_3}{(z-4)^3}\\&=\frac{B_1z^2+(B_2-8B_1)z+(16B_1-4B_2+B_3)}{(z-4)^3}\\&=\frac{z^2-8}{(z-4)^3}\end{aligned}$$

比较系数得

$$\begin{cases}B_1=1\\B_2-8B_1=0\\16B_1-4B_2+B_3=-8\end{cases}$$

解以上方程组得

$$\begin{cases}B_1=1\\B_2=8\\B_3=8\end{cases}$$

于是

$$X(z)=\frac{z}{z-4}+\frac{8z}{(z-4)^2}+\frac{8z}{(z-4)^3},|z|>4$$

由公式

$$\mathscr{Z}^{-1}\left[\frac{z^{m+1}}{(z-a)^{m+1}}\right]=\mathscr{Z}\left[\frac{1}{(1-az^{-1})^{m+1}}\right]$$

$$= \frac{(n+1)(n+2)\cdots(n+m)}{m!} \cdot a^n \cdot u(n)$$

则

$$\mathscr{Z}^{-1}\left[\frac{8z}{(z-4)^3}\right] = 8 \cdot \frac{(n+1-2)(n+2-2)}{2} \cdot 4^{n-2} \cdot u(n-2)$$

$$= \frac{n(n-1) \cdot 4^n}{4} \cdot u(n)$$

$$\mathscr{Z}^{-1}\left[\frac{8z}{(z-4)^2}\right] = 8 \cdot (n+1-1) \cdot 4^{n-1} u(n-1)$$

$$= 2 \cdot n \cdot 4^n \cdot u(n)$$

而

$$\mathscr{Z}^{-1}\left[\frac{z}{z-4}\right] = 4^n \cdot u(n)$$

所以

$$x(n) = \left[\frac{n(n-1)}{4} + 2n + 1\right] \cdot 4^n \cdot u(n)$$

$$= \frac{1}{4}(n^2 + 7n + 4) \cdot 4^n \cdot u(n)$$

$$= (n^2 + 7n + 4) \cdot 4^{n-1} \cdot u(n)$$

例 4 设有系统函数

$$H(z) = \frac{z^2 - 2z + 4}{z^2 - \frac{1}{2}z + \frac{1}{4}}$$

试求系统的幅频特性和相频特性。

逻辑推理 求系统幅相特性以前要判断系统是否稳定,然后由频率特性求得。

解题过程 由系统函数可得极点

$$z_{1,2} = \frac{1}{4} \pm \mathrm{j}\frac{\sqrt{3}}{4}$$

故系统稳定,从而可得频率响应

$$H(\mathrm{e}^{\mathrm{j}wT}) = \left.\frac{z - 2 + 4z^{-1}}{z - \frac{1}{2} + \frac{1}{4}z^{-1}}\right|_{z=\mathrm{e}^{\mathrm{j}wT}} = \frac{4(\mathrm{e}^{\mathrm{j}wT} - 2 + 4\mathrm{e}^{-\mathrm{j}wT})}{4\mathrm{e}^{\mathrm{j}wT} - 2 + \mathrm{e}^{-\mathrm{j}wT}}$$

$$= 4 \cdot \frac{(5\cos wT - 2) - \mathrm{j}3\sin wT}{(5\cos wT - 2) + \mathrm{j}3\sin wT}$$

$$= 4\mathrm{e}^{\mathrm{j}\varphi(w)}$$

从而有

$$|\, H(\mathrm{e}^{\mathrm{j}wT})\,| = 4$$

$$\varphi(w)=-2\arctan\left(\frac{3\sin wT}{5\cos wT-2}\right)$$

特性如图 8-1 所示。

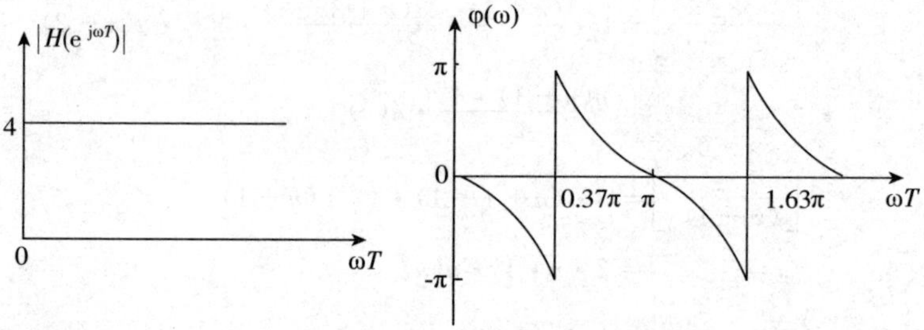

图 8-1

例 5 图 8-2 表示一个因果时不变离散系统。试求:(1) 该系统的系数函数 $H(z)$ 和频率响应 $H(e^{j\omega})$;(2) 该系统的差分方程。

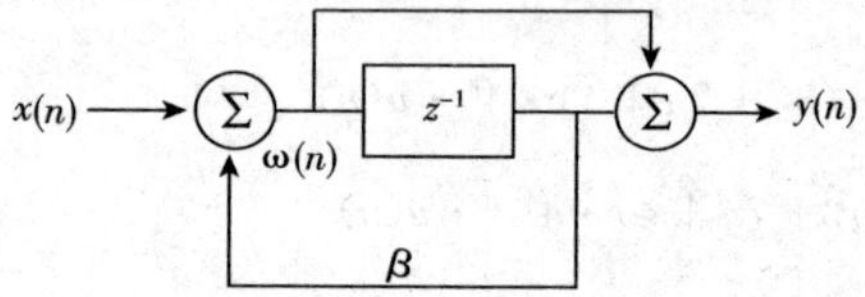

图 8-2

逻辑推理 考查系统函数与差分方程的求法和二者的关系。

解题过程 (1) $\omega(n)=\beta\omega(n-1)+x(n), y(n)=\omega(n)+\omega(n-1)$

$$W(z)=\beta z^{-1}W(z)+X(z), W(z)=\frac{X(z)}{1-\beta z^{-1}}$$

$$Y(z)=W(z)+z^{-1}W(z)=\frac{1+z^{-1}}{1-\beta z^{-1}}X(z)$$

$$H(z)=\frac{Y(z)}{X(z)}=\frac{1+z^{-1}}{1-\beta z^{-1}}$$

$$H(e^{j\omega})=\frac{1+e^{-j\omega}}{1-\beta e^{-j\omega}}=\frac{e^{-j\frac{\omega}{2}}(e^{j\frac{\omega}{2}}+e^{-j\frac{\omega}{2}})}{e^{-j\frac{\omega}{2}}(e^{j\frac{\omega}{2}}-\beta e^{-j\frac{\omega}{2}})}=\frac{2\cos\left(\frac{\omega}{2}\right)}{2j\sin\left(\frac{\omega}{2}\right)+(1-\beta)e^{-j\frac{\omega}{2}}}$$

(2) 由 $Y(z)=\frac{1+z^{-1}}{1-\beta z^{-1}}X(z)$ 可写出差分方程

$$y(n)-\beta y(n-1)=x(n)+x(n-1)$$

历年考研真题评析

题1 （电子科技大学2011年）已知离散时间单位阶跃信号 $u(n)$ 的 z 变换为：

$$\frac{1}{1-z^{-1}},\ |z|>1$$

利用 z 变换的性质求下列信号的 z 变换：

(1) $n^2u(n)$；(2) $\sum_{k=1}^{n}k^2$

逻辑推理 主要考查 z 变换的性质。

解题过程 (1) 根据序列线性加权（z 域微分）性质：

若 $x(n)\leftrightarrow X(z)$，

则 $n^m x(n)\leftrightarrow\left[-z\frac{\mathrm{d}}{\mathrm{d}z}\right]^m X(z)$

在此题中，$u(n)\leftrightarrow\frac{1}{1-z^{-1}}\quad |z|>1$

因此 $n^2u(n)\leftrightarrow\left[-z\frac{\mathrm{d}}{\mathrm{d}z}\right]^2 X(z)\quad\left(X(z)=\frac{1}{1-z^{-1}}\right)$

$$=z^2\frac{\mathrm{d}^2X(z)}{\mathrm{d}z^2}+z\frac{\mathrm{d}X(z)}{\mathrm{d}z}$$

$$=\frac{2z^2}{(z-1)^3}-\frac{z}{(z-1)^2}\quad(|z|>1)$$

(2) 根据序列的位移性，可推出 $\sum_{k=0}^{n}x(k)\leftrightarrow\frac{z}{z-1}X(z)$

则 $\sum_{k=1}^{n}k^2=\sum_{k=0}^{n}k^2$

利用(1)中得出的结论，

$$n^2u(n)\leftrightarrow\frac{2z^2}{(z-1)^3}-\frac{z}{(z-1)^2}=\frac{z^2+z}{(z-1)^3}$$

因此 $\sum_{k=1}^{n}k^2\leftrightarrow\frac{z}{z-1}\left[\frac{z^2+z}{(z-1)^3}\right]$

$$=\frac{z^2(z+1)}{(z-1)^4}$$

题 2　(电子科技大学 2010 年)某因果离散时间 LTI 系统的模拟框图如图 8-3 所示。

(1) 试确定系统函数 $H(z)$,画出零极点图,并标明收敛域;

(2) 试求该系统的单位脉冲响应 $h(n)$,并判断该系统的稳定性;

(3) 若输入 $x(n)=\cos\pi n,\ -\infty<n<+\infty$,求输出 $y(n)$;

(4) 写出描述该系统的差分方程。

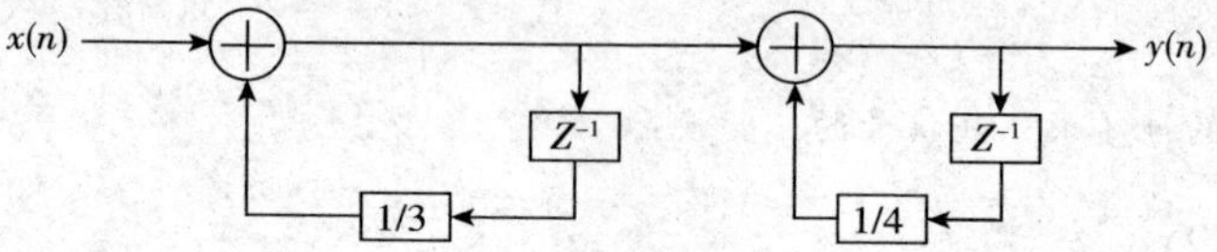

图 8-3

逻辑推理 考查系统函数、系统稳定性及差分方程。

解题过程 (1) 由图可以看出,该系统由两个一阶系统级联组成

$$H_1(z)=\frac{1}{1-\frac{1}{3}z^{-1}},\quad H_2(z)=\frac{1}{1-\frac{1}{4}z^{-1}},$$

则 $H(z)=H_1(z)H_2(z)=\dfrac{1}{\left(1-\frac{1}{3}z^{-1}\right)\left(1-\frac{1}{4}z^{-1}\right)}$

$$=\frac{1}{1-\frac{7}{12}z^{-1}+\frac{1}{12}z^{-2}}\quad \text{Roc}: |z|>\frac{1}{3}$$

$H(z)$ 在 $z=0$ 有一个二阶零点,在 $z=\frac{1}{3},z=\frac{1}{4}$ 处分别有一个一阶极点。

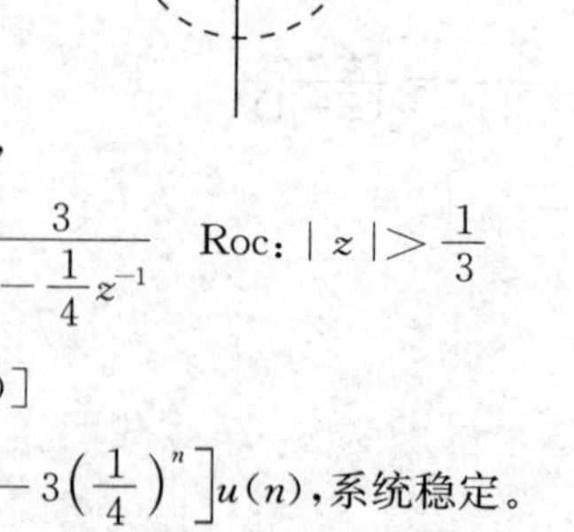

对 $H(z)$ 部分分式展开,

$$H(z)=\frac{4}{1-\frac{1}{3}z^{-1}}-\frac{3}{1-\frac{1}{4}z^{-1}}\quad \text{Roc}: |z|>\frac{1}{3}$$

则　$h(n)=\mathscr{Z}^{-1}[H(z)]$

$$=\left[4\left(\frac{1}{3}\right)^n-3\left(\frac{1}{4}\right)^n\right]u(n),\text{系统稳定。}$$

$x(n)=\cos\pi n=(-1)^n$

$y(n)=H(-1)(-1)^n$

$H(-1)=\frac{3}{5}, y(n)=\frac{3}{5}\cos\pi n \quad -\infty<n<+\infty$

由 $H(z)=\frac{1}{1-\frac{7}{12}z^{-1}+\frac{1}{12}z^{-2}}=\frac{Y(z)}{X(z)}$

则 $X(z)=\left(1-\frac{7}{12}z^{-1}+\frac{1}{12}z^{-2}\right)Y(z)$

$x(n)=y(n)-\frac{7}{12}y(n-1)+\frac{1}{12}y(n-2)$

题 3 （北京邮电大学 2010 年）序列 $f(n)=\left(\frac{1}{2}\right)^n u(n)$ 的单边 z 变换 $F(z)=($　　$)$。

A. $\frac{z^{-1}}{2z-1}$　　B. $\frac{z}{2z-1}$　　C. $\frac{2z}{2z+1}$　　D. $\frac{2z}{2z-1}$

逻辑推理 主要考查序列 z 变换的求法。

解题过程 由 $a^n u(n)\leftrightarrow\frac{z}{z-a}(|z|>|a|)$

可得 $\left(\frac{1}{2}\right)^n u(n)\leftrightarrow\frac{z}{z-\frac{1}{2}}=\frac{2z}{2z-1}$

则答案为 D。

题 4 （北京邮电大学 2010 年）序列 $x(n)=2\delta(n)+\delta(n-1)+5\delta(n-2)+3\delta(n-4)$，则其 z 变换为 $X(z)=$ __________。

逻辑推理 考查重要序列 $\delta(n)$ 的 z 变换及移位性质。

解题过程 $X(z)=2+z^{-1}+5z^{-2}+3z^{-4}$

题 5 （北京邮电大学 2009 年）考虑如图 8-4 所示的离散时间系统，k 为何值时可以使系统稳定？

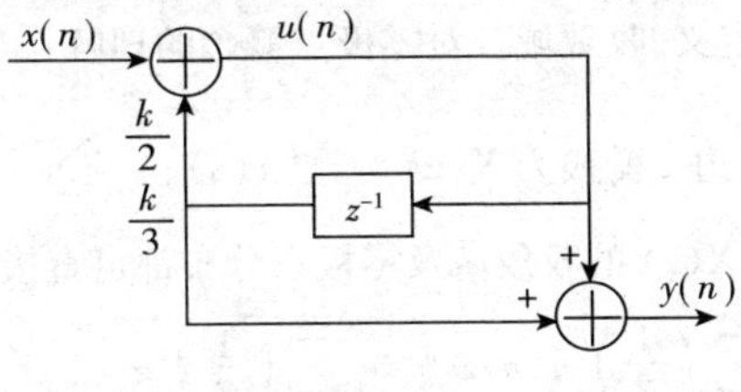

图 8-4

逻辑推理 考查系统方程及稳定性。

解题过程 由图得，$X(z)+\frac{k}{2}z^{-1}U(z)=U(z)$

$$U(z)+\frac{k}{3}z^{-1}U(z)=Y(z)$$

解得系统函数 $H(z)=\frac{Y(z)}{X(z)}=\frac{1+\frac{k}{3}z^{-1}}{1-\frac{k}{2}z^{-1}}$

极点：$z=\frac{k}{2}$

由系统稳定的充要条件 $\left|\frac{k}{2}\right|<1$

即 $-2<k<2$

题 6 （北京邮电大学 2009 年）已知一双边序列 $x(n)=\begin{cases}a^n, n\geqslant 0\\ b^n, n<0\end{cases}(a<b)$，其 z 变换为（　　）。

A. $\frac{z(a-b)}{(z-a)(z-b)}, a<|z|<b$

B. $\frac{-z}{(z-a)(z-b)}\quad |z|\leqslant a, |z|\geqslant b$

C. $\frac{z}{(z-a)(z-b)}, a<|z|<b$

D. $\frac{-1}{(z-a)(z-b)}\quad a<|z|<b$

逻辑推理 考查双边序列 z 变换及收敛域。

解题过程 $x(n)=a^nu(n)+b^nu(-n-1)$

则 $X(z)=\frac{z}{z-a}-\frac{z}{z-b}=\frac{z(a-b)}{(z-a)(z-b)}\quad a<|z|<b$

因此此题答案为 A。

教材同步习题全解

8.1 **知识点窍** 考查 z 变换的定义、收敛域及对零极点概念的理解。

逻辑推理 序列 $x(n)$ 的双边 z 变换为 $X(z)=\mathscr{Z}[x(n)]=\sum_{n=\infty}^{\infty}x(n)z^{-n}$，利用定义直接求各题中序列的 z 变换。$X(z)$ 的收敛域及零极点分布都可直接根据定义求解。

解题过程 (1) $X(z)=\sum_{n=-\infty}^{\infty}\left(\frac{1}{2}\right)^n u(n)z^{-n}=\sum_{n=0}^{\infty}\left(\frac{1}{2}\right)^n z^{-n}$

$$=\frac{z}{z-\frac{1}{2}}\quad\left(|z|>\frac{1}{2}\right)$$

(2) $X(z)=\sum_{n=-\infty}^{\infty}\left(-\frac{1}{4}\right)^{n}u(n)z^{-n}=\sum_{n=0}^{\infty}\left(-\frac{1}{4}\right)^{n}z^{-n}$

$=\frac{z}{z+\frac{1}{4}}\quad\left(|z|>\frac{1}{4}\right)$

(3) $X(z)=\sum_{n=-\infty}^{\infty}\left(\frac{1}{3}\right)^{-n}u(n)z^{-n}=\sum_{n=0}^{\infty}(3z^{-1})^{n}=\frac{z}{z-3}\quad(|z|>3)$

(4) $X(z)=\sum_{n=-\infty}^{\infty}\left(\frac{1}{3}\right)^{n}u(-n)z^{-n}=\sum_{n=-\infty}^{0}\left(\frac{1}{3}z^{-1}\right)^{n}=\sum_{n=0}^{\infty}(3z)^{n}$

$=\frac{\frac{1}{3}}{z-\frac{1}{3}}\quad\left(|z|<\frac{1}{3}\right)$

(5) $X(z)=\sum_{n=-\infty}^{\infty}\left[-\left(\frac{1}{2}\right)^{n}u(-n-1)\right]z^{-n}=\sum_{n=-\infty}^{-1}\left[-\left(\frac{1}{2}\right)^{n}\right]z^{-n}$

$=\sum_{n=1}^{\infty}[-(2z)^{n}]=1-\sum_{n=0}^{\infty}(2z)^{n}=1-\frac{1}{1-2z}=\frac{-2z}{1-2z}$

$=\frac{z}{z-\frac{1}{2}}\quad\left(|z|<\frac{1}{2}\right)$

(6) $X(z)=\sum_{n=-\infty}^{\infty}\delta(n+1)z^{-n}=z\quad(|z|<+\infty)$

(7) $X(z)=\sum_{n=-\infty}^{\infty}\left(\frac{1}{2}\right)^{n}[u(n)-u(n-10)]z^{-n}=\sum_{n=0}^{9}\left(\frac{1}{2}\right)^{n}z^{-n}$

$=\frac{1-\left(\frac{1}{2}z^{-1}\right)^{10}}{1-\frac{1}{2}z^{-1}}\quad(|z|>0)$

由于$\frac{1-\left(\frac{1}{2}z^{-1}\right)^{10}}{1-\frac{1}{2}z^{-1}}=\frac{z^{10}-\left(\frac{1}{2}\right)^{10}}{z^{9}\left(z-\frac{1}{2}\right)}$

故极点为$z=0$(9 阶)，$z=\frac{1}{2}$(1 阶)

零点由 $z^{10}-\left(\frac{1}{2}\right)^{10}=0$ 可求得。

令 $z=re^{j\omega_0}$，代入有

$(re^{j\omega_0})^{10}=\left(\frac{1}{2}\right)^{10}e^{j2k\pi}$　于是 $re^{j\omega_0}=\frac{1}{2}e^{j\frac{2k\pi}{10}}\quad(k=0,1,2,\cdots,9)$

所以零点 $z=\frac{1}{2}e^{j\frac{2k\pi}{10}}\quad(k=0,1,2,\cdots,9)$

又由于 $z=\frac{1}{2}$ 处零极点抵消，故收敛域为 $|z|>0$。

(8) $X(z)=\sum\limits_{n=-\infty}^{\infty}\left[\left(\frac{1}{2}\right)^{n}u(n)+\left(\frac{1}{3}\right)^{n}u(n)\right]z^{-n}$

$$=\frac{z}{z-\frac{1}{2}}+\frac{z}{z-\frac{1}{3}}=\frac{z\left(2z-\frac{5}{6}\right)}{\left(z-\frac{1}{2}\right)\left(z-\frac{1}{3}\right)}\quad\left(|z|>\frac{1}{2}\right)$$

(9) $X(z)=\sum\limits_{n=-\infty}^{\infty}\left[\delta(n)-\frac{1}{8}\delta(n-3)\right]z^{-n}=1-\frac{1}{8}z^{-3}\quad(|z|>0)$

由以上各序列的 z 变换可知其零极点位置如解图 8-1 所示。

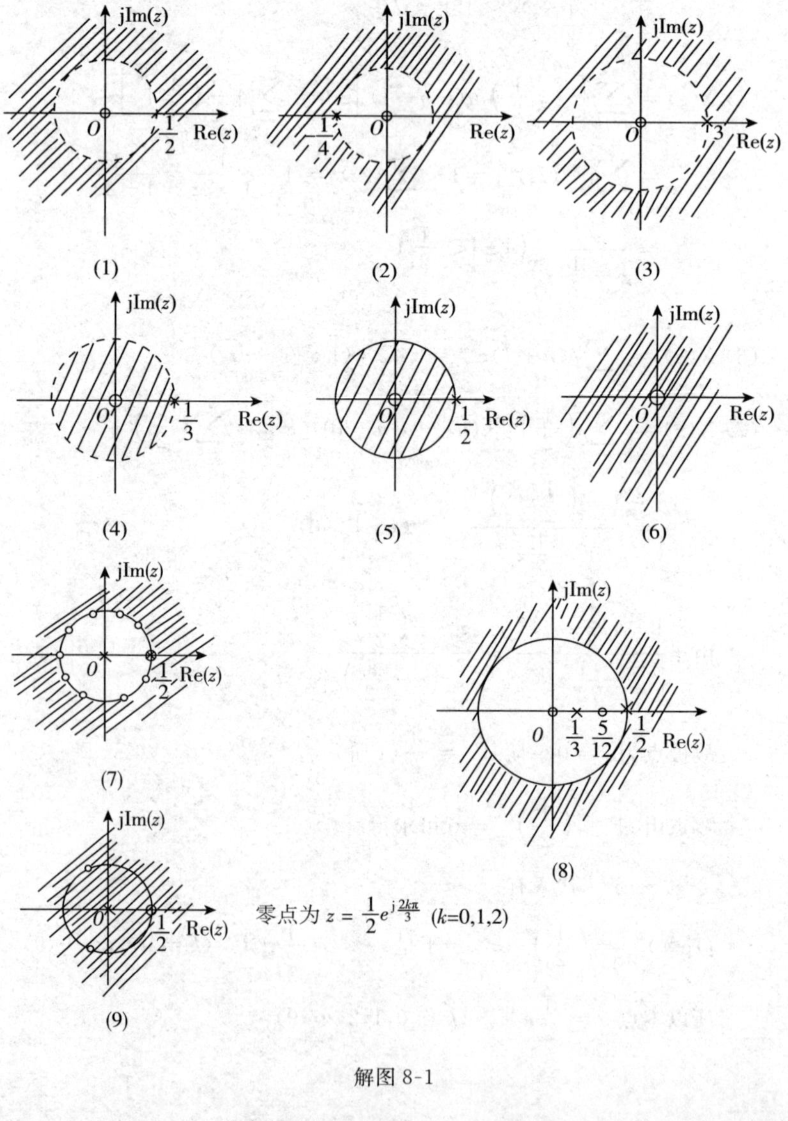

解图 8-1

8.2 知识点窍 无限长双边序列的 z 变换。

逻辑推理 利用公式 $X(z)=\sum_{n=-\infty}^{\infty}x(n)z^{-n}$ 求该 z 变换，并根据教材表 8-1 可直接写出其收敛域的范围。

解题过程
$$X(z)=\sum_{n=-\infty}^{\infty}\left(\frac{1}{2}\right)^{|n|}z^{-n}$$
$$=\sum_{n=-\infty}^{-1}\left(\frac{1}{2}\right)^{-n}z^{-n}+\sum_{n=0}^{\infty}\left(\frac{1}{2}\right)^{n}z^{-n}$$
$$=\sum_{n=1}^{\infty}\left(\frac{1}{2}z\right)^{n}+\sum_{n=0}^{\infty}\left(\frac{1}{2z}\right)^{n}$$
$$=\frac{\frac{1}{2}z}{1-\frac{1}{2}z}+\frac{z}{z-\frac{1}{2}}\quad\left(\frac{1}{2}<|z|<2\right)$$
$$=\frac{-\frac{3}{2}z}{\left(z-\frac{1}{2}\right)(z-2)}\quad\left(\frac{1}{2}<|z|<2\right)$$

零点为 $z=0$，极点为 $z=\frac{1}{2}$，$z=2$。

零极点位置及收敛域如解图 8-2 所示。

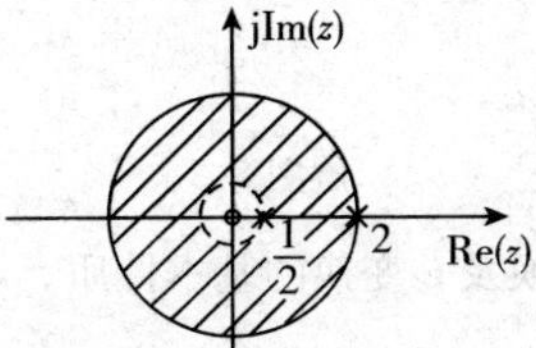

解图 8-2

8.3 知识点窍 三角函数序列和有限函数序列的 z 变换。

逻辑推理 利用 z 变换的定义并结合欧拉公式求解题(1)；利用 z 变换定义求解题(2)时应注意有限函数各定义域分段的端点。

解题过程 (1)
$$X(z)=\sum_{n=\infty}^{\infty}Ar^{n}\cos(n\omega_0+\phi)\cdot u(n)z^{-n}$$
$$=\sum_{n=0}^{\infty}Ar^{n}\,\frac{e^{j(n\omega_0+\phi)}+e^{-j(n\omega_0+\phi)}}{2}z^{-n}$$
$$=\frac{A}{2}e^{j\phi}\sum_{n=0}^{\infty}(re^{j\omega_0})^{n}z^{-n}+\frac{A}{2}e^{-j\phi}\sum_{n=0}^{\infty}(re^{-j\omega_0})^{n}z^{-n}$$
$$=\frac{\frac{A}{2}e^{j\phi}z}{z-re^{j\omega_0}}+\frac{\frac{A}{2}e^{-j\phi}z}{z-re^{-j\omega_0}}\quad(|z|>r)$$

$$= \frac{Az^2\cos\phi - rAz\cos(\omega_0 - \phi)}{z^2 - 2rz\cos\omega_0 + r^2} \quad (|z| > r)$$

由 $Az^2\cos\phi - rAz\cos(\omega_0 - \phi) = 0$ 得零点 $z = 0$ 和 $z = \dfrac{r\cos(\omega_0 - \phi)}{\cos\phi}$

由 $z^2 - 2rz\cos\omega_0 + r^2 = 0$ 得极点 $z = re^{j\omega_0}$ 和 $z = re^{-j\omega_0}$

(2) $X(z) = \sum\limits_{n=-\infty}^{\infty} x(n)z^{-n} = \sum\limits_{n=0}^{N-1} z^{-n} = \dfrac{1 - z^{-N}}{1 - z^{-1}} = \dfrac{z^N - 1}{z^{N-1}(z-1)} \quad (|z| > 0)$

极点 $z = 0(N-1$ 阶)

$z = 1(1$ 阶)

零点 $z_k = e^{j\frac{2k\pi}{N}} \quad (k = 0,1,2,\cdots,N-1)$

由于 $z = 1$ 处零、极点抵消，故收敛域为 $|z| > 0$。

以上两题的零、极点图如解图 8-3 所示。

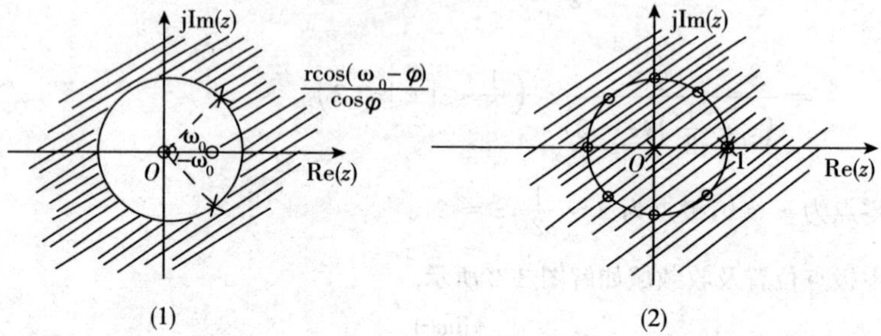

解图 8-3

8.4 知识点窍 考查典型序列的 z 变换及 z 变换的基本性质。

逻辑推理 直接利用 z 变换的基本性质即可求解。

解题过程 (1) $x(n) = \delta(n)$；

(2) $x(n) = \delta(n+3)$；

(3) $x(n) = \delta(n-1)$；

(4) $x(n) = -2\delta(n-2) + \delta(n) + 2\delta(n+1)$；

(5) $x(n) = a^n u(n)$；

(6) $x(n) = -a^n u(-n-1)$。

8.5 知识点窍 要求熟练掌握几种逆 z 变换的方法。

逻辑推理 通过观察各 z 变换的形式，我们用部分分式展开法求解较为简单。

解题过程 (1) $X(z) = \dfrac{1}{1 + 0.5z^{-1}} = \dfrac{z}{z + 0.5}$

$x(n) = (-0.5)^n u(n)$

(2) $X(z)=\dfrac{1-0.5z^{-1}}{1+\dfrac{3}{4}z^{-1}+\dfrac{1}{8}z^{-2}}=\dfrac{1-0.5z^{-1}}{\dfrac{1}{8}(z^{-1}+2)(z^{-1}+4)}$

$$=\frac{8}{z^{-1}+2}-\frac{12}{(z^{-1}+4)}=\frac{4}{1+\dfrac{1}{2}z^{-1}}-\frac{3}{1+\dfrac{1}{4}z^{-1}}$$

$$=\frac{4z}{z+\dfrac{1}{2}}-\frac{3z}{z+\dfrac{1}{4}}$$

$$x(n)=\left[4\left(-\frac{1}{2}\right)^n-3\left(-\frac{1}{4}\right)^n\right]u(n)$$

(3) $X(z)=\dfrac{1-\dfrac{1}{2}z^{-1}}{1-\dfrac{1}{4}z^{-2}}=\dfrac{1-\dfrac{1}{2}z^{-1}}{\left(1+\dfrac{1}{2}z^{-1}\right)\left(1-\dfrac{1}{2}z^{-1}\right)}=\dfrac{1}{1+\dfrac{1}{2}z^{-1}}=\dfrac{z}{z+\dfrac{1}{2}}$

$$x(n)=\left(-\frac{1}{2}\right)^n u(n)$$

(4) $X(z)=\dfrac{1-az^{-1}}{z^{-1}-a}=\dfrac{1-a^2}{z^{-1}-a}-a=\dfrac{a^2-1}{a}\cdot\dfrac{1}{1-\dfrac{1}{a}z^{-1}}-a$

$$x(n)=\frac{a^2-1}{a}\left(\frac{1}{a}\right)^n u(n)-a\delta(n)$$

8.6 **逻辑推理** 留数法求逆变换 $x(n)=\sum\limits_m \mathrm{Res}[X(z)z^{n-1}]_{z=z_m}$。

幂级数展开法求逆变换，注意分析 $X(z)$ 的收敛域，从而决定 $X(z)$ 是按降幂还是升幂次序排列。

部分分式展开法将 $X(z)$ 展成一些简单而常见的部分分式之和。

解题过程 (1) 留数法。

令 $G(z)=X(z)z^{n-1}=\dfrac{10z^n}{(z-1)(z-2)}$

当 $n\geqslant 0$ 时 $G(z)$ 只有一阶极点 $z=1$ 和 $z=2$。

$$x(n)=\sum_m \mathrm{Res}\left[\frac{10z^n}{(z-1)(z-2)}\right]_{z=z_m}$$

$$=\frac{10z^n}{z-1}\bigg|_{z=2}+\frac{10z^n}{z-2}\bigg|_{z=1}$$

$$=[10(2^n)-10]u(n)=10(2^n-1)u(n)$$

当 $n=-1$ 时 $G(z)$ 在围线内除一阶极点 $z=1$ 和 $z=2$ 外还有一阶极点 $z=0$，

所以 $x(n)=\dfrac{10}{(z-1)(z-2)}\bigg|_{z=0}+\dfrac{10}{z(z-1)}\bigg|_{z=2}+\dfrac{10}{z(z-2)}\bigg|_{z=1}=0$

同样可得 $n<0$ 时，$x(n)=0$。

所以 $x(n)=10(2^n-1)u(n)$。

(2) 幂级数展开法。

由于收敛域为 $|z|>2$,所以 $x(n)$ 应为右序列,故把 $X(z)$ 降幂排列。

$$X(z)=\frac{10z}{z^2-3z+2}$$

用长除法展开

$$\begin{array}{r|l} & 10z^{-1}-30z^{-2}+70z^{-3}+\cdots \\ z^2-3z+2 & 10z \\ & \underline{10z-30+20z^{-1}} \\ & 30-20z^{-1} \\ & \underline{30-90z^{-1}+60z^{2}} \\ & 70z^{-1}-60z^{-2} \\ & \underline{70z^{-1}-210z^{-2}+140z^{-3}} \\ & 150z^{-2}-140z^{-3} \\ & \vdots \end{array}$$

$$\therefore X(z)=10z^{-1}+30z^{-2}+70z^{-2}+\cdots$$

$$=\sum_{n=0}^{\infty}10(2^n-1)z^{-n}$$

$$\therefore\ x(n)=10(2^n-1)u(n)$$

(3) 部分分式展开法。

$$\frac{X(z)}{z}=\frac{10}{(z-1)(z-2)}=\frac{10}{z-2}-\frac{10}{z-1}$$

$$X(z)=10\left(\frac{z}{z-2}-\frac{z}{z-1}\right)$$

又由于 $|z|>2$,故 $x(n)=10(2^n-1)u(n)$。

三种方法所得结果一致。

8.7 **知识点窍** 通过证明的过程来熟悉 z 变换的基本性质。

逻辑推理 用 z 变换的基本定义来推导出结论。

解题过程 (1) $\mathscr{Z}[a^n x(n)]=\sum_{n=0}^{\infty}a^n x(n)z^{-n}=\sum_{n=0}^{\infty}x(n)\left(\frac{z}{a}\right)^{-n}$

$$=X\left(\frac{z}{a}\right)$$

(2) $\mathscr{Z}[\mathrm{e}^{-an}x(n)]=\sum_{n=0}^{\infty}\mathrm{e}^{-an}x(n)z^{-n}=\sum_{n=0}^{\infty}x(n)(\mathrm{e}^{a}z)^{-n}=X(\mathrm{e}^{a}z)$

(3) $\mathscr{Z}[x(n)]=X(z)=\sum_{n=0}^{\infty}x(n)z^{-n}$

则等式两边同时对 z 微分得

$$\frac{\mathrm{d}X(z)}{\mathrm{d}z}=\sum_{n=0}^{\infty}[-nx(n)z^{-n-1}]=\sum_{n=0}^{\infty}[-nx(n)z^{-n}z^{-1}]$$

$$\mathscr{Z}[nx(n)]=\sum_{n=0}^{\infty}[nx(n)z^{-n}]=-z\frac{\mathrm{d}x(z)}{\mathrm{d}z}$$

(4) $\mathscr{Z}[x^*(n)]=\sum_{n=0}^{\infty}x^*(n)z^{-n}=\left[\sum_{n=0}^{\infty}x(n)(z^*)^{-n}\right]^*=X^*(z^*)$

8.8 逻辑推理 与题 8.7 一样利用 z 变换定义来推导。

解题过程 $\mathscr{Z}[x(-n)]=\sum_{n=-\infty}^{\infty}x(-n)z^{-n}$

$$=\sum_{n=-\infty}^{\infty}x(n)(z^{-1})^{-n}=X(z^{-1})$$

8.9 知识点窍 考查函数的幂级数表示。

逻辑推理 将 $X(z)=\mathrm{e}^z$ 展开成泰勒级数表示。

解题过程 $X(z)=\mathrm{e}^z=1+z+\frac{1}{2!}z^{-2}+\frac{1}{3!}z^{-3}+\cdots+\frac{1}{n!}z^{-n}+\cdots$

$$=\sum_{n=0}^{-\infty}\frac{1}{(-n)!}z^{-n}$$

$$x(n)=\frac{1}{(-n)!}u(-n)$$

8.10 知识点窍 用部分分式展开法求逆 z 变换。

逻辑推理 对 $X(z)$ 进行因式分解，得出部分分式之和。

解题过程 (1) $X(z)=\frac{10}{(1-0.5z^{-1})(1-0.25z^{-1})}=\frac{10z^2}{\left(z-\frac{1}{2}\right)\left(z-\frac{1}{4}\right)}$

$$=\frac{20z}{z-\frac{1}{2}}-\frac{10z}{z-\frac{1}{4}}=10\left(\frac{2z}{z-\frac{1}{2}}-\frac{z}{z-\frac{1}{4}}\right)$$

又由于 $|z|>0.5$，故

$$x(n)=10\left[2\left(\frac{1}{2}\right)^n-\left(\frac{1}{4}\right)^n\right]u(n)$$

$$=10\left[\left(\frac{1}{2}\right)^{n-1}-\left(\frac{1}{4}\right)^n\right]u(n)$$

(2) $X(z)=\frac{10z^2}{(z-1)(z+1)}=\frac{5z}{z-1}+\frac{5z}{z+1}$

由于 $|z|>1$，故

$$X(n)=5[1+(-1)^n]u(n)$$

(3) $X(z)=\dfrac{1+z^{-1}}{1-2z^{-1}\cos\omega+z^{-2}}=\dfrac{z^2+z}{z^2-2z\cos\omega+1}=\dfrac{z(z+1)}{(z-\mathrm{e}^{\mathrm{j}\omega})(z-\mathrm{e}^{-\mathrm{j}\omega})}$

$$\frac{X(z)}{z}=\frac{z+1}{(z-\mathrm{e}^{\mathrm{j}\omega})(z-\mathrm{e}^{-\mathrm{j}\omega})}=\frac{\mathrm{e}^{\mathrm{j}\omega}+1}{2\mathrm{j}\sin\omega(z-\mathrm{e}^{\mathrm{j}\omega})}-\frac{\mathrm{e}^{-\mathrm{j}\omega}+1}{2\mathrm{j}\sin\omega(z-\mathrm{e}^{-\mathrm{j}\omega})}$$

$$X(z)=\frac{\mathrm{e}^{\mathrm{j}\omega}+1}{2\mathrm{j}\sin\omega}\cdot\frac{z}{z-\mathrm{e}^{\mathrm{j}\omega}}-\frac{\mathrm{e}^{-\mathrm{j}\omega}+1}{2\mathrm{j}\sin\omega}\cdot\frac{z}{z-\mathrm{e}^{-\mathrm{j}\omega}}$$

$$x(n)=\left[\frac{\mathrm{e}^{\mathrm{j}\omega}+1}{2\mathrm{j}\sin\omega}(\mathrm{e}^{\mathrm{j}\omega})^n-\frac{\mathrm{e}^{-\mathrm{j}\omega}+1}{2\mathrm{j}\sin\omega}(\mathrm{e}^{-\mathrm{j}\omega})^n\right]u(n)$$

$$=\left[\frac{\sin(n+1)\omega+\sin n\omega}{\sin\omega}\right]u(n)$$

$$=\left(\cos n\omega+\frac{1+\cos\omega}{\sin\omega}\sin n\omega\right)u(n)$$

8.11 **知识点窍** z 变换基本性质及典型序列 z 变换在求逆 z 变换中的运用。

逻辑推理 对于题(1),由于 $X(z)$ 的分母部分为 $(1-6z^{-1})^2$,

可利用 $\mathscr{Z}[nx(n)]=-z\dfrac{\mathrm{d}X(z)}{\mathrm{d}z}$ 的性质求逆变换。

采用部分分式展开法求解题(2)。

解题过程 (1) $X(z)=\dfrac{z^{-1}}{(1-6z^{-1})^2}=\dfrac{1}{6}\cdot\dfrac{6z}{(z-6)^2}$

令 $X_1(z)=\dfrac{z}{z-6}$,则 $x_1(n)=6^n u(n)$

利用性质得

$$\mathscr{Z}[nx_1(n)]=-z\frac{\mathrm{d}X_1(z)}{\mathrm{d}z}=-z\frac{\mathrm{d}}{\mathrm{d}z}\left[\frac{z}{z-6}\right]=\frac{6z}{(z-6)^2}$$

故 $x(n)=\dfrac{1}{6}n\cdot 6^n u(n)$

(2) $X(z)=\dfrac{z^{-2}}{1+z^{-2}}=\dfrac{1}{z^2+1}$,$\dfrac{X(z)}{z}=\dfrac{1}{z(z^2+1)}=\dfrac{1}{z}-\dfrac{\frac{1}{2}}{z+\mathrm{j}}-\dfrac{\frac{1}{2}}{z-\mathrm{j}}$

$$X(z)=1-\frac{\frac{1}{2}z}{z+\mathrm{j}}-\frac{\frac{1}{2}z}{z-\mathrm{j}}$$

$$x(n)=\delta(n)-\frac{1}{2}[(-\mathrm{j})^n+(\mathrm{j})^n]u(n)=\delta(n)-\frac{1}{2}[\mathrm{e}^{-\mathrm{j}\frac{n\pi}{2}}+\mathrm{e}^{\mathrm{j}\frac{n\pi}{2}}]u(n)$$

$$=\delta(n)-\cos\frac{n\pi}{2}u(n)$$

8.12 **知识点窍** 对于同一个 z 变换表示式,当收敛域不同时,会对应不同的离散序列。

逻辑推理 先将 $X(z)$ 用部分分式的形式展开,然后分别对应不同的收敛域求其原始序列并判定其为左边、右边还是双边序列。

解题过程 由于 $X(z)=\dfrac{-3z^{-1}}{2-5z^{-1}+2z^{-2}}=\dfrac{-3z}{2z^2-5z+2}$

$$=-\frac{3}{2}\cdot\frac{z}{(z-2)\left(z-\frac{1}{2}\right)}$$

零极点如解图 8-12 所示。

$$\frac{X(z)}{z}=-\frac{3}{2}\cdot\frac{z}{(z-1)\left(z-\frac{1}{2}\right)}=\frac{1}{z-1/2}-\frac{1}{z-2}$$

$$X(z)=\frac{z}{z-\frac{1}{2}}-\frac{z}{z-2}$$

当 $|z|>2$ 时为右边序列 $x(n)=\left[\left(\frac{1}{2}\right)^n-2^n\right]u(n)$

当 $|z|<0.5$ 时为左边序列 $x(n)=\left[2^n-\left(\frac{1}{2}\right)^n\right]u(-n-1)$

当 $0.5<|z|<2$ 时为双边序列 $x(n)=\left(\frac{1}{2}\right)^n u(n)+2^n u(-n-1)$

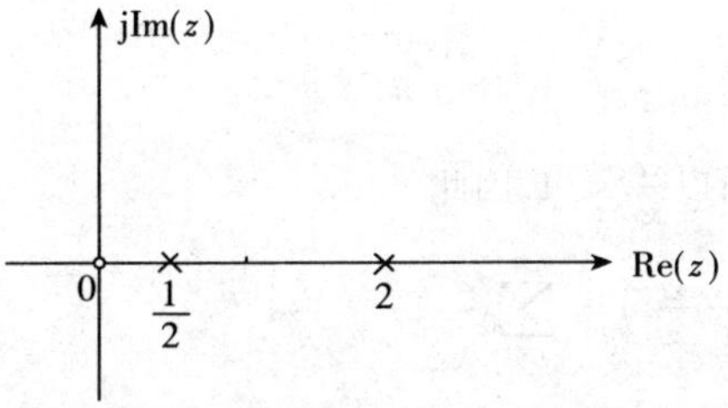

解图 8-12

8.13 知识点窍 考查初值定理、终值定理及其与零极点分布的关系。

逻辑推理 初值定理：$x(0)=\lim\limits_{z\to\infty}X(z)$　　终值定理：$x(\infty)=\lim\limits_{z\to1}(z-1)X(z)$

计算时先根据 z 的取值判定是否存在初值、终值，然后代入计算。

解题过程 (1) $X(z)=\dfrac{1+z^{-1}+z^{-2}}{(1-z^{-1})(1-2z^{-1})}$

$$x(0)=\lim_{z\to\infty}\frac{1+z^{-1}+z^{-2}}{(1-z^{-1})(1-2z^{-1})}=1$$

从 $X(z)$ 可知其极点为 $z=1,z=2$，又因为 $x(n)$ 是因果序列，即右边序列，故收敛域为 $|z|>2$，在单位圆外，故终值 $x(\infty)$ 不存在。

(2) $X(z)=\dfrac{1}{(1-0.5z^{-1})(1+0.5z^{-1})}$

$$x(0)=\lim_{z\to\infty}\frac{1}{(1-0.5z^{-1})(1+0.5z^{-1})}=1$$

由于 $x(n)$ 是因果序列,收敛域 $|z|>0.5$,包含单位圆,故可利用终值定理。

$$x(\infty)=\lim_{z\to 1}(z-1)\frac{1}{(1-0.5z^{-1})(1+0.5z^{-1})}=0$$

(3) $X(z)=\dfrac{z^{-1}}{1-1.5z^{-1}+0.5z^{-2}}$

$$x(0)=\lim_{z\to\infty}\frac{z^{-1}}{1-1.5z^{-1}+0.5z^{-2}}=0$$

由 $X(z)$ 的极点可求得 $z=0.5$,$z=1$,在 $z=1$ 处仅有一个一阶极点,另一个极点在单位圆内,故可利用终值定理。

$$x(\infty)=\lim_{z\to 1}(z-1)\frac{z^{-1}}{1-1.5z^{-1}+0.5z^{-2}}=\lim_{z\to 1}(z-1)\frac{z}{(z-1)(z-0.5)}=2$$

8.14 知识点窍 本题利用幂级数展开法求逆 z 变换。

逻辑推理 由提示中所给式子求出 $X(z)$ 的幂级数展开式,进而求 $x(n)$。

解题过程 由于 $\ln(1+y)=\sum\limits_{n=1}^{\infty}(-1)^{n+1}\dfrac{y^n}{n}$,$y<1$

而 $|z|>a$,所以 $\dfrac{a}{z}<1$。因此

$$X(z)=\ln\left(1+\frac{a}{z}\right)=\sum_{n=1}^{\infty}(-1)^{n+1}\frac{a^n}{n}z^{-n}$$

$$x(n)=(-1)^{n+1}\frac{a^n}{n}u(n-1)$$

8.15 知识点窍 灵活运用 z 变换解差分方程的方法对原序列进行适当变形,求证。

逻辑推理 先设 $y(n)u(n)=\sum\limits_{k=0}^{n}x(k)$,变形写成差分方程形式,即

$ay(n)-by(n-1)=cx(n)$ 的形式,求解 $Y(z)$。

解题过程 令 $y(n)u(n)=\sum\limits_{k=0}^{n}x(k)$,则

$$y(n)u(n)-y(n-1)u(n-1)=\sum_{k=0}^{n}x(k)-\sum_{k=0}^{n-1}x(k)=x(n)$$

对此差分方程两边取 z 变换,则

$$Y(z)-z^{-1}[Y(z)+y(-1)z]=X(z)$$

由于 $y(n)x(n)$ 是因果序列,所以 $y(-1)=0$,于是

$$Y(z)-z^{-1}Y(z)=X(z)$$

所以 $Y(z)=\mathscr{Z}\left[\sum_{k=0}^{n}x(k)\right]=\frac{1}{1-z^{-1}}X(z)=\frac{z}{z-1}X(z)$

8.16 知识点窍 要求对 z 变换的定义理解深刻，利用定义证明。

逻辑推理 代入 z 变换的定义式 $\mathscr{Z}[x(n)]=\sum_{n=-\infty}^{\infty}x(n)z^{-n}$ 进行数学运算。

解题过程 直接由 z 变换定义证明，有

$$\mathscr{Z}\left[\sum_{m=-\infty}^{\infty}h(m)x(m-n)\right]=\sum_{n=-\infty}^{\infty}\left[\sum_{m=-\infty}^{\infty}h(m)x(m-n)\right]z^{-n}=\sum_{m=-\infty}^{\infty}h(m)\sum_{n=-\infty}^{\infty}x(m-n)z^{-n}$$

令 $m-n=p$

$$\text{上式}=\sum_{m=-\infty}^{+\infty}h(m)\sum_{p=-\infty}^{\infty}x(p)z^{p-m}=\sum_{m=-\infty}^{\infty}h(m)z^{-m}\sum_{p=-\infty}^{\infty}x(p)(z^{-1})^{-p}$$

$$=H(z)X\left(\frac{1}{z}\right)$$

8.17 知识点窍 熟练掌握卷积定理。

逻辑推理 时域卷积，z 域相乘，利用 z 变换及逆 z 变换简化计算。

解题过程 (1) $x(n)=a^nu(n),h(n)=b^nu(-n)$

因为 $\mathscr{Z}[x(n)]=\mathscr{Z}[a^nu(n)]=\frac{z}{z-a}\quad(|z|>|a|)$

$\mathscr{Z}[h(n)]=\mathscr{Z}[b^nu(-n)]=\frac{-b}{z-b}\quad(|z|<|b|)$

而 $\mathscr{Z}[x(n)*h(n)]=\mathscr{Z}[y(n)]=\mathscr{Z}[x(n)]\mathscr{Z}[h(n)]=\frac{z}{z-a}\left(-\frac{b}{z-b}\right)=Y(z)$

$$\frac{Y(z)}{z}=\frac{1}{z-a}\left(-\frac{b}{z-b}\right)=\frac{b}{b-a}\left(\frac{1}{z-a}-\frac{1}{z-b}\right)$$

$$Y(z)=\frac{b}{b-a}\left[\frac{z}{z-a}-\frac{z}{z-b}\right]\quad(|a|<|z|<|b|)$$

$$y(n)=\mathscr{Z}^{-1}[Y(z)]=\frac{b}{b-a}[a^nu(n)+b^nu(-n-1)]$$

(2) $x(n)=a^nu(n),h(n)=\delta(n-2)$

因为 $\mathscr{Z}[x(n)]=\mathscr{Z}[a^nu(n)]=\frac{z}{z-a}\quad(|z|>|a|)$

$\mathscr{Z}[h(n)]=\mathscr{Z}[\delta(n-2)]=z^{-2}\quad(|z|>0)$

$Y(z)=\mathscr{Z}[y(n)]=\mathscr{Z}[x(n)*h(n)]=\mathscr{Z}[x(n)]\mathscr{Z}[h(n)]$

$$=\frac{z}{z-a}\cdot z^{-2}\quad(|z|>|a|)$$

由于 $|z|>|a|$,可知 $y(n)$ 是因果序列($|z|>|a|$,包括 $z=\infty$ 点),因此由移位性质有

$$y(n)=\mathscr{Z}^{-1}[Y(z)]=a^{n-2}u(n-2)$$

(3) $x(n)=a^n u(n), h(n)=u(n-1)$

因为 $X(z)=\dfrac{z}{z-a} \quad (|z|>|a|)$

$$H(z)=\frac{z}{z-1}\cdot z^{-1}=\frac{1}{z-1} \quad (|z|>1)$$

设 $|a|<1$,则

$$Y(z)=X(z)\cdot H(z)=\frac{z}{z-a}\cdot\frac{1}{z-1} \quad (|z|>1)$$

$$\frac{Y(z)}{z}=\frac{1}{z-a}\cdot\frac{1}{z-1}=\frac{1}{1-a}\left[\frac{-1}{z-a}+\frac{1}{z-1}\right]$$

$$Y(z)=\frac{1}{1-a}\left[\frac{z}{z-1}-\frac{z}{z-a}\right] \quad (|z|>1, |a|<1)$$

$$y(n)=\mathscr{Z}^{-1}[Y(z)]=\frac{1}{1-a}(1-a^n)u(n)=\frac{1-a^n}{1-a}u(n)$$

若 $|a|>1$,则 $Y(z)$ 的收敛域变为 $|z|>|a|$,$y(n)$ 式同上。

8.18 知识点窍 熟练掌握 z 变换及卷积定理。

逻辑推理 同上题,先分别求 $x(n)$、$h(n)$ 的 z 变换得 $Y(z)$,然后求逆 z 变换得 $y(n)$。

解题过程 因为 $H(z)=\mathscr{Z}[h(n)]=\dfrac{z}{z-a} \quad (|z|>a)$

$$X(z)=\mathscr{Z}[x(n)]=\frac{z}{z-1}-\frac{z^{-N+1}}{z-1} \quad (|z|>1)$$

$$Y(z)=X(z)H(z)=\frac{z}{z-a}\cdot\frac{z-z^{-N+1}}{z-1} \quad (|z|>1)$$

$$\frac{Y(z)}{z}=\left[\frac{1}{z-a}\cdot\frac{z}{z-1}\right](1-z^{-N})=\left[\frac{1}{1-a}\cdot\frac{1}{z-1}-\frac{a}{1-a}\cdot\frac{1}{z-a}\right](1-z^{-N})$$

$$Y(z)=\frac{1}{1-a}\left[\frac{z}{z-1}-\frac{az}{z-a}\right](1-z^{-N})$$

由于 $y(n)$ 是因果序列,据移位性质求得

$$y(n)=\mathscr{Z}^{-1}[Y(z)]=\frac{1-a^{n+1}}{1-a}u(n)-\frac{1-a^{n+1-N}}{1-a}u(n-N)$$

与例 7-15 结果一致。

8.19 知识点窍 考查逆 z 变换的求解方法及 z 域卷积定理。

逻辑推理 与上题求解思路相同,但本题是时域相乘,z 域卷积。

解题过程 (1) $X(z)=\dfrac{1}{1-0.5z^{-1}}\quad(|z|>0.5)$

$Y(z)=\dfrac{1}{1-2z}\quad(|z|<0.5)$

① 逆变换。

由于 $X(z)$ 的收敛域是 $|z|>0.5$,所以 $x(n)$ 是因果序列,有

$x(n)=0.5^n u(n)$

又由 $Y(z)$ 的收敛域是 $|z|<0.5$,所以 $y(n)$ 是右边序列。

由于$Y(z)=\dfrac{1}{1-2z}=1-\dfrac{z}{z-\dfrac{1}{2}}$,故

$$y(n)=\mathscr{Z}^{-1}[Y(z)]=\delta(n)+0.5^n u(-n-1)$$

所以 $x(n)y(n)=0.5^n u(n)\cdot[\delta(n)+0.5^n u(-n-1)]=\delta(n)$

因此 $\mathscr{Z}[x(n)y(n)]=\mathscr{Z}[\delta(n)]=1\quad(|z|\geqslant 0)$

②z 域卷积法。

令 $R(z)=\mathscr{Z}[x(n)y(n)]$,则

$$R(z)=\frac{1}{2\pi \mathrm{j}}\oint_c X(\nu)Y\left(\frac{z}{\nu}\right)\nu^{-1}\mathrm{d}\nu=\frac{1}{2\pi \mathrm{j}}\oint_c \frac{\nu}{\nu-0.5}\cdot\frac{1}{1-\dfrac{2z}{\nu}}\nu^{-1}\mathrm{d}\nu$$

$$=\frac{1}{2\pi \mathrm{j}}\oint_c \frac{\nu}{\nu-0.5}\,\frac{1}{\nu-2z}\mathrm{d}\nu$$

由于 $X(\nu)$ 的收敛域为 $|\nu|>0.5$,$Y\left(\dfrac{\nu}{z}\right)$的收敛域为$\left|\dfrac{z}{\nu}\right|<0.5$,

即 $|\nu|>2|z|$,故积分围线 c 内包含两个一阶极点 $\nu=0.5$ 和 $\nu=2z$,因此

$$R(z)=\left.\frac{\nu}{\nu-2z}\right|_{\nu=0.5}+\left.\frac{\nu}{\nu-0.5}\right|_{\nu=2z}=1$$

(2) $X(z)=\dfrac{0.99}{(1-0.1z^{-1})(1-0.1z)}\quad(0.1<|z|<10)$

$Y(z)=\dfrac{1}{1-10z}\quad(|z|>0.1)$

① 逆变换法。

因为$\dfrac{X(z)}{z}=\dfrac{0.99}{(z-0.1)(1-0.1z)}=\dfrac{-9.9}{(z-0.1)(z-10)}$

$$=\frac{1}{z-0.1}-\frac{1}{z-10}$$

所以 $X(z)=\dfrac{z}{z-0.1}-\dfrac{z}{z-10}$

由于 $0.1<|z|<10$,所以 $x(n)=(0.1)^n u(n)+10^n u(-n-1)$

又因为$\dfrac{Y(z)}{z}=\dfrac{1}{z(1-10z)}=\dfrac{1}{z}-\dfrac{1}{z-0.1}$

所以 $Y(z)=1-\dfrac{z}{z-0.1}$

又知 $|z|>1$

故 $y(n)=\mathscr{Z}^{-1}[Y(z)]=\delta(n)-(0.1)^n u(n)$

所以 $x(n)y(n)=[(0.1)^n u(n)+10^n u(-n-1)][\delta(n)-(0.1)^n u(n)]$

$$=\delta(n)-(0.1)^{2n}u(n)$$

故 $R(z)=\mathscr{Z}[x(n)y(n)]=1-\dfrac{z}{z-0.01}=\dfrac{1}{1-100z}\quad(|z|>0.01)$

②z 域卷积法。

令 $R(z)=\mathscr{Z}[x(n)y(n)]$,则

$$R(z)=\frac{1}{2\pi \mathrm{j}}\oint_c X(\nu)\cdot Y\left(\frac{z}{\nu}\right)\nu^{-1}\mathrm{d}\nu$$

$$=\frac{1}{2\pi \mathrm{j}}\oint_c \frac{0.99\nu}{(\nu-0.1)(1-0.1\nu)(\nu-10z)}\mathrm{d}\nu$$

由 $X(\nu)$ 收敛域要求 $0.1<|\nu|<10$,$Y\left(\dfrac{z}{\nu}\right)$要求$\left|\dfrac{z}{\nu}\right|>0.1$,

即 $|\nu|<10|z|$,故被积函数收敛域为 $0.1<|\nu|<10|z|$,积分围线内只包括一个一阶极点 $\nu=0.1$,所以

$$R(z)=\left.\frac{0.99\nu}{(1-0.1\nu)(\nu-10z)}\right|_{\nu=0.1}=\frac{0.99\times 0.1}{(1-0.01)(0.1-10z)}$$

$$=\frac{1}{1-100z}\quad(|z|>0.01)$$

(3) $X(z)=\dfrac{z}{z-\mathrm{e}^{-b}}\quad(|z|>\mathrm{e}^{-b})$

$Y(z)=\dfrac{z\sin\omega_0}{z^2-2z\cos\omega_0+1}\quad(|z|>1)$

① 逆变换法。

$x(n)=\mathscr{Z}^{-1}[X(z)]=\mathrm{e}^{-bn}u(n)\qquad$(已知 $|z|>\mathrm{e}^{-b}$)

$y(n)=\mathscr{Z}^{-1}[Y(z)]=\sin\omega_0 n u(n)\quad$(已知 $|z|>1$)

$x(n)y(n)=\mathrm{e}^{-bn}\sin\omega_0 n u(n)$

$R(z)=\mathscr{Z}[x(n)y(n)]=\mathscr{Z}[\mathrm{e}^{-bn}\sin\omega_0 n u(n)]$

$$=\mathscr{Z}\left[\frac{1}{2\mathrm{j}}\mathrm{e}^{-bn}(\mathrm{e}^{\mathrm{j}\omega_0 n}-\mathrm{e}^{-\mathrm{j}\omega_0 n})u(n)\right]$$

$$=\frac{\mathrm{e}^{-b}z\sin\omega_0}{z^2-2\mathrm{e}^{-b}z\cos\omega_0+\mathrm{e}^{-2b}}\quad(|z|>\mathrm{e}^{-b})$$

②z 域卷积法。

$$R(z)=\mathscr{Z}[x(n)y(n)]=\frac{1}{2\pi\mathrm{j}}\oint_c X(\nu)Y\left(\frac{z}{\nu}\right)\nu^{-1}\mathrm{d}\nu$$

$$=\frac{1}{2\pi\mathrm{j}}\oint_c \frac{\nu}{\nu-\mathrm{e}^{-b}}\cdot\frac{\left(\frac{z}{\nu}\right)\sin\omega_0}{\left(\frac{z}{\nu}\right)^2-2\left(\frac{z}{\nu}\right)\cos\omega_0+1}\nu^{-1}\mathrm{d}\nu$$

$$=\frac{1}{2\pi\mathrm{j}}\oint_c \frac{\nu z\sin\omega_0}{(\nu-\mathrm{e}^{-b})(z^2-2\nu z\cos\omega_0+\nu^2)}\mathrm{d}\nu$$

确定被积函数的收敛域：

由于 $X(\nu)$ 的收敛域要求 $|\nu|>\mathrm{e}^{-b}$，$Y\left(\frac{z}{\nu}\right)$ 的收敛域要求 $\left|\frac{z}{\nu}\right|>1$，故被积函数的收敛域为 $\mathrm{e}^{-b}<|\nu|<|z|$，因此积分围线 c 内只有一个一阶极点 $\nu=\mathrm{e}^{-b}$，所以

$$\mathscr{Z}[x(n)y(n)]=\left.\frac{\nu z\sin\omega_0}{z^2-2\nu z\cos\omega_0+\nu^2}\right|_{\nu=\mathrm{e}^{-b}}$$

$$=\frac{\mathrm{e}^{-b}z\sin\omega_0}{z^2-2\mathrm{e}^{-b}z\cos\omega_0+\mathrm{e}^{-2b}}\qquad(|z|>\mathrm{e}^{-b})$$

8.20 **知识点窍** 本题实质上是考查对于 z 变换、逆 z 变换及解卷积概念的理解。

逻辑推理 按照题目的要求列写表达式即可。

解题过程 第一步，D 运算，包括对 $x(n)$ 进行 z 变换、取对数和逆 z 变换。

$x(n)=x_1(n)*x_2(n)$，由卷积定理有

$X(z)=X_1(z)X_2(z)$

取对数：$\ln[X(z)]=\ln[X_1(z)]+\ln[X_2(z)]$

逆 z 变换：

$\mathscr{Z}^{-1}\{\ln[X(z)]\}=\hat{x}_1(n)+\hat{x}_2(n)=\hat{x}(n)$

第二步，L 运算，线性滤波器，滤除 $\hat{x}_1(n)$，则

$\hat{y}(n)=\hat{x}_2(n)$

第三步，D^{-1} 运算，包括 z 变换、指数运算和逆 z 变换。

$\mathscr{Z}[\hat{x}_2(n)]=\hat{X}_2(z)$ 或 $\mathscr{Z}[\hat{y}(n)]=\hat{Y}(z)$

$\exp[\hat{X}_2(z)]=X_2(z)$ 或 $\exp[\hat{Y}(z)]=Y(z)$

$\mathscr{Z}^{-1}[X_2(z)]=x_2(n)$ 或 $\mathscr{Z}^{-1}[Y(z)]=y(n)$

最后得 $y(n)=x_2(n)$

8.21 **知识点窍** 本题要求熟练掌握利用 z 变换求解差分方程的方法。

逻辑推理 对各差分方程等式两边取单边 z 变换，将差分方程转化为代数方程，从而使求解过程简化。

解题过程 (1) 对差分方程两边取单边 z 变换:

$$z^2[Y(z)-y(0)-y(1)z^{-1}]+z[Y(z)-y(0)]+Y(z)=\frac{z}{z-1}\quad(|z|>1)$$

将 $y(0)=1$, $y(1)=2$ 代入后整理得

$$(z^2+z+1)\cdot Y(z)-(z^2+3z)=\frac{z}{z-1}$$

所以 $Y(z)=\dfrac{z^2+3z}{z^2+z+1}+\dfrac{z}{(z-1)(z^2+z+1)}$

令 $\dfrac{1}{(z-1)(z^2+z+1)}=\dfrac{A}{z-1}+\dfrac{Bz+C}{z^2+z+1}$,可求得

$A=\dfrac{1}{3},B=-\dfrac{1}{3},C=-\dfrac{2}{3}$

$$\text{所以 } Y(z)=\frac{z^2+3z}{z^2+z+1}+\frac{\frac{1}{3}z}{z-1}+\frac{-\frac{1}{3}z^2-\frac{2}{3}z}{z^2+z+1}=\frac{\frac{1}{3}z}{z-1}+\frac{\frac{2}{3}z^2+\frac{7}{3}z}{z^2+z+1}$$

$$=\frac{\frac{1}{3}z}{z-1}+\frac{\left[\frac{2}{3}z\left(z-\cos\frac{2\pi}{3}\right)\right]+\left[\frac{2z}{\sin(2/3)\pi}\cdot\sin\frac{2}{3}\pi\right]}{z^2-2z\cos\frac{2\pi}{3}+1}$$

$Y(z)$ 收敛域为 $|z|>1$,则

$$y(n)=\left(\frac{1}{3}+\frac{2}{3}\cos\frac{2\pi}{3}n+\frac{4\sqrt{3}}{3}\sin\frac{2\pi}{3}n\right)u(n)$$

(2) 对差分方程两边取单边 z 变换:

$$Y(z)+0.1z^{-1}[Y(z)+y(-1)z]-0.02z^{-2}[Y(z)+y(-1)z+y(-2)z^2]$$

$$=\frac{10z}{z-1}\quad(|z|>1)$$

将 $y(-1)=4,y(-2)=6$ 代入后整理得

$$Y(z)=\frac{9.72z+0.36-0.08z^{-1}}{(z-1)(1+0.1z^{-1}-0.02z^{-2})}=\frac{9.72z^3+0.36z^2-0.08z}{(z-1)(z+0.2)(z-0.1)}$$

$$\frac{Y(z)}{z}=\frac{9.72z^2+0.36z-0.08}{(z-1)(z+0.2)(z-0.1)}=\frac{10/1.08}{z-1}+\frac{23.68/36}{z+0.2}-\frac{5.32/27}{z-0.1}$$

$Y(z)$ 的收敛域为 $|z|>1$,则

$$y(n)\doteq[9.26+0.66(-0.2)^n-0.20(0.1)^n]u(n)$$

(3) 对差分方程两边取单边 z 变换:

$$Y(z)-0.9z^{-1}[Y(z)+y(-1)z]=\frac{0.05z}{z-1}\quad(|z|>1)$$

将 $y(-1)=0$ 代入后整理得

$$Y(z)=\frac{0.05z^2}{(z-1)(z-0.9)}=\frac{0.5z}{z-1}-\frac{0.45z}{z-0.9}$$

$Y(z)$ 的收敛域为 $|z|>1$,则

$$y(n)=[0.5-0.45(0.9)^n]u(n)$$

(4) 对差分方程两边取单边 z 变换：

$$Y(z)-0.9z^{-1}[Y(z)+y(-1)z]=\frac{0.05z}{z-1}\quad(|z|>1)$$

将 $y(-1)=1$ 代入后整理得

$$Y(z)=\frac{0.05z^2}{(z-1)(z-0.9)}+\frac{0.9z}{z-0.9}=\frac{0.5z}{z-1}+\frac{0.45z}{z-0.9}$$

$Y(z)$ 的收敛域为 $|z|>1$,则

$$y(n)=[0.5+0.45(0.9)^n]u(n)$$

(5) 对差分方程两边取单边 z 变换：

$$Y(z)=-5z^{-1}[Y(z)+y(-1)z]+\frac{z}{(z-1)^2}\quad(|z|>1)$$

将 $y(-1)=0$ 代入整理得

$$Y(z)=\frac{z^2}{(z+5)(z-1)^2}=\frac{z\left(\frac{5}{36}z+\frac{1}{36}\right)}{(z-1)^2}-\frac{5}{36}\cdot\frac{z}{z+5}$$

$Y(z)$ 的收敛域为 $|z|>5$,则

$$y(n)=\left[\frac{5}{36}(n+1)+\frac{1}{36}n-\frac{5}{36}(-5)^n\right]u(n)=\left[\frac{n}{6}+\frac{5}{36}-\frac{5}{36}(-5)^n\right]u(n)$$

(6) 对差分方程两边取单边 z 变换：

$$Y(z)+2z^{-1}[Y(z)+y(-1)z]=\frac{z}{(z-1)^2}-\frac{2z}{z-1}\quad(|z|>1)$$

将 $y(0)=1$ 代入原差分方程可求得 $y(-1)=-\frac{3}{2}$

将 $y(-1)=-\frac{3}{2}$ 代入 z 变换式中整理可得

$$Y(z)=\frac{-2z^2+3z}{(z-1)^2(1+2z^{-1})}+\frac{3}{1+2z^{-1}}=\frac{-\frac{4}{9}z^2+\frac{7}{9}z}{(z-1)^2}+\frac{\frac{13}{9}z}{z+2}$$

$Y(z)$ 的收敛域为 $|z|>2$,则

$$y(n)=\left[-\frac{4}{9}(n+1)+\frac{7}{9}n+\frac{13}{9}(-2)^n\right]u(n)=\frac{1}{9}[3n-4+13(-2)^n]u(n)$$

8.22 **知识点窍** 利用 z 变换求解实际问题。

逻辑推理 对差分方程两边取 z 变换，从而求出包含未知参数的 $v(n)$ 表达式。然后利用已知边界条件并根据实际网络特性得出 $v(n)$ 的准确表达式。

解题过程 对差分方程两边取 z 变换：

$$z^2[V(z)-v(0)-v(1)z^{-1}]-3z[V(z)-v(0)]+V(z)=0$$

所以 $V(z)=\dfrac{v(0)z^2+v(1)z-3v(0)z}{z^2-3z+1}=\dfrac{Ez^2+v(1)z-3Ez}{z^2-3z+1}$

$$\frac{V(z)}{z}=\frac{Ez^2+[v(1)-3E]z}{\left(z-\frac{3+\sqrt{5}}{2}\right)\left(z-\frac{3-\sqrt{5}}{2}\right)}$$

$$=\frac{\frac{3+\sqrt{5}}{2}E-3E+v(1)}{\sqrt{5}}\cdot\frac{1}{z-\frac{3+\sqrt{5}}{2}}-\frac{\frac{3-\sqrt{5}}{2}E-3E+v(1)}{\sqrt{5}}\cdot\frac{1}{z-\frac{3-\sqrt{5}}{2}}$$

所以 $V(z)=\dfrac{\frac{\sqrt{5}-3}{2}E+v(1)}{\sqrt{5}}\cdot\dfrac{z}{z-\frac{3+\sqrt{5}}{2}}-\dfrac{\frac{-3-\sqrt{5}}{2}E+v(1)}{\sqrt{5}}\cdot\dfrac{z}{z-\frac{3-\sqrt{5}}{2}}$

则

$$v(n)=\left[\frac{\frac{\sqrt{5}-3}{2}E+v(1)}{\sqrt{5}}\left(\frac{3+\sqrt{5}}{2}\right)^n-\frac{\frac{-3-\sqrt{5}}{2}E+v(1)}{\sqrt{5}}\left(\frac{3-\sqrt{5}}{2}\right)^n\right]u(n)$$

因为 $\dfrac{3+\sqrt{5}}{2}>1$,所以 $\lim\limits_{N\to\infty}\left(\dfrac{3+\sqrt{5}}{2}\right)^N=+\infty$

又因为边界条件要求 $\lim\limits_{N\to\infty}v(N)=0$,

故必须有 $\dfrac{\frac{\sqrt{5}-3}{2}E+v(1)}{\sqrt{5}}=0$,所以 $v(1)=\dfrac{3-\sqrt{5}}{2}E$

把 $v(1)$ 代入 $v(n)$ 表达式得

$$v(n)=E\left(\frac{3-\sqrt{5}}{2}\right)^n u(n)\quad(n=0,1,2,\cdots,N)$$

8.23 **知识点窍** 收敛域以及零、极点分布与系统稳定性的关系。

逻辑推理 由系统函数求出收敛域及零极点。通过分析单位圆与收敛域、零极点的位置关系可以知道系统是否稳定。

解题过程 (1) $H(z)$ 的极点为 $\frac{3}{4}$,$-\frac{1}{2}$。又因为系统是因果系统,故收敛域为 $|z|>\frac{3}{4}$。单位圆在收敛域内,因此系统是稳定的。

(2) $H(z)$ 的极点为 $-\frac{1}{2}$,-2。系统是因果系统,故收敛域为 $|z|>2$。单位圆不在收敛域内,系统不是稳定系统。

(3) $H(z)$ 的极点为 $\frac{1}{2}$,-1。系统是因果系统,故收敛域为 $|z|>1$。单位圆不在收敛

域内，系统是不稳定系统。此时，单位圆是收敛域的边界，这种系统也可称为临界稳定系统。

(4) $H(z)$ 的极点为$\frac{1+\mathrm{j}\sqrt{3}}{2}$，$\frac{1-\mathrm{j}\sqrt{3}}{2}$。

系统收敛域为 $|z|>1$，与(3)一样为不稳定系统，或称临界稳定系统。

8.24 知识点窍 利用 z 变换求特定输入序列对应的系统响应。

逻辑推理 对差分方程两边取 z 变换，将 $Y(z)$ 用包含输入序列 z 变换 $X(z)$ 的多项式表示。

解题过程 对差分方程两边取 z 变换：

$$Y(z)+3z^{-1}[Y(z)+3y(-1)z]=X(z)$$

由于系统是因果系统，故 $y(-1)=0$，$Y(z)=\dfrac{X(z)}{1+3z^{-1}}$

(1) 当 $x(n)=\delta(n)$ 时，$X(z)=1$

所以 $H(z)=\dfrac{1}{1+3z^{-1}}=\dfrac{z}{z+3}$

冲激响应 $h(n)=\mathscr{Z}^{-1}[H(z)]=(-3)^n u(n)$

(2) 当 $x(n)=(n+n^2)u(n)$ 时

$$X(z)=\frac{z}{(z-1)^2}+\frac{z(z+1)}{(z-1)^3}$$

$$Y(z)=\frac{z}{z+3}\left[\frac{z}{(z-1)^2}+\frac{z(z+1)}{(z-1)^3}\right]=\frac{2z^3}{(z+3)(z-1)^3}$$

用留数法求 $Y(z)$ 逆变换 $y(n)$：

令 $G(z)=Y(z)z^{n-1}=\dfrac{2z^{n+2}}{(z+3)(z-1)^3}$

由于系统是因果系统，激励 $x(n)$ 为因果序列，所以 $y(n)$ 也是因果序列。

$Y(z)$ 收敛域为 $|z|>3$，有一个一阶极点 $z=-3$ 和一个三阶极点 $z=1$，

所以 $y(n)=\dfrac{2z^{n+2}}{(z-1)^3}\bigg|_{z=-3}+\dfrac{1}{2!}\dfrac{\mathrm{d}^2}{\mathrm{d}z^2}\left[\dfrac{2z^{n+2}}{z+3}\right]\bigg|_{z=1}$

$$=-\frac{1}{32}(-3)^{n+2}u(n)+$$

$$\left[\frac{(n+2)(n+1)z^n}{z+3}-\frac{(n+2)z^{n+1}}{(z+3)^2}-\frac{(n+2)z^{n+1}}{(z+3)^2}+\frac{2z^{n+2}}{(z+3)^3)}\right]\bigg|_{z=1}$$

$$=-\frac{1}{32}(-3)^{n+2}u(n)+\left[\frac{(n+2)(n+1)}{4}-\frac{n+2}{8}+\frac{1}{32}\right]u(n)$$

$$=\frac{1}{32}[8n^2+20n+9-9(-3)^n]u(n)$$

$$=\frac{1}{32}[8n^2+20n+9-(-3)^{n+2}]u(n)$$

8.25 知识点窍 由系统框图写差分方程并利用 z 变换求系统单位样值响应。

逻辑推理 写出差分方程，对两边取 z 变换，系统函数 $H(z)$ 由 $\frac{Y(z)}{X(z)}$ 得到。

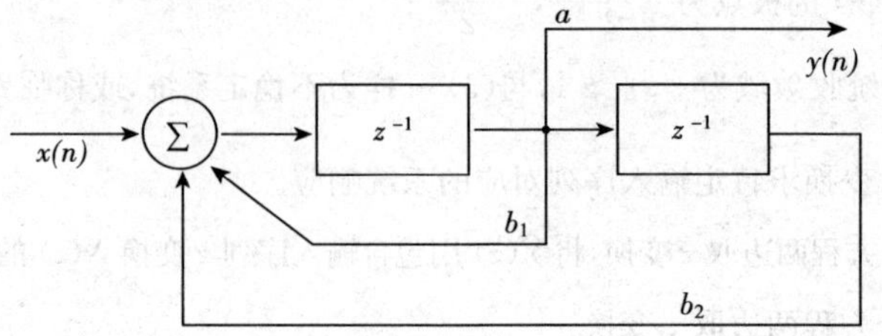

题图 8-25

解题过程 由图得

$$y(n)=b_1y(n-1)+b_2y(n-2)+ax(n-1)$$

设系统是因果系统，对差分方程两边取 z 变换：

$$Y(z)=b_1z^{-1}Y(z)+b_2z^{-2}Y(z)+az^{-1}X(z)$$

系统函数

$$H(z)=\frac{Y(z)}{X(z)}=\frac{az^{-1}}{1-b_1z^{-1}-b_2z^{-2}}=\frac{az}{z^2-b_1z-b_2}$$

单位样值响应

$$h(n)=\mathscr{Z}^{-1}[H(z)]=\mathscr{Z}^{-1}\left[\frac{az}{z^2-b_1z-b_2}\right]$$

$$=\mathscr{Z}^{-1}\left[\frac{a}{p_1-p_2}\left(\frac{z}{z-p_1}-\frac{z}{z-p_2}\right)\right]$$

$$=\frac{a}{p_1-p_2}(p_1^n-p_2^n)u(n)$$

其中 p_1、p_2 是 $H(z)$ 的极点。

$$p_1=\frac{b_1+\sqrt{b_1^2+4b_2}}{2},p_2=\frac{b_1-\sqrt{b_1^2+4b_2}}{2}$$

8.26 逻辑推理 对差分方程两边取 z 变换，由 $H(z)=\frac{Y(z)}{X(z)}$ 求系统函数。

解题过程 (1) 系统结构图如解图 8-26(a) 所示。

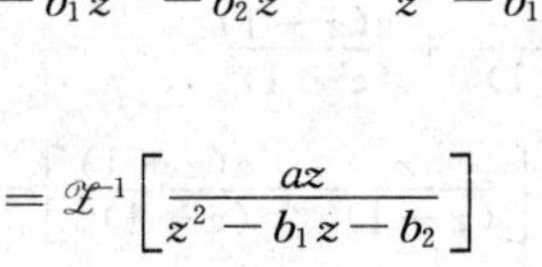

解图 8-26(a)

对差分方程两边取 z 变换：

$$3Y(z)-6z^{-1}Y(z)=X(z)$$

$$H(z)=\frac{Y(z)}{X(z)}=\frac{1}{3-6z^{-1}}$$

$$=\frac{1}{3}\cdot\frac{z}{z-2}$$

$$h(n)=\mathscr{Z}^{-1}[H(z)]=\frac{1}{3}\cdot 2^n u(n)$$

(2) 系统结构图如解图 8-26(b) 所示。对差分方程两边取 z 变换：

$$Y(z)=X(z)(1-5z^{-1}+8z^{-3})$$

$$H(z)=\frac{Y(z)}{X(z)}=1-5z^{-1}+8z^{-3}$$

$$h(n)=\delta(n)-5\delta(n-1)+8\delta(n-3)$$

(3) 系统结构图如解图 8-26(c) 所示。对差分方程两边取 z 变换：

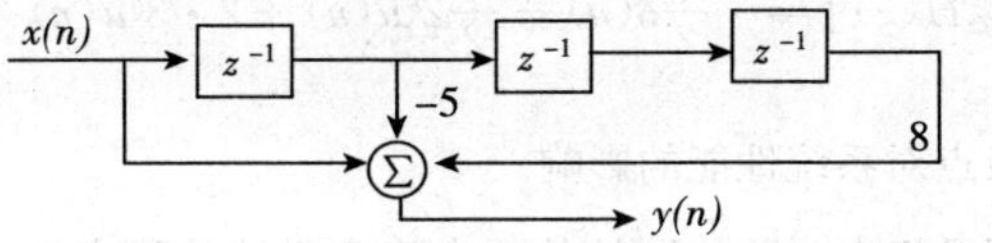

解图 8-26(b)

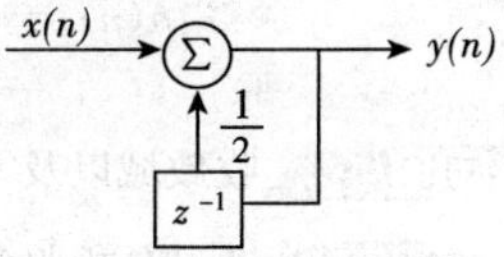

解图 8-26(c)

$$Y(z)-\frac{1}{2}z^{-1}Y(z)=X(z)$$

$$H(z)=\frac{Y(z)}{X(z)}=\frac{1}{1-\frac{1}{2}z^{-1}}=\frac{z}{z-\frac{1}{2}}$$

$$h(n)=\mathscr{Z}^{-1}[H(z)]=\left(\frac{1}{2}\right)^n u(n)$$

(4) 系统结构图如解图 8-26(d) 所示。

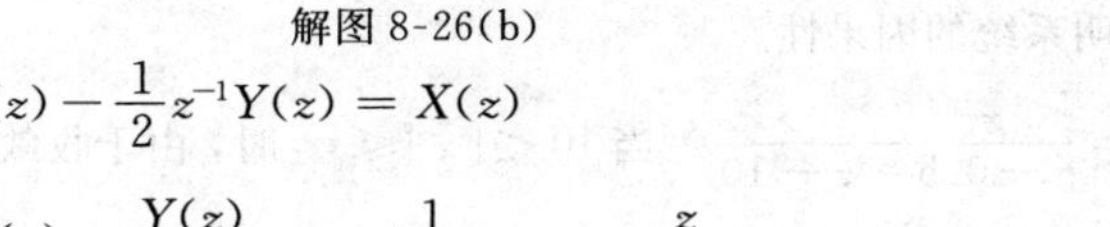

解图 8-26(d)

对差分方程两边取 z 变换：

$$Y(z)(1-3z^{-1}+3z^{-2}-z^{-3})=X(z)$$

$$H(z)=\frac{Y(z)}{X(z)}=\frac{1}{1-3z^{-1}+3z^{-2}-z^{-3}}=\frac{z^3}{(z-1)^3}$$

用留数法求单位样值响应 $h(n)$：

$$h(n)=\mathrm{Res}[H(z)z^{n-1}]_{z=1}=\frac{1}{2}(n+2)(n+1)u(n)$$

(5) 系统结构图如解图 8-26(e) 所示。

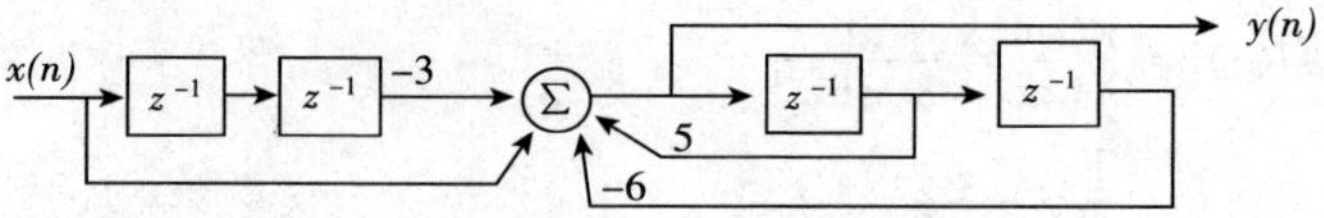

解图 8-26(e)

对差分方程两边取 z 变换:

$$Y(z)(1-5z^{-1}+6z^{-2})=X(z)(1-3z^{-2})$$

$$H(z)=\frac{Y(z)}{X(z)}=\frac{z^2-3}{z^2-5z+6}$$

$$\frac{H(z)}{z}=\frac{z^2-3}{z(z-2)(z-3)}=-\frac{1}{2z}-\frac{1}{2}\cdot\frac{1}{z-2}+\frac{2}{z-3}$$

$$H(z)=-\frac{1}{2}-\frac{1}{2}\cdot\frac{z}{z-2}+\frac{2z}{z-3}$$

$$h(n)=\mathscr{Z}^{-1}[H(z)]=-\frac{1}{2}\delta(n)-\frac{1}{2}2^nu(n)+2\cdot 3^nu(n)$$

8.27 **知识点窍** 收敛域以及零极点对系统性能的影响。

逻辑推理 通过分析收敛域及极点与单位圆的关系来确定系统的稳定性,收敛域是否包含 ∞ 点能说明系统的因果性。

解题过程 $H(z)=\dfrac{z}{z-0.5}-\dfrac{z}{z-10}$ 当 $10<|z|\leqslant\infty$ 时,由于收敛域在两极点外侧,而且包括 $z=\infty$ 点,故系统是因果系统。

所以 $h(n)=(0.5^n-10^n)u(n)$

又由于单位圆不在收敛域内,所以系统不是稳定系统。

当 $0.5<|z|<10$ 时,收敛域是环形区域,不包括 $z=\infty$ 点,

故系统不是因果系统。

又由于收敛域中包含单位圆,所以系统是稳定系统。

$h(n)=0.5^nu(n)+10^nu(-n-1)$

8.28 **知识点窍** 熟悉系统函数与系统结构图之间的关系。

逻辑推理 由 $H(z)=\dfrac{Y(z)}{X(z)}$ 可以得到取 z 变换后的差分方程 $Y(z)=X(z)H(z)$,由此写出系统差分方程,从而得到系统结构图。

解题过程 取 $P=8$,则

$$H(z)=\frac{1}{1-\sum_{i=1}^{8}a_iz^{-i}}=\frac{Y(z)}{X(z)}$$

$$Y(z)=H(z)X(z)=\frac{1}{1-\sum_{i=1}^{8}a_i z^{-i}}X(z)$$

$$\left(1-\sum_{i=1}^{8}a_i z^{-i}\right)Y(z)=X(z)$$

又由于声道模型系统应为因果系统，故系统差分方程为

$$y(n)-\sum_{i=1}^{8}a_i y(n-i)=x(n)$$

系统结构图如解图 8-28 所示。

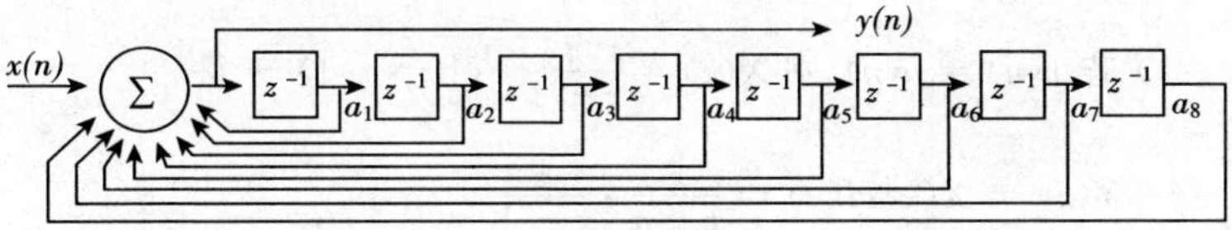

解图 8-28

8.29 **逻辑推理** 利用 $H(z)=\frac{Y(z)}{X(z)}$ 可求得系统函数。

可通过 $Y(z)=H(z)X(z)$ 求得(2) 的系统响应。

解题过程 (1) 对差分方程取 z 变换：$Y(z)(1+z^{-1})=X(z)$

故系统函数

$$H(z)=\frac{Y(z)}{X(z)}=\frac{1}{1+z^{-1}}=\frac{z}{z+1}$$

$|z|>1$ 时，$h(n)=(-1)^n u(n)$

由于单位圆不在收敛域中，故系统不稳定。极点在单位圆上，系统为临界稳定。

(2) 系统起始状态为 0，可用系统函数 $H(z)$ 来求响应。

$x(n)=10u(n)$ 的 z 变换 $X(z)=\frac{10z}{z-1}$，所以

$$Y(z)=X(z)H(z)=\frac{z}{z+1}\cdot\frac{10z}{z-1}=5\left(\frac{z}{z+1}+\frac{z}{z-1}\right)$$

故系统响应

$$y(n)=5[1+(-1)^n]u(n)$$

8.30 **知识点窍** 本题联系到上一章内容，由系统框图列写差分方程，只要牢记延时、相乘等框图表示形式，即可很容易地得出差分方程。求解系统在特定激励下的响应时，用本章的逆变换法求解。

逻辑推理 首先按照系统框图得出相应的差分方程,根据差分方程求得系统函数,再由激励形式得出其 z 变换形式,由卷积定理得到输出的 z 变换。求逆变换即可得出响应,然后指出响应中的瞬态分量及稳态分量。

解题过程 由图可得系统差分方程为

$$y(n)-ay(n-1)=x(n)$$

设系统为因果系统,则

$$Y(z)=\frac{X(z)}{1-az^{-1}},H(z)=\frac{Y(z)}{X(z)}=\frac{z}{z-a}\quad(|z|>a)$$

(1) 若 $x(n)=u(n)$,则 $X(z)=\frac{z}{z-1}\quad(|z|>1)$,于是

$$Y(z)=X(z)H(z)=\frac{z}{z-a}\cdot\frac{z}{z-1}$$

$$=\frac{1}{a-1}\left(\frac{az}{z-a}-\frac{z}{z-1}\right)\quad(|z|>1)$$

$$y(n)=\frac{1}{a-1}(a^{n+1}-1)u(n)$$

瞬态响应:$\frac{1}{a-1}a^{n+1}u(n)$　　　稳态响应:$-\frac{1}{a-1}u(n)$

(2) 若 $x(n)=e^{jn\omega}u(n)$,则 $X(z)=\frac{z}{z-e^{j\omega}}\quad(|z|>1)$

$$Y(z)=\frac{z}{z-a}\cdot\frac{z}{z-e^{j\omega}}=\frac{1}{a-e^{j\omega}}\left(\frac{az}{z-a}-\frac{e^{j\omega}z}{z-e^{j\omega}}\right)$$

$$y(n)=\frac{a}{a-e^{j\omega}}a^{n}u(n)-\frac{e^{j\omega}}{a-e^{j\omega}}e^{jn\omega}u(n)$$

瞬态响应:$\frac{a}{a-e^{j\omega}}a^{n}u(n)$　　　稳态响应:$-\frac{e^{j\omega}}{a-e^{j\omega}}e^{jn\omega}u(n)$

8.31 **知识点窍** 本题的关键仍是差分方程的列写,然后根据差分方程求系统的频率响应。

逻辑推理 首先根据题意列出差分方程;然后令 $x(n)=e^{j\omega n}$,求系统的频率响应。分别从时域和变换域进行求解,加深对两种方法的理解和体会。

解题过程 设输出为 $y(n)$,则有

$$y(n)=\frac{x(n)+x(n-1)+x(n-2)+x(n-3)}{4}=\frac{1}{4}\sum_{i=0}^{3}x(n-i)$$

(1) 从时域求频率响应。

令 $x(n)=e^{j\omega n}$,则

$$y(n)=\frac{1}{4}[e^{j\omega n}+e^{j\omega(n-1)}+e^{j\omega(n-2)}+e^{j\omega(n-3)}]$$

$$=\frac{1}{4}e^{j\omega n}(1+e^{-j\omega}+e^{-2j\omega}+e^{-3j\omega})$$

故频率响应

$$H(e^{j\omega})=\frac{1}{4}(1+e^{-j\omega}+e^{-2j\omega}+e^{-3j\omega})$$

$$=\frac{1}{4}(1+e^{-2j\omega})(1+e^{-j\omega})$$

$$=\frac{1}{4}[e^{-j\omega}(e^{j\omega}+e^{-j\omega})][e^{-\frac{1}{2}j\omega}(e^{-\frac{1}{2}j\omega}+e^{-j\frac{1}{2}\omega})]$$

$$=e^{-\frac{3}{2}j\omega}\cos\omega\cdot\cos\left(\frac{1}{2}\omega\right)$$

(2) 从变换域求频率响应。

对差分方程两端求 z 变换，有

$$Y(z)=\frac{1}{4}[X(z)+z^{-1}X(z)+z^{-2}X(z)+z^{-3}X(z)]$$

$$H(z)=\frac{Y(z)}{X(z)}=\frac{1}{4}(1+z^{-1}+z^{-2}+z^{-3})$$

$$H(e^{j\omega})=\frac{1}{4}(1+e^{-j\omega}+e^{-2j\omega}+e^{-3j\omega})$$

$$=e^{-\frac{3}{2}j\omega}\cos\omega\cdot\cos\left(\frac{1}{2}\omega\right)$$

8.32 **知识点窍** 考查系统函数、差分方程、系统框图之间的对应关系，由系统函数求频率响应，并要求熟悉频率响应的幅度分量和相位分量。

逻辑推理 第(1) 小题可由 $H(z)=\frac{Y(z)}{X(z)}$ 得出 $Y(z)$ 与 $X(z)$ 的关系，从而得到差分方程，进而得出第(2) 中的系统框图；第(3) 小题将指定 k 值代入求频率响应、幅度响应与相位响应。

解题过程 (1) $H(z)=\frac{Y(z)}{X(z)}=\frac{z}{z-k}=\frac{1}{1-kz^{-1}}$

$$(1-kz^{-1})Y(z)=X(z)$$

两边取逆 z 变换可得差分方程

$$y(n)-ky(n-1)=x(n)$$

(2) 由差分方程可得系统结构图，如解图 8-32(a) 所示。

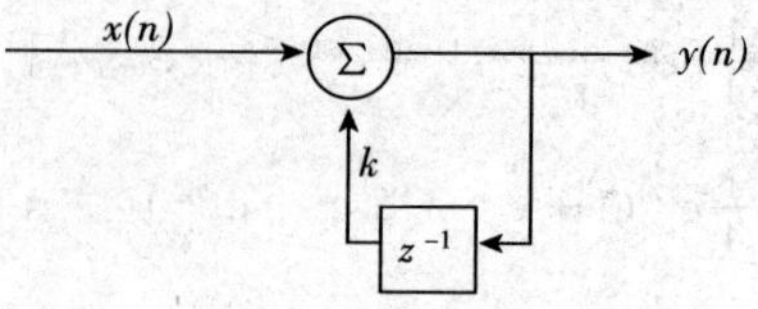

解图 8-32(a)

(3) 系统频率响应为

$$H(e^{j\omega}) = H(z)\big|_{z=e^{j\omega}}$$

$$= \frac{e^{j\omega}}{e^{j\omega}-k} = \frac{1}{1-ke^{-j\omega}}$$

$$= \frac{1}{(1-k\cos\omega)+jk\sin\omega}$$

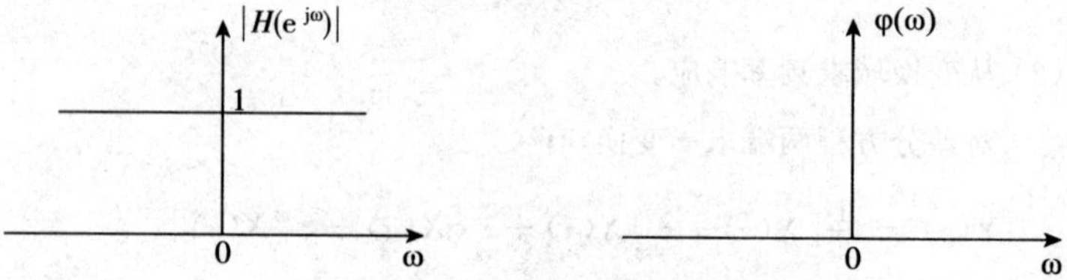

(b)k=0

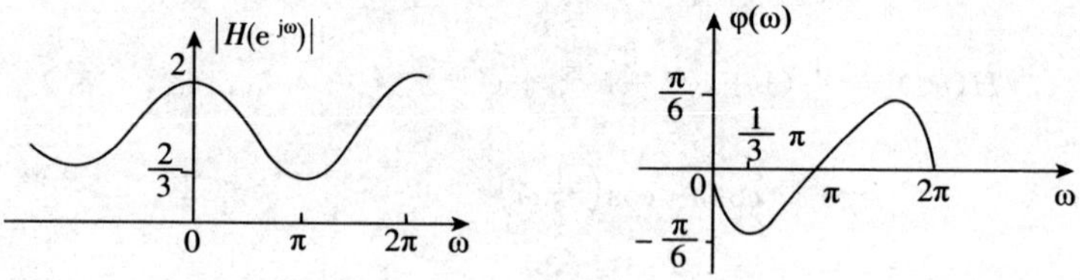

(c)k=0.5

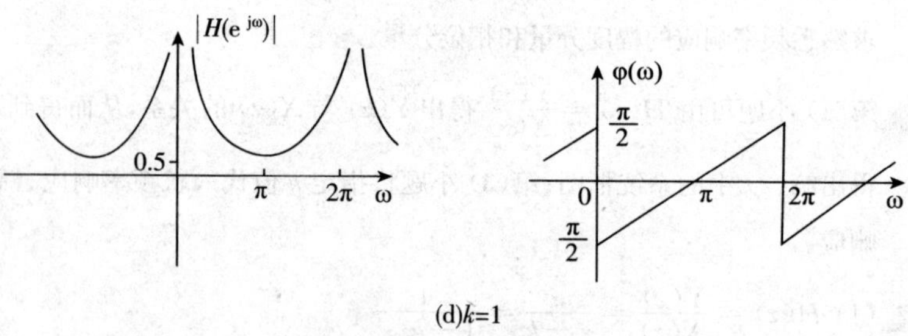

(d)k=1

解图 8-32(续图)

故幅度响应 $|H(e^{j\omega})| = \dfrac{1}{\sqrt{1+k^2-2k\cos\omega}}$

相位响应 $\varphi(\omega) = -\tan^{-1}\dfrac{k\sin\omega}{1-k\cos\omega}$

① $k=0$, $|H(e^{j\omega})| = 1, \varphi(\omega) = 0$

② $k=0.5$，$|H(e^{j\omega})|=\dfrac{1}{\sqrt{1.25-\cos\omega}}$，

$$\varphi(\omega)=-\tan^{-1}\frac{\sin\omega}{2-\cos\omega}$$

③ $k=1$，$|H(e^{j\omega})|=\dfrac{1}{\sqrt{2(1-\cos\omega)}}=\dfrac{1}{2\left|\sin\dfrac{\omega}{2}\right|}$

$$\varphi(\omega)=-\tan^{-1}\frac{\sin\omega}{1-\cos\omega}=-\tan^{-1}\left(\cot\frac{\omega}{2}\right)=\frac{\omega-\pi}{2}$$

幅频、相频响应分别如解图 8-32(b)、(c)、(d) 所示。

8.33 知识点窍 要求了解 z 域零极点与频率响应之间的关系。

逻辑推理 $H(z)=\dfrac{\prod_{r=1}^{M}(z-z_r)}{\prod_{k=1}^{N}(z-p_k)}$，$z_r$、$p_k$ 表示零、极点，则有 $|H(e^{j\omega})|=\dfrac{\prod_{r=1}^{M}A_r}{\prod_{k=1}^{N}B_k}$

A_r 表示零点 z_r 到单位圆上 $e^{j\omega}$ 的矢量长度，B_k 表示极点 p_k 到单位圆上 $e^{j\omega}$ 的矢量长度。注：在 $z=0$ 处加入零极点对幅度响应不产生影响。

解题过程

(1) $H(z)=\dfrac{1}{z-0.5}$，零极点分布与幅度响应如解图 8-33(a) 所示。

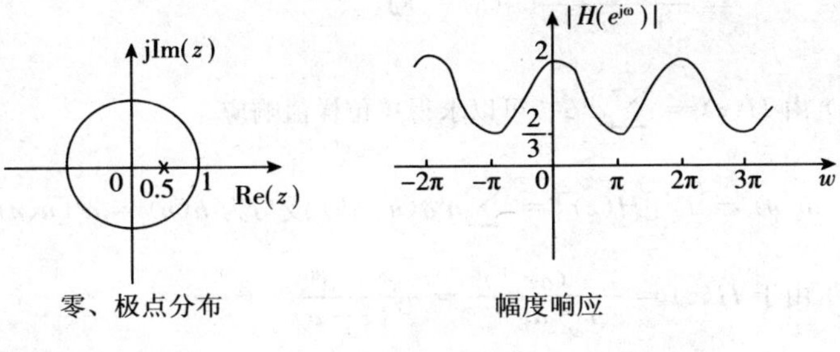

解图 8-33(a)

(2) $H(z)=\dfrac{z}{z-0.5}$，相比于 $H(z)=\dfrac{1}{z-0.5}$，只在 $z=0$ 处增加一个零点，幅度响应不发生变化。

(3) $H(z)=\dfrac{z+0.5}{z}$，如解图 8-33(b) 所示。

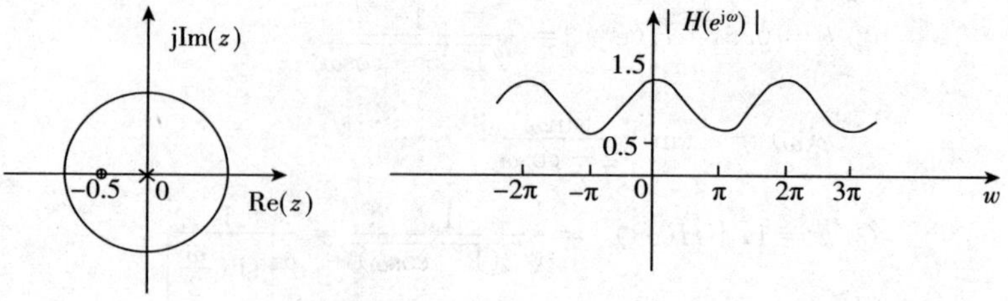

解图 8-33(b)

8.34 知识点窍 本题仍是考查由系统结构图列写差分方程，求系统函数 $H(z)$、单位样值响应 $h(n)$ 及幅度响应。

逻辑推理 本题的系统结构图更为一般化，应以一般化的形式列写差分方程，然后用 z 变换法求系统函数，其 z 反变换即为系统的单位样值响应 $h(n)$，最后由几何法根据零极点分布求出幅度响应。

解题过程 (1) 由图得系统差分方程为

$$y(n)=\sum_{k=0}^{M-1}a^k x(n-k)=\sum_{k=0}^{7}a^k x(n-k)\quad (M=8)$$

(2) $H(z)=\dfrac{Y(z)}{X(z)}=\displaystyle\sum_{k=0}^{M-1}a^k z^{-k}=\dfrac{1-(az^{-1})^M}{1-az^{-1}}$

$$=\frac{1-(az^{-1})^8}{1-az^{-1}}\quad (M=8)$$

(3) 由 $H(z)=\displaystyle\sum_{k=0}^{7}a^k z^{-k}$ 可以求得单位样值响应

$h(n)=\mathscr{Z}^{-1}[H(z)]=\displaystyle\sum_{k=0}^{7}a^k\delta(n-k)$ 或写为 $h(n)=a^n[u(n)-u(n-8)]$

(4) 由于 $H(z)=\dfrac{1-(az^{-1})^8}{1-az^{-1}}=\dfrac{z^8-a^8}{z^7(z-a)}$

$H(z)$ 在 $z=0$ 处有一个 7 阶极点，在 $z=a$ 处的零极点互相抵消。

令 $z=ae^{j\sigma}$，则零点为 $(ae^{j\sigma})^8-a^8=0$

$e^{j\sigma}=1=e^{j2k\pi}$

故 $\sigma=\dfrac{2k\pi}{8}\quad (k=0,1,2,\cdots,7)$

其中 $k=0$ 处的零点已与极点抵消。

零极点如解图 8-34(a) 所示。

(5) 为保证系统稳定，设 $|a|<1$，根据零极点分布可得系统的幅度响应，如解图 8-34(b) 所示。

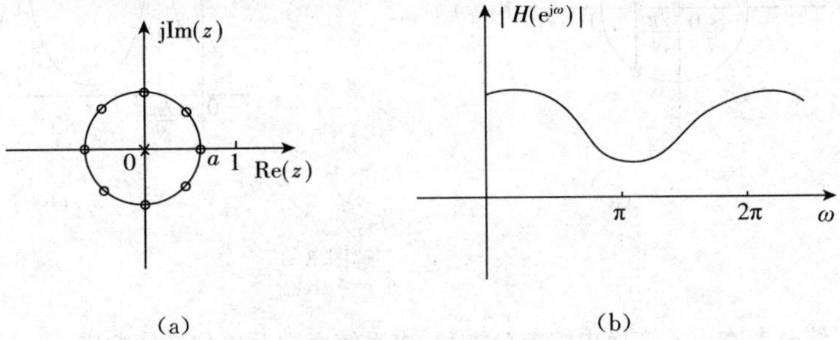

解图 8-34

8.35 **知识点窍** 同上题，由结构图列写差分方程，求系统函数、单位样值响应，大致画出零极点图及幅度响应。

逻辑推理 注意结构图的反馈形式与上题差别较大，列写差分方程时需要适当调整。仍按 $H(z)=Y(z)/X(z)$ 求系统函数并作反变换得 $h(n)$，计算零极点，大致得出幅度响应。

解题过程 由系统图得差分方程

$$y(n)=x(n)-\cos\left(\frac{2\pi}{N}\right)x(n-1)+2\cos\left(\frac{2\pi}{N}\right)y(n-1)-y(n-2)$$

两边取 z 变换

$$\left[1-2\cos\left(\frac{2\pi}{N}\right)z^{-1}+z^{-2}\right]Y(z)=\left[1-\cos\left(\frac{2\pi}{N}\right)z^{-1}\right]X(z)$$

系统函数

$$H(z)=\frac{Y(z)}{X(z)}=\frac{1-\cos\left(\frac{2\pi}{N}\right)z^{-1}}{1-2\cos\left(\frac{2\pi}{N}\right)z^{-1}+z^{-2}}=\frac{z\left[z-\cos\left(\frac{2\pi}{N}\right)\right]}{z^2-2\cos\left(\frac{2\pi}{N}\right)z+1}$$

单位样值响应

$$h(n)=\mathscr{Z}^{-1}[H(z)]=\cos\left(\frac{2\pi}{N}n\right)u(n)$$

由 $H(z)=\dfrac{z\left[z-\cos\left(\frac{2\pi}{N}\right)\right]}{z^2-2\cos\left(\frac{2\pi}{N}\right)z+1}=\dfrac{z\left[z-\cos\left(\frac{2\pi}{N}\right)\right]}{\left(z-e^{j\frac{2\pi}{N}}\right)\left(z-e^{-j\frac{2\pi}{N}}\right)}$

得系统的零、极点位置如解图 8-35(a) 所示，系统的幅频特性如解图 8-35(b) 所示。

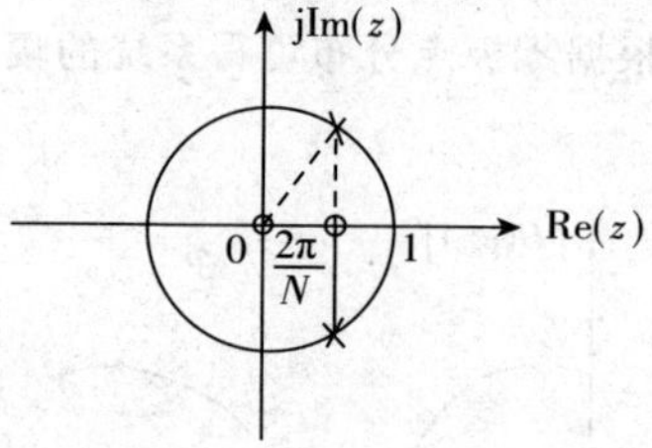

(a)

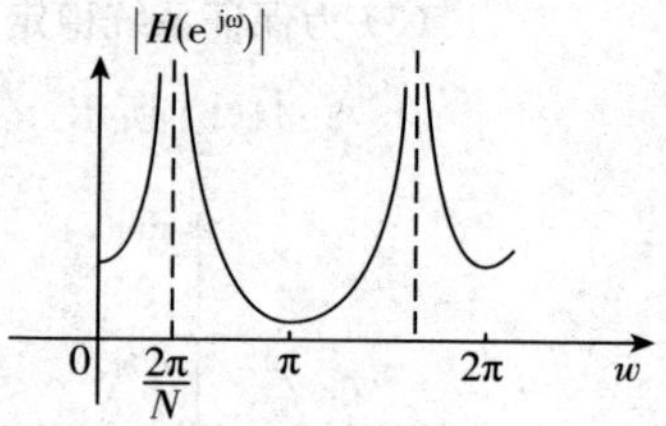

(b)

解图 8-35

8.36 知识点窍 综合考查由 z 变换求解差分方程,求系统函数及单位样值响应。

逻辑推理 第(2)小题给出了系统的零状态响应 $y(n)$,根据逆 z 变换和已知的系统函数 $H(z)$ 求输入 $x(n)$,其余同上题。

解题过程 (1) 已知差分方程 $y(n)-\frac{1}{3}y(n-1)=x(n)$

作 z 变换 $Y(z)-\frac{1}{3}z^{-1}Y(z)=X(z)$

系统函数 $H(z)=\frac{Y(z)}{X(z)}=\frac{1}{1-\frac{1}{3}z^{-1}}=\frac{z}{z-\frac{1}{3}}\quad\left(|z|>\frac{1}{3}\right)$

求逆 z 变换得单位样值响应

$$h(n)=\mathscr{Z}^{-1}[H(z)]=\left(\frac{1}{3}\right)^n u(n)$$

(2) 已知零状态响应 $y(n)=3\left[\left(\frac{1}{2}\right)^n-\left(\frac{1}{3}\right)^n\right]u(n)$

其 z 变换 $Y(z)=\mathscr{Z}[y(n)]$

$$=3\left[\frac{z}{z-\frac{1}{2}}-\frac{z}{z-\frac{1}{3}}\right]\quad\left(|z|>\frac{1}{2}\right)$$

又知 $Y(z)=X(z)H(z)$

$$X(z)=\frac{Y(z)}{H(z)}=\frac{3\left(\frac{z}{z-\frac{1}{2}}-\frac{z}{z-\frac{1}{3}}\right)}{\frac{z}{z-\frac{1}{3}}}=\frac{\frac{1}{2}}{z-\frac{1}{2}}\quad\left(|z|>\frac{1}{2}\right)$$

$$x(n)=\mathscr{Z}^{-1}[X(z)]=\left(\frac{1}{2}\right)^n u(n-1)$$

(3) 由 $H(z)=\dfrac{z}{z-\dfrac{1}{3}}$ 得零极点分布，如解图 8-36(a) 所示。

(4) 由零极点分布得幅频响应，如解图 8-36(b) 所示。

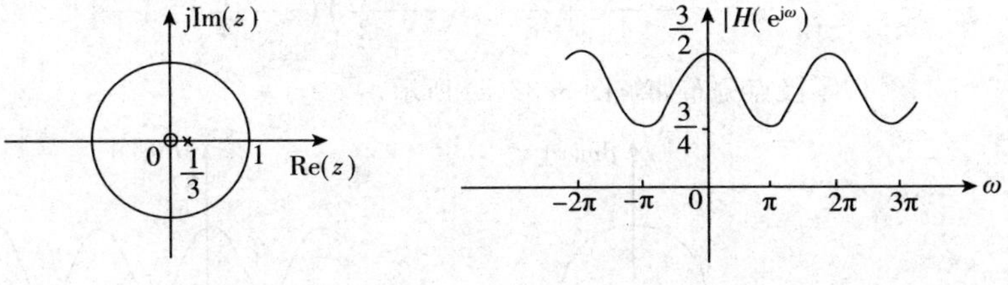

(a) (b)

解图 8-36

(5) 由差分方程 $y(n)-\dfrac{1}{3}y(n-1)=x(n)$ 得系统结构框图如解图 8-36(c) 所示。

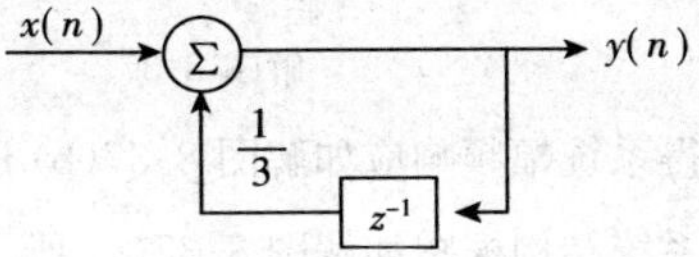

解图 8-36(c)

8.37 **知识点窍** 差分方程较上题复杂，考查知识点与上题相同。

逻辑推理 差分方程 —z 变换→ 求出系统函数 —逆 z 变换→ 单位样值响应 $h(n)$

差分方程 ↓ 系统框图

求出系统函数 ↓ 零极点图 ↓ 幅频响应

解题过程 (1) $y(n)-\dfrac{3}{4}y(n-1)+\dfrac{1}{8}y(n-2)=x(n)+\dfrac{1}{3}x(n-1)$

作 z 变换

$$Y(z)-\frac{3}{4}z^{-1}Y(z)+\frac{1}{8}z^{-2}Y(z)=X(z)+\frac{1}{3}z^{-1}X(z)$$

系统函数 $$H(z)=\frac{Y(z)}{X(z)}=\frac{1+\dfrac{1}{3}z^{-1}}{1-\dfrac{3}{4}z^{-1}+\dfrac{1}{8}z^{-2}}=\frac{z\left(z+\dfrac{1}{3}\right)}{z^2-\dfrac{3}{4}z+\dfrac{1}{8}}$$

$$=\frac{10}{3}\left(\frac{z}{z-\dfrac{1}{2}}\right)-\frac{7}{3}\left(\frac{z}{z-\dfrac{1}{z}}\right)\quad\left(|z|>\frac{1}{2}\right)$$

单位样值响应 $h(n)=\mathscr{Z}^{-1}[H(z)]=\dfrac{10}{3}\cdot\left(\dfrac{1}{2}\right)^n u(n)-\dfrac{7}{3}\left(\dfrac{1}{4}\right)^n u(n)$

$$=\left[\frac{10}{3}\left(\frac{1}{2}\right)^n-\frac{7}{3}\left(\frac{1}{4}\right)^n\right]u(n)$$

(2) $H(z)=\dfrac{z\left(z+\frac{1}{3}\right)}{z^2-\frac{3}{4}z+\frac{1}{8}}=\dfrac{z\left(z+\frac{1}{3}\right)}{\left(z-\frac{1}{2}\right)\left(z-\frac{1}{4}\right)}$

零极点分布如解图 8-37(a) 所示。

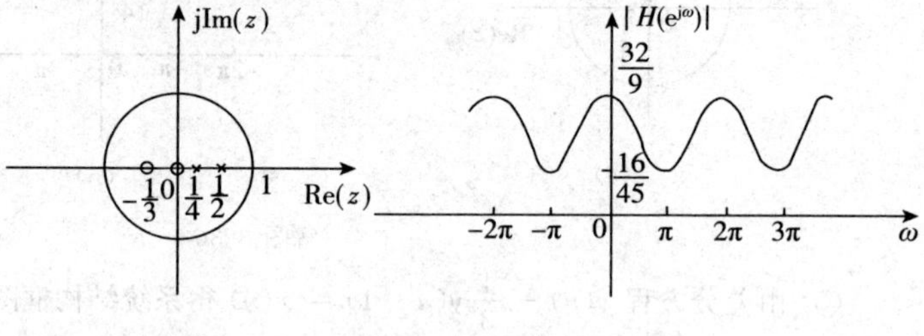

(a) (b)

解图 8-37

(3) 由零极点分布得系统幅频响应如解图 8-37(b) 所示。

(4) 由差分方程得系统结构框图如解图 8-37(c) 所示。

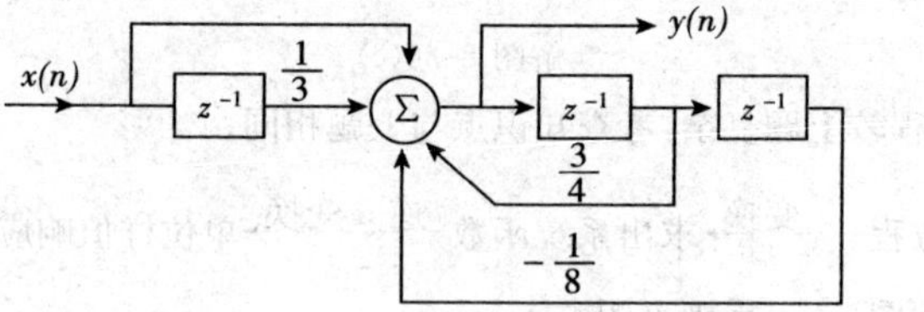

解图 8-37(c)

8.38 **知识点窍** 考查由 s 平面到 z 平面的映射关系和零极点分布的对应关系。

逻辑推理 s 平面虚轴对应于 z 平面的单位圆,左半平面对应单位圆内,右半平面对应单位圆外,由 $z=e^{sT}$ 找出对应零极点,考查系统特性。

解题过程 (1) 由于 $H(z)=\dfrac{z^2-(2a\cos\omega_0)z+a^2}{z^2-(2a^{-1}\cos\omega_0)z+a^{-2}}\quad(a>1)$

$$=\frac{(z-ae^{j\omega_0})(z-ae^{-j\omega_0})}{(z-a^{-1}e^{j\omega_0})(z-a^{-1}e^{-j\omega_0})}$$

其零极点分布如解图 8-38(a) 所示。

(2) 由 s-z 平面的映射关系得

$$z=e^{sT}\text{ 或 }s=\frac{1}{T}\ln z$$

令 $T=1$,则 z 平面上的零极点在 s 平面上分别为

零点:$s_{z1}=\ln a+\mathrm{j}\omega_0, s_{z2}=\ln a-\mathrm{j}\omega_0$

极点:$s_{p1}=-\ln a+\mathrm{j}\omega_0, s_{p2}=-\ln a-\mathrm{j}\omega_0$

如解图 8-38(b) 所示。

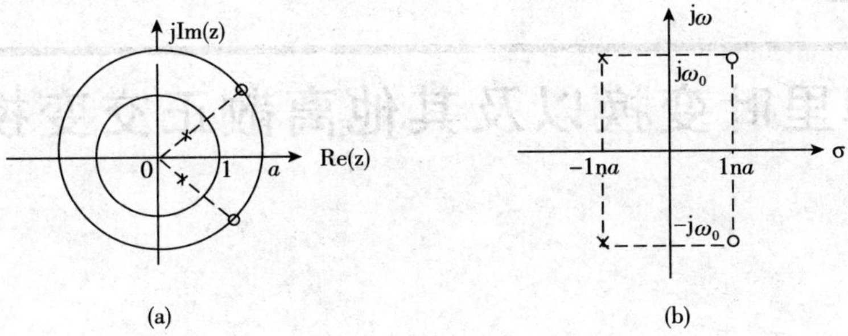

解图 8-38

由于 s 平面上零、极点关于虚轴对称,故系统全通。

第九章

离散傅里叶变换以及其他离散正交变换

考试要求

本章的重点内容是离散傅里叶变换的概念和计算方法,要求读者能够利用离散傅里叶变换对离散信号进行处理,掌握快速进行 DFT 的计算方法 —— 快速傅里叶变换(FFT)。同时要求初步了解其他离散正交变换,如离散沃尔什变换(DWT) 和离散余弦变换(DCT)。

知识点归纳

■ 傅里叶变换在时域与变换域中对应关系的组合

(1) 连续时间与连续频率 $X(f)=\int_{-\infty}^{+\infty}x(t)\mathrm{e}^{-\mathrm{j}2\pi ft}\,\mathrm{d}t$

$$x(t)=\int_{-\infty}^{+\infty}X(f)\mathrm{e}^{\mathrm{j}2\pi ft}\,\mathrm{d}f$$

(2) 连续时间与离散频率 $X(kf_1)=\frac{1}{T_1}\int_{T_1}x(t)\mathrm{e}^{-\mathrm{j}2\pi kf_1t}\,\mathrm{d}t$

$$x(t)=\sum_{k=-\infty}^{\infty}X(kf_1)\mathrm{e}^{\mathrm{j}2\pi kf_1t},\text{其中 } f_1=\frac{1}{T_1}$$

(3) 离散时间与连续频率 $X(f)=\sum_{n=-\infty}^{\infty}x(nT_s)\mathrm{e}^{-\mathrm{j}2\pi nfT_s}$

$$x(nT_s)=\frac{1}{f_s}\int_{f_s}X(f)\mathrm{e}^{\mathrm{j}2\pi nfT_s}\,\mathrm{d}f,\text{其中 } f_s=\frac{1}{T_s}$$

(4) 离散时间与离散频率$X(kf_1)=\sum_{n=0}^{N-1}x(nT_s)e^{-j(\frac{2\pi}{N})nk}$

$$x(nT_s)=\frac{1}{N}\sum_{k=0}^{N-1}X(kf_1)e^{j(\frac{2\pi}{N})nk}$$，其中 $f_s=\frac{N}{T_1}$

■ 离散傅里叶级数的变换对

$$\mathrm{DFS}[(x_p(n)]=X_p(k)=\sum_{n=0}^{N-1}x_p(n)W^{nk}$$

$$\mathrm{IDFS}[X_p(k)]=x_p(n)=\frac{1}{N}\sum_{k=0}^{N-1}X_p(k)W^{-nk}$$，其中符号 $W=e^{-j(\frac{2\pi}{N})}$

■ 离散傅里叶变换的关系式

$$X(k)=\mathrm{DFT}[x(n)]=\sum_{n=0}^{N-1}x(n)W^{nk}\quad(0\leqslant k\leqslant N-1)$$

$$x(n)=\mathrm{IDFT}[X(k)]=\frac{1}{N}\sum_{k=0}^{N-1}X(k)W^{-nk}\quad(0\leqslant n\leqslant N-1)$$

■ 离散傅里叶变换的性质

(1) 线性　$\mathrm{DFT}[ax(n)+by(n)]=aX(k)+bY(k)$

(2) 时移特性　$y(n)=x((n-m))_N R_N(n)$

$\mathrm{DFT}[y(n)]=W^{mk}X(k)$

(3) 频移特性　$Y(k)=X((k-l))_N R_N(k)$

$\mathrm{IDFT}[Y(k)]=x(n)W^{-ln}$

(4) 时域圆周卷积(圆卷积)

若 $Y(k)=X(k)H(k)$

则 $y(n)=\mathrm{IDFT}[Y(k)]=\sum_{m=0}^{N-1}x(m)h((n-m))_N R_N(n)$

$$=\sum_{m=0}^{N-1}h(m)x((n-m))_N R_N(n)=x(n)\circledast h(n)$$

(5) 频域圆卷积

若 $y(n)=x(n)h(n)$

则 $Y(k)=\mathrm{DFT}[y(n)]=\frac{1}{N}\sum_{l=0}^{N-1}X(l)H((k-l))_N R_N(k)$

$$=\frac{1}{N}\sum_{l=0}^{N-1}H(l)X((k-l))_N R_N(k)$$

(6) 奇偶虚实性

$x(n)$	$X(k)$	$x(n)$	$X(k)$
实函数	实部为偶,虚部为奇	虚函数	实部为奇,虚部为偶
实偶函数	实偶函数	虚偶函数	虚偶函数
实奇函数	虚奇函数	虚奇函数	实奇函数

(7) 相关特性

$$\begin{cases} r_{12}(n) = \sum_{m=0}^{N-1} x_1(m)x_2((m-n))_N R_N(n) \\ \mathscr{R}_{12}(k) = X_1(k)X_2^*(k) \end{cases}$$

$$\begin{cases} r_{21}(n) = \sum_{m=0}^{N-1} x_2(m)x_1((m-n))_N R_N(n) \\ \mathscr{R}_{21}(k) = X_2(k)X_1^*(k) \end{cases}$$

(8) 帕塞瓦尔定理

若 $\mathrm{DFT}[x(n)] = X(k)$,则

$$\sum_{n=0}^{N-1} |x(n)|^2 = \frac{1}{N}\sum_{k=0}^{N-1} |X(k)|^2$$

■ 离散傅里叶变换与 z 变换的关系

$$X(z)\big|_{z=W^{-k}} = \sum_{n=0}^{N-1} x(n)W^{nk} = \mathrm{DFT}[X(n)]$$

$$X(z) = \sum_{k=0}^{N-1} X(k)\left(\frac{1}{N}\cdot\frac{1-z^{-N}}{1-W^{-k}z^{-1}}\right) = \sum_{k=0}^{N-1} X(k)\phi_k(z)$$

$$X(e^{j\omega}) = \sum_{k=0}^{N-1} X(k)\phi_k(e^{j\omega}) = \sum_{k=0}^{N-1} X(k)\psi\left(\omega - k\frac{2\pi}{N}\right)$$

- 快速傅里叶变换将 $N = 2^M$ 时的全部 DFT 运算分解为 M 级蝶形流程图,全部运算工作量如下:

复数乘法:$\frac{N}{2}\cdot M = \frac{N}{2}\log_2 N$

复数加法:$NM = N\log_2 N$

■ 一维沃尔什变换对

$$X(k) = \frac{1}{N}\sum_{n=0}^{N-1} x(n)W_{kn} \quad (k = 0,1,2,\cdots,N-1)$$

$$x(n) = \sum_{k=0}^{N-1} X(k)W_{kn} \quad (n = 0,1,2,\cdots,N-1)$$

其中 W_{kn} 表示 $W_{al}(k,n)$ 的抽样值。

■ 二维沃尔什变换对

$$X(k_1,k_2)=\frac{1}{N_1N_2}\sum_{n_2=0}^{N_2-1}\sum_{n_1=0}^{N_1-1}x(n_1,n_2)\cdot W(k_1,n_1)\cdot W(k_2,n_2)$$

$(k_1=0,1,2,\cdots,N_1-1;k_2=0,1,2,\cdots,N_2-1)$

$$x(n_1,n_2)=\sum_{n_2=0}^{N_2-1}\sum_{n_1=0}^{N_1-1}X(k_1,k_2)\cdot W(k_1,n_1)\cdot W(k_2,n_2)$$

$(n_1=0,1,2,\cdots,N_1-1;n_2=0,1,2,\cdots,N_2-1)$

■ 离散余弦变换(DCT)变换对

$$c(0)=\frac{1}{\sqrt{N}}\sum_{n=0}^{N-1}x(n)$$

$$c(k)=\mathrm{DCT}[x(n)]=\sqrt{\frac{2}{N}}\sum_{n=0}^{N-1}x(n)\cos\left[\frac{(2n+1)k\pi}{2N}\right]$$

$$\mathrm{IDCT}[c(k)]=x(n)=\frac{1}{\sqrt{N}}c(0)+\sqrt{\frac{2}{N}}\sum_{k=1}^{N-1}c(k)\cos\left[\frac{(2n+1)k\pi}{2N}\right]$$

$(n=0,1,2,\cdots,N-1;k=0,1,2,\cdots,N-1)$

经典考题解析

例 1 序列 $x(n)=\delta(n)+2\delta(n-2)+\delta(n-3)$。

(1) 求 $x(n)$ 的 4 点 DFT;

(2) 若 $y(n)$ 是 $x(n)$ 与它本身的 4 点圆周卷积,求 $y(n)$ 及其 4 点 DFT$Y(k)$;

(3) 若 $h(n)=\delta(n)+\delta(n-1)+2\delta(n-3)$,求 $x(n)$ 与 $h(n)$ 的 4 点圆周卷积和 $y(n)=x(n)*h(n)$。

逻辑推理 考查 DFT 运算和圆周卷积。

解题过程 (1) $x(n)$ 的 4 点 DFT 为 $X(k)=\sum_{n=0}^{3}x(n)W_4^{nk}=1+2W_4^{2k}+W_4^{3k}$

(2) $y(n)=x(n)\circledast x(n)$,则 $Y(k)=X^2(k)$

$Y(k) = (1 + 2W_4^{2K} + W_4^{3k})(1 + 2W_4^{2k} + W_4^{3k})$

$= 1 + 4W_4^{2k} + 2W_4^{3k} + 4W_4^{4k} + 4W_4^{5k} + W_4^{6k}$

因为 $W_4^{4k} = 1, W_4^{5k} = W_4^{k}, W_4^{6k} = W_4^{2k}$

$Y(k) = 5 + 4W_4^{k} + 5W_4^{2k} + 2W_4^{3k}$

$y(n) = 5\delta(n) + 4\delta(n-1) + 5\delta(n-2) + 2\delta(n-3)$

(3) $y(n) = x(n) * h(n)$

$= \delta(n) + \delta(n-1) + 2\delta(n-2) + 5\delta(n-3) + \delta(n-4) + 4\delta(n-5) + 2\delta(n-6)$

$z(n) = x(n) \circledast h(n) = 2\delta(n) + 5\delta(n-1) + 4\delta(n-2) + 5\delta(n-3)$

例 2 某一因果线性非时变系统的差分方程为

$y(n) - ay(n-1) = x(n) - bx(n-1)$

试求该系统的频率响应。若某系统频率响应的模为常数，则称此系统为全通系统。若使上述系统为全通系统，试求 b 与 a 的关系式($|a| < 1$)。

逻辑推理 考查了频率响应的求法和全通系统的特点。

解题过程 方程两端进行傅里叶变换，得

$$Y(e^{j\omega}) - ae^{-j\omega}Y(e^{j\omega}) = X(e^{j\omega}) - be^{-j\omega}X(e^{j\omega})$$

$$H(e^{j\omega}) = Y(e^{j\omega})/X(e^{j\omega})$$

$$= \frac{1 - be^{-j\omega}}{1 - ae^{-j\omega}} = \frac{e^{j\omega} - b}{e^{j\omega} - a} \tag{1}$$

下面求系统全通时 b 与 a 的关系：

(1) 当 a, b 都是实数时，由于

$$|H(e^{j\omega})| = \frac{|1 - be^{-j\omega}|}{|1 - ae^{-j\omega}|} = 1$$

则

$$|1 - ae^{-j\omega}| = |1 - be^{-j\omega}|$$

$$1 + a^2 - 2a\cos\omega = 1 + b^2 - 2b\cos\omega$$

$$(a - b)(a + b - 2\cos\omega) = 0$$

上式对所有 ω 都应成立，因此有 $(a - b) = 0$，得 $a = b$

(2) 我们知道，当 a 和 b 为复数时，连续时间系统为全通系统，其系统函数在 s 平面上的分布应该是关于 $j\omega$ 轴对称分布的，极点分布在左半平面，零点分布在右半平面。数字系统可以通过 $z = e^{ST}$ 的映射关系从连续系统求得，因此，一个全通的数字系统，它的系

数函数的零点和极点在 z 平面上应该是在共轭反演位置上出现，如图9-1所示，即

$$H(z)=\frac{z^{-1}-a^*}{1-az^{-1}} \qquad (\text{一阶系数}) \tag{2}$$

并且 $|a|<1$ 或极点在单位圆内。在本题中

$$H(e^{j\omega})=\left|\frac{1-be^{-j\omega}}{1-ae^{-j\omega}}\right|$$

若令 $z=e^{j\omega}$，则

$$H(z)=\frac{1-bz^{-1}}{1-az^{-1}} \tag{3}$$

(3)式与(2)式比较，即得

$$a=\frac{1}{b^*}$$

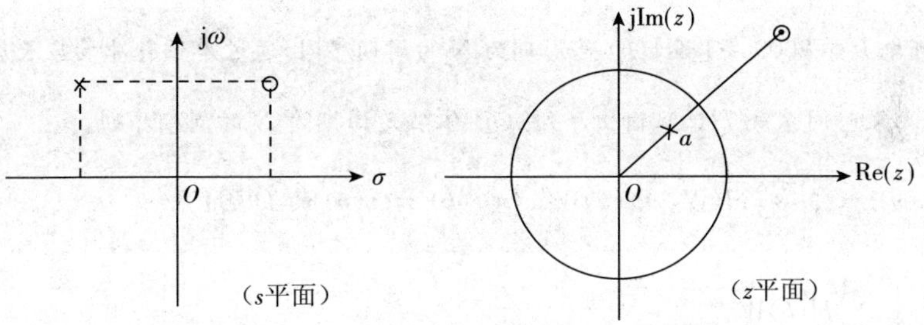

图 9-1

例 3 利用教材例 9-3 的结果，分别求该例中的 DFT[$x(n)$]、DFT[$h(n)$]、DFT[$y(n)$]，验证时域圆卷积定理。

逻辑推理 熟练常握 DFT 计算即可。

解题过程 $x(n)=(n+1)R_4(n)$

$$X(k)=\sum_{n=0}^{3}(n+1)W_4^{nk}=1+2W_4^k+3W_4^{2k}+4W_4^{3k}$$

$$h(n)=(4-n)R_4(n)$$

$$H(k)=\sum_{n=0}^{3}(4-n)W_4^{nk}=4+3W_4^k+2W_4^{2k}+W_4^{3k}$$

$$\begin{aligned}Y(k)&=H(k)\cdot X(k)\\&=(1+2W_4^k+3W_4^{2k}+4W_4^{3k})(4+3W_4^k+2W_4^{2k}+W_4^{3k})\\&=4+8W_4^k+12W_4^{2k}+16W_4^{3k}+3W_4^k+6W_4^{2k}+9W_4^{3k}+12W_4^{4k}+2W_4^{2k}+4W_4^{3k}+6W_4^{4k}\end{aligned}$$

$$+ 8W_4^{5k} + W_4^{3k} + 2W_4^{4k} + 3W_4^{5k} + 4W_4^{6k}$$

$$= 24 + 22W_4^{k} + 24W_4^{2k} + 30W_4^{3k}$$

$$y(n) = \text{IDFT}[Y(k)]$$

$$= 24\delta(n) + 22\delta(n-1) + 24\delta(n-2) + 30\delta(n-3)$$

$$= x(n) \circledast h(n)$$

即时域圆卷积定理得证。

历年考研真题评析

题 1 (南京邮电大学 2009 年)设$\widetilde{x(n)}$是周期为 N 的周期序列,通过单位脉冲响应长度为 N 的线性移不变离散时间系统 $H(z)$,输出序列$\widetilde{y(n)}$依然是周期为 N 的周期序列。

试证:$\widetilde{y(n)} = \dfrac{1}{N}\sum_{k=0}^{N-1} H(W_N^{-k})\tilde{x}(k)W_N^{-nk}$ ($\tilde{x}(k)$ 为 $\tilde{x}(n)$ 的 DFS)

证明 $h(n) = \dfrac{1}{N}\sum_{k=0}^{N-1} H(k)W_N^{-kn}$

$$y(n) = \widetilde{x(n)} * h(n) = \sum_{m=0}^{\infty} \widetilde{x(m)}h(n-m)$$

因为$\widetilde{x(n)}$周期,$h(n)$ 有限长,则 $y(n)$ 为长度为 N 的周期序列

$$y(n) = \sum_{m=0}^{N-1} \widetilde{x(m)} \frac{1}{N}\sum_{k=0}^{N-1} H(k)W_N^{-k(n-m)} \quad (n = 0,1,2,\cdots,N-1)$$

$$\widetilde{y(n)} = \frac{1}{N}\sum_{k=0}^{N-1} H(k)W_N^{-kn} \sum_{m=0}^{N-1} \widetilde{x(m)}W_N^{km}$$

$$= \frac{1}{N}\sum_{k=0}^{N-1} H(k)W_N^{-kn}\, \widetilde{x(k)}$$

$$= \frac{1}{N}\sum_{k=0}^{N-1} H(W_N^{-k})\, \widetilde{x(k)}W_N^{-nk}$$

得证。

题 2 (南京邮电大学 2008 年)画出 $N = 6$ 按时间抽取的 FFT 分解流图,要求:

(1) 按 $N = 3 \times 2$ 分解,注明输入输出序列及每级的 W 因子;

(2) 指出比直接运算 DFT 节省了多少次乘法运算。

解题过程 (1) 由 FFT 算法，

$$x(k)=\sum_{l=0}^{p-1}W_N^{lk}\sum_{r=0}^{p-1}x(pr+l)W_N^{prk}$$

$$x(k)=\sum_{l=0}^{p-1}W_N^{lk}Q_1(k)\quad k=0,1\cdots,N-1$$

将 $x(n)$ 先分解为长为 2 的 3 组：

$$\begin{cases}x(0)、x(3)\\x(1)、x(4)\\x(2)、x(5)\end{cases}$$

可画出 FFT 分解流程图如下：

$r=0$、1 时对应 W_q^{rk}

k	0	1
0	W_2^0	W_2^0
1	W_2^0	W_2^1

k	0	1	2
0	W_6^0	W_6^0	W_6^0
1	W_6^0	W_6^1	W_6^2
2	W_6^0	W_6^2	W_6^4
3	W_6^0	W_6^3	W_6^6
4	W_6^0	W_6^4	W_6^8
5	W_6^0	W_6^5	W_6^{10}

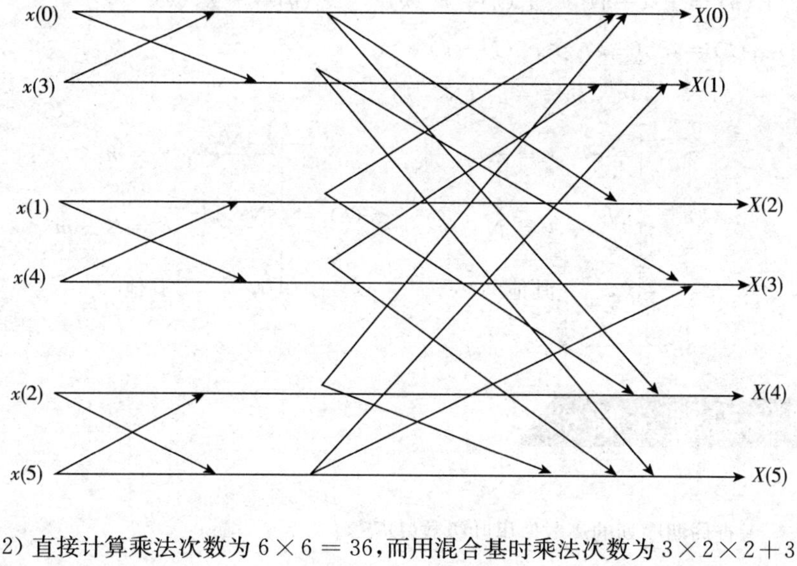

(2) 直接计算乘法次数为 $6\times6=36$，而用混合基时乘法次数为 $3\times2\times2+3\times6=30$

∴ 减少了 6 次

题 3 (南京邮电大学 2010 年)已知 N 点,序列 $x(n)$ 离散傅里叶变换为

$$x(k)=\begin{cases}\frac{N}{2}e^{j\theta},\ k=m\\ \frac{N}{2}e^{-j\theta},k=N-m\\ 0,\quad 其他\end{cases}$$

,其中 m 为正整数,$0<m<\frac{N}{2}$。要求:

(1) 求出序列 $x(n)$;

(2) 用 $x_e(n)$ 和 $x_0(n)$ 分别表示 $x(n)$ 共轭偶对称和共轭奇对称序列,分别求出 $DFT[x_e(n)]$ 和 $DFT[x_0(n)]$;

(3) 求出 $x(k)$ 共轭偶对称序列 $x_e(k)$ 和共轭奇对称序列 $x_0(k)$。

解题过程 (1)
$$\begin{aligned}x(n)&=\frac{1}{N}\sum_{k=0}^{N-1}x(k)W_N^{-kn}\\&=\frac{1}{N}\left(\frac{N}{2}e^{j\theta}W_N^{-mn}+\frac{N}{2}e^{-j\theta}W_N^{-(N-m)n}\right)\\&=\frac{1}{2}\left(e^{j\theta}e^{j\frac{2\pi}{N}nm}+e^{-j\theta}e^{-j\frac{2\pi}{N}nm}\right)\\&=\cos\left(\theta+\frac{2\pi}{N}mn\right)\end{aligned}$$

(2) $x_e(n)=x^*(-n)\qquad x_e(n)\leftrightarrow x^*(k)\qquad x_0(n)\leftrightarrow -x^*(k)$

(3) $x_e(k)=x^*(-k)=x^*(N-k)$

$x_0(k)=-x^*(-k)=-x^*(N-k)$

$$\therefore x_e(k)=\begin{cases}\frac{N}{2}e^{j\theta},\ k=m\\ \frac{N}{2}e^{-j\theta},k=N-m\\ 0,\quad 其他\end{cases}\qquad x_0(k)=\begin{cases}-\frac{N}{2}e^{j\theta},\ k=m\\ \frac{N}{2}e^{-j\theta},\quad k=N-m\\ 0,\quad 其他\end{cases}$$

教材同步习题全解

9.1 知识点窍 考查周期序列的离散傅里叶级数(DFS)。

$$X(kf_1)=\sum_{n=-\infty}^{+\infty}x(nT_s)e^{-j\left(\frac{2\pi}{N}\right)nk}$$

逻辑推理 按照图中所示序列值代入公式计算。

解题过程 $X_p(k)=\sum_{n=0}^{N-1}x_p(n)e^{-j\left(\frac{2\pi}{N}\right)nk}=\sum_{n=0}^{3}x_p(n)e^{-j\left(\frac{2\pi}{4}\right)nk}$

$$=2+1\cdot e^{-j\frac{2\pi}{4}k}+0+1\cdot e^{-j\frac{3\pi}{2}k}$$

$$=2+e^{-j\frac{\pi}{2}k}+e^{j\frac{\pi}{2}k}$$

$$=2\left(1+\cos\frac{\pi k}{2}\right)$$

9.2 知识点窍 实数序列的傅里叶级数具有共轭对称性，这是其重要性质之一，在后面的离散傅里叶变换中也有类似性质。

逻辑推理 根据定义式，分别写出 $X_p(k)$ 及 $X_p^*(k)$ 的表示式求证。

解题过程 设周期序列 $x_p(n)$ 的周期为 N，则：

$$X_p(k)=\sum_{n=0}^{N-1}x_p(n)e^{-j\left(\frac{2\pi}{N}\right)nk}$$

$$X_p^*(k)=\left[\sum_{n=0}^{N-1}x_p(n)e^{-j\left(\frac{2\pi}{N}\right)nk}\right]^*=\sum_{n=0}^{N-1}[x_p(n)]^*\left[e^{-j\left(\frac{2\pi}{N}\right)nk}\right]^*$$

由于 $x_p(n)$ 是实数序列，$[x_p(n)]^*=x_p(n)$

而 $\left[e^{-j\left(\frac{2\pi}{N}\right)nk}\right]^*=e^{j\left(\frac{2\pi}{N}\right)nk}$

于是 $X_p^*(k)=\sum_{n=0}^{N-1}x_p(n)e^{j\left(\frac{2\pi}{N}\right)nk}$

故 $X_p^*(-k)=\sum_{n=0}^{N-1}x_p(n)e^{-j\left(\frac{2\pi}{N}\right)nk}=X_p(k)$

9.3 知识点窍 考查偶序列的傅里叶级数的性质，要求理解并熟练掌握偶序列的特性及离散傅里叶级数的求法。

逻辑推理 求证 $X_p(k)$ 是实数序列，从求证 $X_p(k)=X_p^*(k)$ 着手；

求证 $X_p(k)$ 是 k 的偶函数，从求证 $X_p(k)=X_p(-k)$ 着手，灵活运用已知条件 $x_p(n)=x_p(-n)$。

解题过程 设 $x_p(n)$ 的周期为 N，则

$$X_p(k)=\sum_{n=0}^{N-1}x_p(n)e^{-j\left(\frac{2\pi}{N}\right)nk}$$

$$X_p^*(k)=\sum_{n=0}^{N-1}x_p^*(n)e^{j\left(\frac{2\pi}{N}\right)nk}=\sum_{n=0}^{N-1}x_p(n)e^{j\left(\frac{2\pi}{N}\right)nk}$$

变量置换，令 $n=-n$，则

$$X_p^*(k) = \sum_{n=0}^{-(N-1)} x_p(-n)e^{-j\left(\frac{2\pi}{N}\right)nk}$$

由于 $x_p(n)$ 是 n 的偶函数，所以 $x_p(-n) = x_p(n)$

又知 $x_p(n)$ 是以 N 为周期的周期序列，故其在任一周期内的 DFS 应相同。

即 $\sum_{n=0}^{-(N-1)} x_p(n)e^{-j\left(\frac{2\pi}{N}\right)nk} = \sum_{n=0}^{N-1} x_p(n)e^{-j\left(\frac{2\pi}{N}\right)nk}$

故 $X_p^*(n) = \sum_{n=0}^{-(N-1)} x_p(-n)e^{-j\left(\frac{2\pi}{N}\right)nk} = \sum_{n=0}^{N-1} x_p(n)e^{-j\left(\frac{2\pi}{N}\right)nk} = X_p(k)$

因此 $X_p(k)$ 是实数序列。

又由题 9.2 可知，对实数序列 $x_p(n)$，有

$X_p(k) = X_p^*(-k)$

亦即 $X_p^*(k) = X_p(-k)$

因此 $X_p(k) = X_p(-k)$

即 $X_p(k)$ 为 k 的偶函数。

综上有，当 $x_p(n)$ 为实偶序列时，$X_p(k)$ 也是实序列且是 k 的偶函数。

9.4 知识点窍 本题考查序列周期与其 DFS 的周期关系，以及实数序列的 DFS 的性质。

逻辑推理 DFS 的周期与原序列周期相等；实偶序列的 DFS 也是实偶序列。

解题过程 (1) 由题图 9-4 知 $x(n)$ 的周期为 10，因此 $X_p(k)$ 的周期也为 10。所以 $X_p(k) = X_p(k+10)$ 正确。

(2) 由题 9.3 可知，只有当 $x(n)$ 为实偶序列时才有 $X_p(k) = X_p(-k)$。而由题图 9-4 可知，$x(n)$ 并非 n 的偶序列，因此 $X_p(k) = X_p(-k)$ 不成立。

(3) $X_p(k) = \sum_{n=0}^{N-1} x(n)e^{-j\left(\frac{2\pi}{N}\right)nk}$

所以 $X_p(0) = \sum_{n=0}^{9} x(n) = 5 - 5 = 0$

故 $X_p(0) = 0$ 正确。

(4) $X_p(k) = \sum_{n=0}^{N-1} x(n)e^{-j\left(\frac{2\pi}{N}\right)nk} = \sum_{n=0}^{9} x(n)e^{-j\frac{\pi}{5}nk}$

由于 $n = 1,2,\cdots,5$ 时，$x(n) = -1$；

$n = 6,7,\cdots,10$ 时，$x(n) = 1$。

所以 $X_p(k) = \sum_{n=1}^{5}\left(-e^{-j\frac{\pi}{5}nk}\right) + \sum_{n=6}^{9} e^{-j\frac{\pi}{5}nk} + 1$

$$= \sum_{n=1}^{5}\left(-e^{-j\frac{\pi}{5}nk}\right)+\sum_{l=1}^{5}e^{-j\frac{\pi}{5}nk}\cdot e^{-j\pi k}$$

$$= \sum_{n=1}^{5}\left(-e^{-j\frac{\pi}{5}nk}\right)+\sum_{n=1}^{5}\left(-e^{-j\frac{\pi}{5}nk}\right)=\sum_{n=1}^{5}\left(-e^{-j\frac{2\pi}{5}nk}\right)$$

故有 $X_p(k)e^{j\left(\frac{2\pi}{5}k\right)}=\sum_{n=1}^{5}\left(-e^{-j\frac{2\pi}{5}nk}\right)\cdot e^{j\frac{2\pi}{5}k}=\sum_{n=1}^{5}\left(-e^{-j\frac{2\pi}{5}nk+j\frac{2\pi}{5}k}\right)$

不能保证对所有的 k 均为实数，原命题不正确。

9.5 **知识点窍** 考查 DFS 定义式的灵活变换。

逻辑推理 分别将周期为 N 和 $2N$ 时 $x_p(n)$ 的 DFS 系数 $X_{p1}(k)$ 和 $X_{p2}(k)$ 表示出来，通过数学变换找出关系。

解题过程 当 $x_p(n)$ 周期为 N 时 $X_{p1}(k)=\sum_{n=0}^{N-1}x_p(n)e^{-j\left(\frac{2\pi}{N}\right)nk}$

当 $x_p(n)$ 周期为 $2N$ 时

$$X_{p2}(k)=\sum_{n=0}^{2N-1}x_p(n)e^{-j\left(\frac{2\pi}{2N}\right)nk}$$

$$=\sum_{n=0}^{N-1}x_p(n)e^{-j\left(\frac{2\pi}{N}\right)n\cdot\left(\frac{k}{2}\right)}+\sum_{n=N}^{2N-1}x_p(n+N)e^{-j\left(\frac{2\pi}{N}\right)\cdot(n+N)\cdot\left(\frac{k}{2}\right)}$$

$$X_{p1}\left(\frac{k}{2}\right)=\sum_{n=0}^{N-1}x_p(n)\cdot e^{-j\left(\frac{2\pi}{N}\right)n\cdot\left(\frac{k}{2}\right)}$$

又有 $\sum_{n=N}^{2N-1}x_p(n+N)e^{-j\left(\frac{2\pi}{N}\right)(n+N)\left(\frac{k}{2}\right)}=\sum_{n=N}^{2N-1}x_p(n+N)e^{-j\pi k}\cdot e^{-j\left(\frac{2\pi}{N}\right)n\cdot\left(\frac{k}{2}\right)}$

$$=(-1)^k\sum_{n=N}^{2N-1}x_p(n+N)e^{-j\left(\frac{2\pi}{N}\right)n\cdot\left(\frac{k}{2}\right)}$$

由于 $x_p(n)$ 既是周期为 N 的序列，又是周期为 $2N$ 的序列，故

$$x_p(n+N)=x_p(n)$$

所以 $(-1)^k\sum_{n=N}^{2N-1}x_p(n+N)e^{-j\left(\frac{2\pi}{N}\right)n\cdot\left(\frac{k}{2}\right)}=(-1)^k\sum_{n=0}^{N-1}x_p(n)e^{-j\left(\frac{2\pi}{N}\right)n\cdot\left(\frac{k}{2}\right)}$

$$=(-1)^kX_{p1}\left(\frac{k}{2}\right)$$

综上有 $X_{p2}(k)=X_{p1}\left(\frac{k}{2}\right)+(-1)^kX_{p1}\left(\frac{k}{2}\right)=\begin{cases}0, & k\text{ 为奇数}\\ 2X_{p1}\left(\frac{k}{2}\right), & k\text{ 为偶数}\end{cases}$

9.6 **知识点窍** 本题考查有限长序列的离散傅里叶变换 DFT，其定义式为

$$X(k)=\mathrm{DFT}[x(n)]=\sum_{n=0}^{N-1}x(n)W^{nk}\text{，其中 }W=\mathrm{e}^{-\mathrm{j}\left(\frac{2\pi}{N}\right)}\text{。}$$

逻辑推理 本题不需要代入定义式计算，可直接利用 9.1 题的结果，直接求解以简化计算。

解题过程 由于 $x(n)=x_{\mathrm{p}}(n)R_{\mathrm{N}}(n)$

由 DFT 定义，有 $X(k)=\mathrm{DFT}[x(n)]=X_{\mathrm{p}}(k)R_{\mathrm{N}}(k)$

由题 9.1 知：$X_{\mathrm{p}}(k)=2\left(1+\cos\frac{\pi k}{2}\right),N=4$

所以 $X(k)=2\left(1+\cos\frac{\pi k}{2}\right)R_4(k)$

故 $X(0)=4,X(1)=2,X(2)=0,X(3)=2$

9.7 知识点窍 熟练掌握周期序列的主值序列、序列翻转等基本概念和操作。

逻辑推理 先设出 $x_{\mathrm{p}}(n)$，取其主值序列，然后翻转，进行周期延拓即可。

解题过程 设 $x_{\mathrm{p}}(n)$ 如解图 9-7(a) 所示，由定义有 $x((-n))_{\mathrm{N}}=x_{\mathrm{p}}(-n)$

因此，$x((-n))_N$ 序列即 $x_{\mathrm{p}}(n)$ 序列以 $n=0$ 点为轴反转，如解图 9-7(b) 所示。

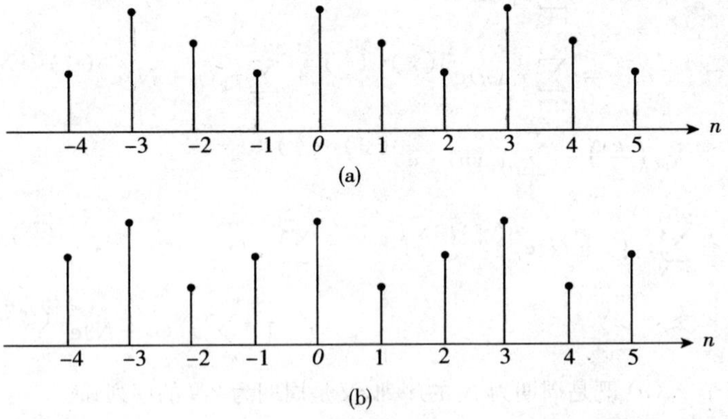

解图 9-7

9.8 知识点窍 熟悉 DFT 及 IDFT 运算。正变换定义式见题 9.6，反变换如下：

$$x(n)=\mathrm{IDFT}[X(k)]=\frac{1}{N}\sum_{k=0}^{N-1}X(k)W^{-nk}$$

逻辑推理 根据定义计算，注意写为矩阵形式。

解题过程 由定义 $X(k)=\sum_{n=0}^{3}x(n)W^{nk}$

其矩阵形式为

$$\begin{bmatrix}X(0)\\X(1)\\X(2)\\X(3)\end{bmatrix}=\begin{bmatrix}W^0 & W^0 & W^0 & W^0\\W^0 & W^1 & W^2 & W^3\\W^0 & W^2 & W^4 & W^6\\W^0 & W^3 & W^6 & W^9\end{bmatrix}\begin{bmatrix}x(0)\\x(1)\\x(2)\\x(3)\end{bmatrix}$$

又有 $W=\mathrm{e}^{-\mathrm{j}\left(\frac{2\pi}{N}\right)}$,$N=4$

故 $W^4=W^0,W^6=W^2,W^9=W^1$,

且 $W^2=-W^0,W^3=-W^1$,

而 $W^0=1,W^1=\mathrm{e}^{-\mathrm{j}\left(\frac{\pi}{N}\right)}=-\mathrm{j}$

所以 $$\begin{bmatrix}X(0)\\X(1)\\X(2)\\X(3)\end{bmatrix}=\begin{bmatrix}W^0 & W^0 & W^0 & W^0\\W^0 & W^1 & W^2 & W^3\\W^0 & W^2 & W^4 & W^6\\W^0 & W^3 & W^6 & W^9\end{bmatrix}\begin{bmatrix}x(0)\\x(1)\\x(2)\\x(3)\end{bmatrix}$$

$$=\begin{bmatrix}1 & 1 & 1 & 1\\1 & -\mathrm{j} & -1 & \mathrm{j}\\1 & -1 & 1 & -1\\1 & \mathrm{j} & -1 & -\mathrm{j}\end{bmatrix}\begin{bmatrix}1\\2\\-1\\3\end{bmatrix}=\begin{bmatrix}5\\2+\mathrm{j}\\-5\\2-\mathrm{j}\end{bmatrix}$$

又 $x(n)=\dfrac{1}{N}\sum\limits_{k=0}^{N-1}X(k)W^{-nk}$,其矩阵形式为

$$\begin{bmatrix}x(0)\\x(1)\\x(2)\\x(3)\end{bmatrix}=\frac{1}{4}\begin{bmatrix}W^0 & W^0 & W^0 & W^0\\W^0 & W^{-1} & -W^0 & -W^{-1}\\W^0 & -W^0 & W^0 & -W^0\\W^0 & -W^{-1} & -W^0 & W^{-1}\end{bmatrix}\begin{bmatrix}X(0)\\X(1)\\X(2)\\X(3)\end{bmatrix}$$

$$=\frac{1}{4}\begin{bmatrix}1 & 1 & 1 & 1\\1 & \mathrm{j} & -1 & -\mathrm{j}\\1 & -1 & 1 & -1\\1 & -\mathrm{j} & -1 & \mathrm{j}\end{bmatrix}\begin{bmatrix}5\\2+\mathrm{j}\\-5\\2-\mathrm{j}\end{bmatrix}=\begin{bmatrix}1\\2\\-1\\3\end{bmatrix}$$

与原 $x(n)$ 一致。

9.9 知识点窍 考查对 DFT 变换的熟练程度,用闭式表示即去掉“$\sum$”号,得出一般的算术表达式。

逻辑推理 代入定义式计算。

解题过程 设各序列的长度均为 N,由定义有

$$(1)X(k)=\sum_{n=0}^{N-1}\delta(n)\left(e^{-j\frac{2\pi}{N}}\right)^{nk}=1\qquad(0\leqslant k\leqslant N-1)$$

$$(2)X(k)=\sum_{n=0}^{N-1}\delta(n-n_0)e^{-j\left(\frac{2\pi}{N}\right)nk}=e^{-j\left(\frac{2\pi}{N}\right)n_0k}\qquad(0\leqslant k\leqslant N-1)$$

$$(3)X(k)=\sum_{n=0}^{N-1}a^ne^{-j\left(\frac{2\pi}{N}\right)nk}=\sum_{n=0}^{N-1}\left(ae^{-j\frac{2\pi}{N}k}\right)^n$$

$$=\frac{1-\left(ae^{-j\frac{2\pi}{N}k}\right)^N}{1-ae^{-j\frac{2\pi k}{N}}}=\frac{1-a^N}{1-ae^{-j\frac{2\pi k}{N}}}\qquad(0\leqslant k\leqslant N-1)$$

9.10 知识点窍 序列形式较上题略为复杂,仍为考查 DFT 变换。

逻辑推理 代入定义式,简化,求闭式表达。

解题过程 (1) $X(k)=\sum_{n=0}^{N-1}e^{j\omega_0n}e^{-j\left(\frac{2\pi}{N}\right)nk}=\sum_{n=0}^{N-1}e^{j\left(\omega_0-\frac{2\pi k}{N}\right)n}$

$$=\frac{1-e^{j\left(\omega_0-\frac{2\pi k}{N}\right)N}}{1-e^{j\left(\omega_0-\frac{2\pi k}{N}\right)}}=\frac{1-e^{j\omega_0N}}{1-e^{j\left(\omega_0-\frac{2\pi k}{N}\right)}}\cdot R_N(k)$$

(2) $X(k)=\sum_{n=0}^{N-1}\sin\omega_0ne^{-j\left(\frac{2\pi}{N}\right)nk}=\sum_{n=0}^{N-1}\frac{1}{2j}(e^{j\omega_0n}-e^{-j\omega_0n})e^{-j\left(\frac{2\pi}{N}\right)nk}$

$$=\frac{1}{2j}\left[\frac{1-e^{-j\omega_0N}}{1-e^{j\left(\omega_0-\frac{2\pi k}{N}\right)}}-\frac{1-e^{j\omega_0N}}{1-e^{j\left(-\omega_0-\frac{2\pi k}{N}\right)}}\right]$$

$$=\frac{\sin\omega_0e^{-j\frac{2\pi}{N}k}-\sin(\omega_0N)+\sin(\omega_0N-\omega_0)e^{-j\frac{2\pi}{N}k}}{1-2\cos\omega_0e^{-j\frac{2\pi}{N}k}+e^{-j\frac{4\pi}{N}k}}$$

$(0\leqslant k\leqslant N-1)$

(3) $X(k)=\sum_{n=0}^{N-1}\cos\omega_0ne^{-j\left(\frac{2\pi}{N}\right)kn}=\sum_{n=0}^{N-1}\frac{1}{2}(e^{j\omega_0n}+e^{-j\omega_0n})e^{-j\left(\frac{2\pi}{N}\right)kn}$

$$=\frac{1}{2}\left[\frac{1-e^{j\omega_0N}}{1-e^{j\left(\omega_0-\frac{2\pi k}{N}\right)}}+\frac{1-e^{-j\omega_0N}}{1-e^{j\left(-\omega_0-\frac{2\pi k}{N}\right)}}\right]$$

$$=\frac{1-\cos\omega_0e^{-j\frac{2\pi}{N}k}-\cos(\omega_0N)+\cos(\omega_0N-\omega_0)e^{-j\frac{2\pi}{N}k}}{1-2\cos\omega_0e^{-j\frac{2\pi}{N}k}+e^{-j\frac{4\pi}{N}k}}$$

$(0\leqslant k\leqslant N-1)$

(4) 当 $\omega_0 = \frac{2\pi}{N}$ 时，

对(1)问，当 $k \neq 1$ 时，有

$$X(k) = \frac{1-e^{j\omega_0 N}}{1-e^{j\left(\omega_0-\frac{2\pi k}{N}\right)}} = \frac{1-e^{j2\pi}}{1-e^{j(1-k)\frac{2\pi}{N}}} = 0$$

而当 $k=1$ 时，

$$X(k) = \sum_{n=0}^{N-1} e^{j\left(\frac{2\pi}{N}\right)n} \cdot e^{-j\left(\frac{2\pi}{N}\right)n} = \sum_{n=0}^{N-1} 1 = N$$

故 $X(k) = N\delta(k-1)$

对(2)问，当 $k \neq 1, k \neq N-1$ 时，有

$$X(k) = \frac{e^{-j\left(\frac{2\pi}{N}\right)k}[\sin(N-1)\omega_0 + \sin\omega_0] - \sin N\omega_0}{1-2\cos\omega_0 e^{-j\frac{2\pi}{N}k} + e^{-j\frac{4\pi}{N}k}} R_N(k)$$

$$= \frac{e^{-j\left(\frac{2\pi}{N}\right)k}\left[\sin(N-1)\frac{2\pi}{N} + \sin\frac{2\pi}{N}\right] - \sin N \cdot \frac{2\pi}{N}}{\left[1-e^{-j\left(\frac{2\pi}{N}\right)(k-1)}\right]\left[1-e^{-j\left(\frac{2\pi}{N}\right)(k+1)}\right]} R_N(k) = 0$$

当 $k=1$ 时，

$$X(k) = \sum_{n=0}^{N-1} \sin\omega_0 n e^{-j\left(\frac{2\pi}{N}\right)n} = \sum_{n=0}^{N-1} \frac{1}{2j}\left[e^{j\left(\frac{2\pi}{N}\right)n} - e^{-j\left(\frac{2\pi}{N}\right)n}\right] e^{-j\left(\frac{2\pi}{N}\right)n}$$

$$= \frac{1}{2j}\sum_{n=0}^{N-1}\left[1-e^{-j\left(\frac{2\pi}{N}\right)2n}\right] = \frac{1}{2j}\sum_{n=0}^{N-1} 1 - \frac{1}{2j}\sum_{n=0}^{N-1} e^{-j\left(\frac{2\pi}{N}\right)2n}$$

$$= \frac{N}{2j} - \frac{1-e^{-j\frac{4\pi}{N}N}}{1-e^{-j\frac{4\pi}{N}}} = \frac{N}{2j}$$

同样可求得 $k=N-1$ 时，$X(k) = \frac{-N}{2j}$

故 $X(k) = \frac{N}{2j}[\delta(k-1) - \delta(k-N+1)]$

对(3)中，当 $k \neq 1, k \neq N-1$ 时，可算得 $X(k)=0$；

当 $k=1$ 时，$x(1) = \frac{N}{2}$，$k=N-1$ 时，$x(N-1) = \frac{N}{2}$。

所以 $X(k) = \frac{N}{2}[\delta(k-1) + \delta(k-N+1)]$

9.11 **知识点窍** 考查对离散序列的基本操作。

逻辑推理 按照题目的要求对序列进行移位、反转。

解题过程 先由 $x(n)$ 绘出 $x((n))_4$，再据 $x((n))_4$ 绘出 $x((n-2))_4$，得 $x_1(n)$ 如解图 9-11(a) 所示。

同样，得 $x_2(n)$ 如解图 9-11(b) 所示。

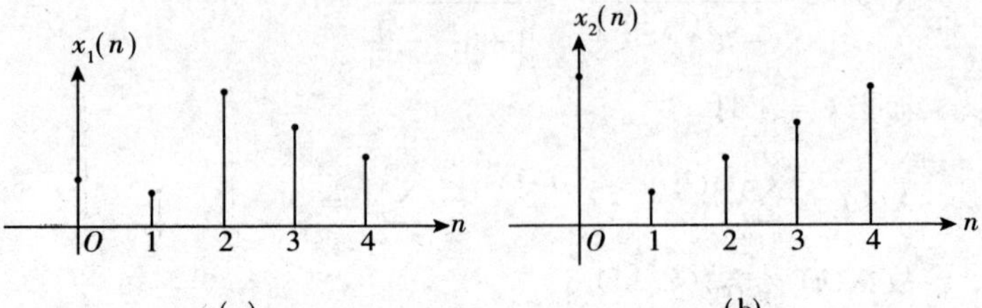

(a) (b)

解图 9-11

9.12 **知识点窍** 要求熟悉圆卷积计算。

逻辑推理 利用圆卷积定义

$$x(n)\circledast h(n)=\sum_{m=0}^{N-1}x(m)h((n-m))_N R_N(n)$$ 直接求解。

解题过程

$$\begin{aligned}x(n)\circledast h(n)&=\sum_{m=0}^{5}h(m)x((n-m))_6R_6(n)\\&=\sum_{m=0}^{5}\delta(m-2)x((n-m))_6R_6(n)\\&=x((n-2))_6R_6(n)\end{aligned}$$

其结果如解图 9-12 所示。

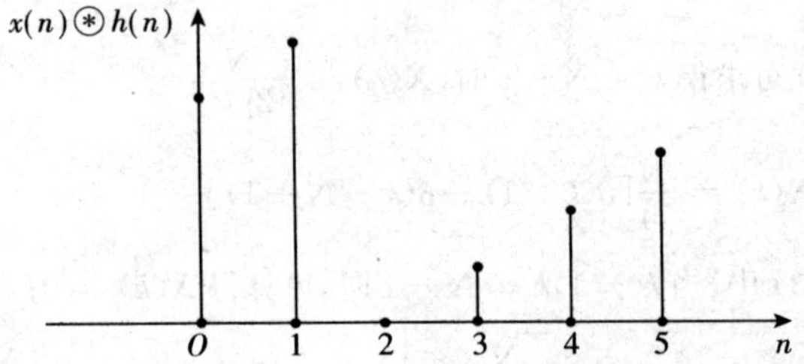

解图 9-12

9.13 **知识点窍** 注意频移定理的重要性。

逻辑推理 直接通过 IDFT 定义进行推导得出结果。

解题过程 $\mathrm{IDFT}[Y(k)]=\frac{1}{N}\sum_{k=0}^{N-1}Y(k)W^{-nk}=\frac{1}{N}\sum_{k=0}^{N-1}X((k-l))_{N}W^{-nk}$

$$=\frac{1}{N}\sum_{m=-l}^{N-1-l}X((m))_{N}W^{-n(m+l)}$$

由于 $X((m))_{N}$ 及 $W^{-n(m+l)}$ 都以 N 为周期，所以

$$\frac{1}{N}\sum_{m=-l}^{N-1-l}X((m))_{N}W^{-n(m+l)}=\frac{1}{N}\sum_{m=0}^{N-1}X((m))_{N}W^{-n(m+l)}$$

$$=\left[\frac{1}{N}\sum_{m=0}^{N-1}X((m))_{N}W^{-nm}\right]\cdot W^{-nl}$$

$$=\left[\frac{1}{N}\sum_{m=0}^{N-1}X(m)W^{-nm}\right]\cdot W^{-nl}$$

$$=x(n)\cdot W^{-nl}$$

即 $\mathrm{IDFT}[Y(k)]=x(n)\cdot W^{-nl}$

9.14 知识点窍 熟练运用频移定理。

逻辑推理 将题中的三角函数用符号因子 W 表示出来，然后套用频移定理公式求解。

解题过程

$$(1)\ \mathrm{DFT}\left[x(n)\cos\left(\frac{2\pi ln}{N}\right)\right]=\mathrm{DFT}\left[x(n)\cdot\frac{1}{2}\left(\mathrm{e}^{\mathrm{j}\frac{2\pi ln}{N}}+\mathrm{e}^{-\mathrm{j}\frac{2\pi ln}{N}}\right)\right]$$

$$=\mathrm{DFT}\left[x(n)\,\frac{W^{-ln}+W^{ln}}{2}\right]$$

$$=\frac{1}{2}[X((k-l))_{N}+X((k+l))_{N}]R_{N}(k)$$

$$(2)\ \mathrm{DFT}\left[x(n)\sin\left(\frac{2\pi ln}{N}\right)\right]=\mathrm{DFT}\left[x(n)\cdot\frac{1}{2\mathrm{j}}\left(\mathrm{e}^{\mathrm{j}\frac{2\pi ln}{N}}-\mathrm{e}^{-\mathrm{j}\frac{2\pi ln}{N}}\right)\right]$$

$$=\frac{1}{2\mathrm{j}}\mathrm{DFT}[x(n)(W^{-ln}-W^{ln})]$$

$$=\frac{1}{2\mathrm{j}}[X((k-l))_{N}-X((k+l))_{N}]R_{N}(k)$$

9.15 知识点窍 要求通过验证时域卷积定理达到熟悉并掌握其运用的目的。

逻辑推理 按照定义求 $\mathrm{DFT}[y(n)]$ 与利用定理 $\mathrm{DFT}[x(n)\circledast h(n)]=\mathrm{DFT}[x(n)]\cdot\mathrm{DFT}[h(n)]$ 得到的结果应该一致。

解题过程 例 9-3 中，$x(n)=(n+1)R_{4}(n)$，$h(n)=(4-n)R_{4}(n)$

$$y(n)=x(n)\circledast h(n)=24\delta(n)+22\delta(n-1)+24\delta(n-2)+30\delta(n-3)$$

所以

$$\mathrm{DFT}[x(n)]=\sum_{n=0}^{3}(n+1)W^{nk}=1+2W^{k}+3W^{2k}+4W^{3k}$$

$$\mathrm{DFT}[h(n)]=\sum_{n=0}^{3}(4-n)W^{nk}=4+3W^{k}+2W^{2k}+W^{3k}$$

$$\mathrm{DFT}[y(n)]=\sum_{n=0}^{3}[24\delta(n)+22\delta(n-1)+24\delta(n-2)+30\delta(n-3)]W^{nk}$$

$$=24+22W^{k}+24W^{2k}+30W^{3k}\quad(k=0,1,2,3)$$

又根据时域卷积定理

$$\mathrm{DFT}[y(n)]=\mathrm{DFT}[x(n)]\cdot\mathrm{DFT}[h(n)]$$

$$=(1+2W^{k}+3W^{2k}+4W^{3k})\cdot(4+3W^{k}+2W^{2k}+W^{3k})$$

$$=4+11W^{k}+20W^{2k}+30W^{3k}+20W^{4k}+11W^{5k}+4W^{6k}$$

因为 W^{nk} 以 4 为周期,所以有

$W^{4k}=W^{0}=1,\ W^{5k}=W^{k},\ W^{6k}=W^{2k}$

故 $\mathrm{DFT}[y(n)]=4+11W^{k}+20W^{2k}+30W^{3k}+20+11W^{k}+4W^{2k}$

$$=24+22W^{k}+24W^{2k}+30W^{3k}\quad(k=0,1,2,3)$$

两种方法结果一致。

9.16 知识点窍 通过证明过程熟悉定理。

逻辑推理 由离散傅里叶变换的定义式直接推导结果。

解题过程 根据 DFT 定义有:

$$\mathrm{DFT}[y(n)]=\sum_{n=0}^{N-1}y(n)W^{nk}=\sum_{n=0}^{N-1}x(n)h(n)W^{nk}\quad(*)$$

又 $x(n)=\mathrm{IDFT}[X(k)]=\dfrac{1}{N}\sum_{k=0}^{N-1}X(k)W^{-nk}$

所以 $Y(k)=\mathrm{DFT}[y(n)]=\sum_{n=0}^{N-1}\left[\dfrac{1}{N}\sum_{l=0}^{N-1}X(l)W^{-nl}\right]W^{nk}\cdot h(n)$

$$=\frac{1}{N}\sum_{l=0}^{N-1}X(l)\left[\sum_{n=0}^{N-1}h(n)W^{(k-l)n}\right]$$

$$=\frac{1}{N}\sum_{l=0}^{N-1}X(l)H((k-l))_{N}R_{N}(k)$$

同理将 $h(n)=\dfrac{1}{N}\sum_{k=0}^{N-1}H(k)W^{-nk}$ 代入(*)式中可证得

$$Y(k)=\frac{1}{N}\sum_{l=0}^{N-1}H(l)X((k-l))_N R_N(k)$$

9.17 知识点窍 线卷积与圆卷积之间的区别与联系。

解题过程 (1) 线卷积 $x_1(n)=x(n)*x(n)=\sum_{m=-\infty}^{\infty}x(n)\cdot x(n-m)$

结果如解图 9-17(a) 所示。

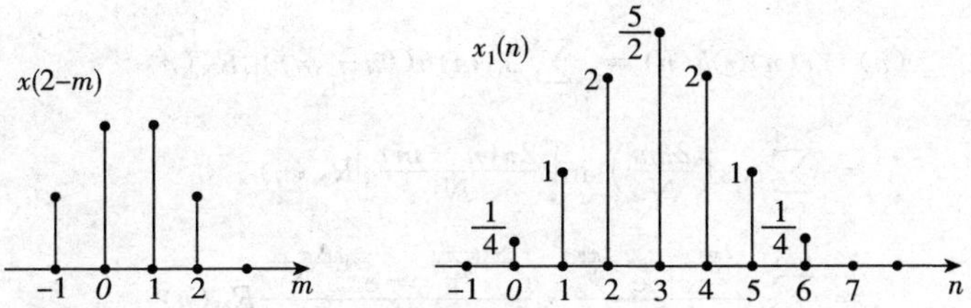

解图 9-17(a)

(2) 4 点圆卷积 $x_2(n)=x(n)⊛x(n)=\sum_{m=0}^{3}x(m)\cdot x((n-m))_4R_4(n)$

结果如解图 9-17(b) 所示。

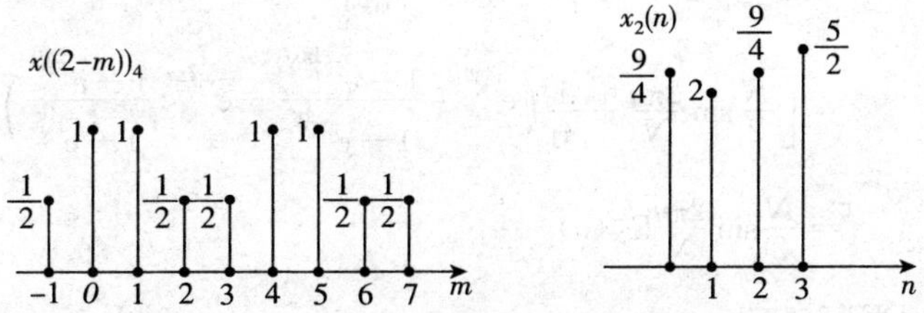

解图 9-17(b)

(3) 10 点圆卷积 $x_3(n)=\sum_{m=0}^{9}x(m)\cdot x((n-m))_{10}R_{10}(n)$

结果如解图 9-17(c) 所示。

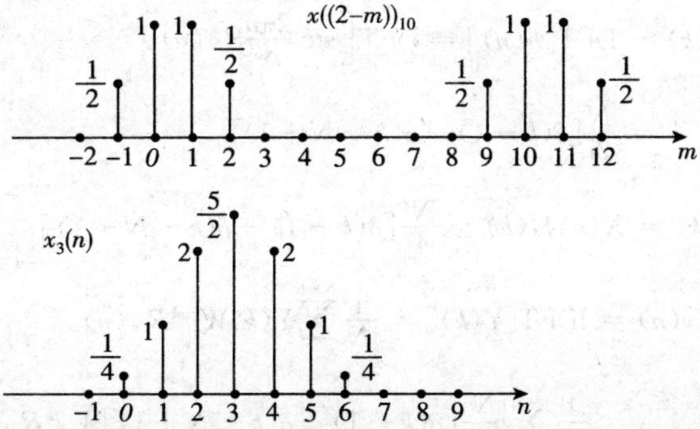

解图 9-17(c)

(4) 当对有限长序列补零扩展后的长度 $L \geqslant 4+4-1=7$ 时，线卷积与圆卷积结果相同，亦即长度 L 的最小值为 7。

9.18 知识点窍 比较两种方法的优缺点。

逻辑推理 DFT 方法中利用时域卷积定理求解。

解题过程 (1) 直接卷积：

$$
\begin{aligned}
y(n) &= x(n) \circledast h(n) = \sum_{m=-\infty}^{\infty} x(m)h((n-m))_{N} R_{N}(n) \\
&= \sum_{m=0}^{N-1} \cos\left(\frac{2\pi m}{N}\right) \sin\left[\frac{2\pi(n-m)}{N}\right] R_{N}(n) \\
&= \sum_{m=0}^{N-1} \frac{e^{j\frac{2\pi m}{N}} + e^{-j\frac{2\pi m}{N}}}{2} \cdot \frac{e^{j\frac{2\pi(n-m)}{N}} - e^{-j\frac{2\pi(n-m)}{N}}}{2j} R_{N}(n) \\
&= \sum_{m=0}^{N-1} \frac{1}{4j}\left[e^{j\frac{2\pi n}{N}} - e^{-j\frac{2\pi n}{N}} + e^{j\frac{2\pi(n-2m)}{N}} - e^{-j\frac{2\pi(n-2m)}{N}}\right] R_{N}(n) \\
&= \left[\sum_{m=0}^{N-1} \frac{1}{2}\sin\frac{2\pi n}{N} + \frac{1}{4j}\left(e^{j\frac{2\pi n}{N}} \sum_{m=0}^{N-1} e^{-j\frac{4\pi}{N}m} - e^{-j\frac{2\pi n}{N}} \sum_{m=0}^{N-1} e^{j\frac{4\pi}{N}m}\right)\right] R_{N}(n) \\
&= \left[\frac{N}{2}\sin\frac{2\pi n}{N} + \frac{1}{4j}\left(e^{j\frac{2\pi n}{N}} \cdot \frac{1-e^{-j\frac{4\pi}{N}N}}{1-e^{-j\frac{4\pi}{N}}} - e^{-j\frac{2\pi n}{N}}\ \frac{1-e^{j\frac{4\pi}{N}N}}{1-e^{j\frac{4\pi}{N}}}\right)\right] R_{N}(n) \\
&= \frac{N}{2}\sin\frac{2\pi n}{N} R_{N}(n)
\end{aligned}
$$

DFT 法：

$$
\begin{aligned}
X(k) &= \mathrm{DFT}[x(n)] = \mathrm{DFT}\left[\cos\frac{2\pi n}{N} R_{N}(n)\right] \\
&= \frac{N}{2}[\delta(k-1) + \delta(k-N+1)]
\end{aligned}
$$

$$
\begin{aligned}
H(k) &= \mathrm{DFT}[h(n)] = \mathrm{DFT}\left[\sin\frac{2\pi n}{N} R_{N}(n)\right] \\
&= \frac{N}{2j}[\delta(k-1) - \delta(k-N+1)]
\end{aligned}
$$

$$
Y(k) = X(k)H(k) = \frac{N^{2}}{4j}[\delta(k-1) - \delta(k-N+1)]
$$

故 $y(n) = \mathrm{IDFT}[Y(k)] = \dfrac{1}{N}\sum_{k=0}^{N-1} Y(k) W^{-nk} R_{N}(n)$

$$
= \frac{1}{N}\sum_{k=0}^{N-1} \frac{N^{2}}{4j}[\delta(k-1) - \delta(k-N+1)] W^{-nk} R_{N}(n)
$$

$$= \frac{N}{4\mathrm{j}}[W^{-n} - W^{-n(N-1)}]R_N(n)$$

$$= \frac{N}{4\mathrm{j}}[\mathrm{e}^{\mathrm{j}\frac{2\pi}{N}n} - \mathrm{e}^{\mathrm{j}\frac{2\pi n}{N}(N-1)}]R_N(n)$$

$$= \frac{N}{4\mathrm{j}}(\mathrm{e}^{\mathrm{j}\frac{2\pi}{N}n} - \mathrm{e}^{-\mathrm{j}\frac{2\pi}{N}n})R_N(n)$$

$$= \frac{N}{2}\sin\frac{2\pi n}{N}R_N(n)$$

两种方法结果一致。

(2) 直接卷积：

$$y(n) = x(n) \circledast x(n) = \sum_{m=-\infty}^{\infty} x(m)x((n-m))_N R_N(n)$$

$$= \sum_{m=0}^{N-1} \cos\frac{2\pi m}{N} \cdot \cos\left[\frac{2\pi(n-m)}{N}\right]R_N(n)$$

$$= \sum_{m=0}^{N-1} \frac{1}{4}(\mathrm{e}^{\mathrm{j}\frac{2\pi m}{N}} + \mathrm{e}^{-\mathrm{j}\frac{2\pi m}{N}})[\mathrm{e}^{\mathrm{j}\frac{2\pi(n-m)}{N}} + \mathrm{e}^{-\mathrm{j}\frac{2\pi(n-m)}{N}}]R_N(n)$$

$$= \sum_{m=0}^{N-1} \frac{1}{4}[\mathrm{e}^{\mathrm{j}\frac{2\pi n}{N}} + \mathrm{e}^{-\mathrm{j}\frac{2\pi n}{N}} + \mathrm{e}^{\mathrm{j}\frac{2\pi n}{N}} \cdot \mathrm{e}^{-\mathrm{j}\frac{4\pi m}{N}} + \mathrm{e}^{-\mathrm{j}\frac{2\pi n}{N}} \cdot \mathrm{e}^{\mathrm{j}\frac{4\pi m}{N}}] \cdot R_N(n)$$

$$= \frac{N}{2}\cos\frac{2\pi n}{N}R_N(n)$$

DFT 法：

$$X(k) = \frac{N}{2}[\delta(k-1) + \delta(k-N+1)]$$

$$Y(k) = X(k) \cdot X(k) = \frac{N^2}{4}[\delta(k-1) + \delta(k-N+1)]$$

故 $y(n) = \mathrm{IDFT}[y(k)] = \frac{1}{N}\sum_{k=0}^{N-1} Y(k)W^{-nk}R_N(n)$

$$= \frac{1}{N}\sum_{k=0}^{N-1} \frac{N^2}{4}[\delta(k-1) + \delta(k-N+1)]W^{-nk}R_N(n)$$

$$= \frac{N}{4}[\mathrm{e}^{\mathrm{j}\frac{2\pi n}{N}} + \mathrm{e}^{\mathrm{j}\frac{2\pi n}{N}(N-1)}]R_N(n)$$

$$= \frac{N}{4}(\mathrm{e}^{\mathrm{j}\frac{2\pi n}{N}} + \mathrm{e}^{-\mathrm{j}\frac{2\pi n}{N}})R_N(n)$$

$$= \frac{N}{2}\cos\frac{2\pi n}{N}R_N(n)$$

两种方法结果一致。

(3) 直接卷积：

$$y(n)=\sum_{m=-\infty}^{\infty}h(m)h((n-m))_N R_N(n)$$

$$=\sum_{m=0}^{N-1}\sin\frac{2\pi m}{N}\sin\frac{2\pi(n-m)}{N}R_N(n)$$

$$=\sum_{m=0}^{N-1}\frac{1}{2j}(e^{j\frac{2\pi m}{N}}-e^{-j\frac{2\pi m}{N}})\cdot\frac{1}{2j}[e^{j\frac{2\pi(n-m)}{N}}-e^{-j\frac{2\pi(n-m)}{N}}]R_N(n)$$

$$=-\frac{1}{4}\sum_{m=0}^{N-1}[e^{j\frac{2\pi n}{N}}+e^{-j\frac{2\pi n}{N}}-e^{-j\frac{2\pi(n-2m)}{N}}-e^{j\frac{2\pi(n-2m)}{N}}]R_N(n)$$

$$=-\frac{N}{2}\cos\frac{2\pi n}{N}R_N(n)$$

DFT 法:

$$H(k)=\frac{N}{2j}[\delta(k-1)-\delta(k-N+1)]$$

$$Y(k)=H(k)\cdot H(k)=-\frac{N^2}{4}[\delta(k-1)+\delta(k-N+1)]$$

故 $y(n)=\text{IDFT}[Y(k)]=\frac{1}{N}\sum_{k=0}^{N-1}Y(k)W^{-nk}R_N(n)$

$$=-\frac{1}{N}\sum_{k=0}^{N-1}\frac{N^2}{4}[\delta(k-1)+\delta(k-N+1)]W^{-nk}R_N(n)$$

$$=-\frac{N}{2}\cos\frac{2\pi n}{N}R_N(n)$$

9.19 **知识点窍** 考查 DFT 变换的性质,根据定义式进行数学变形、运算。

逻辑推理 根据已知 $x(n)$ 为纯虚序列,代入定义式,将 $X(k)$ 分解为实部、虚部相加的形式,分别考察其奇偶性。

解题过程 由于 $x(n)$ 是纯虚序列,故 $x(n)$ 可表示为

$x(n)=jx_1(n)$,$x_1(n)$ 为实序列。

据定义式

$$X(k)=\text{DFT}[x(n)]=\text{DFT}[jx_1(n)]=\sum_{n=0}^{N-1}[jx_1(n)][e^{-j\frac{2\pi}{N}nk}]$$

$$=\sum_{n=0}^{N-1}[jx_1(n)]\left[\cos\frac{2\pi nk}{N}-j\sin\frac{2\pi nk}{N}\right]$$

$$=\sum_{n=0}^{N-1}x_1(n)\sin\frac{2\pi nk}{N}+j\sum_{n=0}^{N-1}x_1(n)\cos\frac{2\pi nk}{N}$$

$$=X_r(k)+jX_i(k)\quad(0\leqslant k\leqslant N-1)$$

$$X_r(k) = \sum_{n=0}^{n-1} x_1(n)\sin\frac{2\pi nk}{N}$$

$$X_r(-k) = \sum_{n=0}^{N-1} x_1(n)\sin\frac{-2\pi nk}{N} = -\sum_{n=0}^{N-1} x_1(n)\sin\frac{2\pi nk}{N} = -X_r(k)$$

故 $X_r(k)$ 是 k 的奇函数。

而 $X_i(k) = \sum_{n=0}^{N-1} x_1(n)\cos\frac{2\pi nk}{N}$

$$X_i(-k) = \sum_{n=0}^{N-1} x_1(n)\cos\frac{-2\pi nk}{N} = \sum_{n=0}^{N-1} x_1(n)\cos\frac{2\pi nk}{N} = X_i(k)$$

故 $X_i(k)$ 是 k 的偶函数。

9.20 知识点窍 表 9-2 为 DFT 的奇偶虚实特性，按定义证明即可。应牢记对应不同区域特性时 DFT 的虚实奇偶特性。

逻辑推理 代入定义式证明。

解题过程 此题可按习题 9.3 的方法证明。

据定义有

$$X(k) = \sum_{n=0}^{N-1} x(n)e^{-j\frac{2\pi}{N}kn} = \sum_{n=0}^{N-1} x(n)\cos\frac{2\pi}{N}nk - j\sum_{n=0}^{N-1} x(n)\sin\frac{2\pi}{N}nk$$

当 $x(n)$ 是实偶函数时，由于 $\sin\frac{2\pi}{N}nk$ 是 n 的实奇函数，它们的积 $x(n)\sin\frac{2\pi}{N}nk$ 也是实奇函数，它在一个周期内的和应为零，于是

$$X(k) = \sum_{n=0}^{N-1} x(n)\cos\frac{2\pi}{N}kn$$

为 k 的实偶函数。

当 $x(n)$ 是实奇函数时，$x(n)\cos\frac{2\pi}{N}kn$ 是实奇函数，在一个周期内的和为零

$X(k) = -j\sum_{n=0}^{N-1} x(n)\sin\frac{2\pi}{N}kn$ 为 k 的虚奇函数。

如果 $x(n)$ 是虚函数，则令 $x(n) = jx_1(n)$，其中 $x_1(n)$ 为实函数，按上述方法同样可以证明：

当 $x(n)$ 为虚偶函数时，$X(k)$ 也是虚偶函数；

当 $x(n)$ 为虚奇函数时，$X(k)$ 为实奇函数。

9.21 知识点窍 熟悉教材表 9-2 中的几条性质，并将其灵活地运用于证明之中。

逻辑推理 $x_1(n)$ 和 $x_2(n)$ 为实序列，由 $x(n) = x_1(n) + jx_2(n)$，用 $x(n)$ 表示出 $x_1(n)$ 和 $x_2(n)$，

进一步表示其 DFT 之间的关系。

解题过程 因为 $x(n)=x_1(n)+\mathrm{j}x_2(n)$　$x_1(n)$、$x_2(n)$ 为实序列

所以 $x^*(n)=x_1(n)-\mathrm{j}x_2(n)$

于是 $x_1(n)=\frac{1}{2}[x(n)+x^*(n)]$

$\mathrm{j}x_2(n)=\frac{1}{2}[x(n)-x^*(n)]$

$\mathrm{DFT}[x_1(n)]=X_1(k)=\frac{1}{2}\{\mathrm{DFT}[x(n)]+\mathrm{DFT}[x^*(n)]\}$

$\mathrm{DFT}[\mathrm{j}x_2(n)]=X_2(k)=\frac{1}{2}\{\mathrm{DFT}[x(n)]-\mathrm{DFT}[x^*(n)]\}$

又 $\mathrm{DFT}[x(n)]=X(k)$

$$\mathrm{DFT}[x^*(n)]=\sum_{n=0}^{N-1}x^*(n)W^{nk}=[\sum_{n=0}^{N-1}x(n)W^{-nk}]^*$$

由于 W^{nk} 是 N 的周期函数，而有 $W^{(N-k)n}=W^{-nk}$

$$\text{于是}\quad \mathrm{DFT}[x^*(n)]=[\sum_{n=0}^{N-1}x(n)W^{-nk}]^*=[\sum_{n=0}^{N-1}x(n)W^{(N-k)n}]^*=X^*(N-k)$$

$$\text{因此}\quad X_1(k)=\frac{1}{2}[X(k)+X^*(N-k)]$$

$$X_2(k)=\frac{1}{2}[X(k)-X^*(N-k)]$$

9.22 **知识点窍** 帕塞瓦尔定理：

若 $\mathrm{DFT}[x(n)]=X(k)$，则 $\sum_{n=0}^{N-1}|x(n)|^2=\frac{1}{N}\sum_{n=0}^{N-1}|X(k)|^2$

如果 $x(n)$ 为实序列，则有 $\sum_{n=0}^{N-1}x^2(n)=\frac{1}{N}\sum_{n=0}^{N-1}|X(k)|^2$

逻辑推理 直接由所求结果对比验证。

解题过程
$$X(k)=\mathrm{DFT}[x(n)]=\sum_{n=0}^{N-1}R_{\mathrm{N}}(n)W^{nk}=\sum_{n=0}^{N-1}W^{nk}$$

$$=\frac{1-W^{kN}}{1-W^k}\quad(k\neq 0)=\frac{1-\mathrm{e}^{-\mathrm{j}\frac{2\pi}{N}Nk}}{1-\mathrm{e}^{-\mathrm{j}\frac{2\pi}{N}k}}=0$$

若 $k=0$，则 $X(k)=\sum_{n=0}^{N-1}1=N$，故 $X(k)=N\delta(k)$

帕塞瓦尔定理：$\sum_{n=0}^{N-1}|x(n)|^2=\frac{1}{N}\sum_{k=0}^{N-1}|X(k)|^2$

此题中 $\sum_{n=0}^{N-1}|x(n)|^2=\sum_{n=0}^{N-1}1=N$

$$\frac{1}{N}\sum_{k=0}^{N-1}|X(k)|^2=\frac{1}{N}\sum_{k=0}^{N-1}|N\delta(k)|^2=N$$

故帕塞瓦尔定理成立。

9.23 **知识点窍** 考查 DFT 的性质。

逻辑推理 灵活运用 DFT 的定义式，进行变量置换以求证。

解题过程 由逆变换定义 $x(n)=\frac{1}{N}\sum_{k=0}^{N-1}X(k)W^{-nk}$，所以 $x(-n)=\frac{1}{N}\sum_{k=0}^{N-1}X(k)W^{nk}$

将变量 n、k 互换，则有 $Nx(-k)=\sum_{n=0}^{N-1}X(n)W^{nk}$

由于 n、k 的取值范围都是 $0\sim N-1$，由离散傅里叶变换的定义有

$\text{DFT}[X(n)]=Nx(-k)R_N(n)$

9.24 **知识点窍** 对上一章的 z 变换进行复习，由 z 变换求频响特性。

令 $z=e^{j\omega}$，然后由频响特性作幅度特性曲线。

逻辑推理 第(1)、(2) 题直接由定义式求解，第(3) 题令 $z=e^{j\omega}$，进而求出幅度特性。

解题过程 (1) $\mathscr{Z}[x(n)]=\sum_{n=0}^{\infty}x(n)z^{-n}=\sum_{n=0}^{\infty}R_N(n)z^{-n}$

$$=\sum_{n=0}^{\infty}z^{-n}=\sum_{n=0}^{N-1}z^{-n}$$

$$=\frac{1-z^{-N}}{1-z^{-1}}\quad(|z|>0)$$

(2) $\text{DFT}[x(n)]=\sum_{n=0}^{N-1}R_N(n)W^{nk}=N\delta(k)$ （习题 9.22 的结果）

(3) $X(e^{j\omega})=X(z)|_{z=e^{j\omega}}=\frac{1-e^{-jN\omega}}{1-e^{-j\omega}}=\frac{e^{-j\frac{N\omega}{2}}(e^{j\frac{N\omega}{2}}-e^{-j\frac{N\omega}{2}})}{e^{-j\frac{\omega}{2}}(e^{j\frac{\omega}{2}}-e^{-j\frac{\omega}{2}})}$

$$=\frac{\sin\frac{N\omega}{2}}{\sin\frac{\omega}{2}}e^{-j\frac{(N-1)\omega}{2}}=\underbrace{\left|\frac{\sin\frac{N\omega}{2}}{\sin\frac{\omega}{2}}\right|}_{\text{幅度响应}}\underbrace{e^{-j\frac{(N-1)\omega}{2}+j\theta(\omega)}}_{\text{相位响应}}$$

由于对$\dfrac{\sin\frac{N\omega}{2}}{\sin\frac{\omega}{2}}$取绝对值时，分子分母符号可能不同，因而相位特性有一个 $\theta(\omega)$，$\theta(\omega)$ 可能为 0 或 π。幅度特性曲线如解图 9-24 所示(设 $N=6$)。

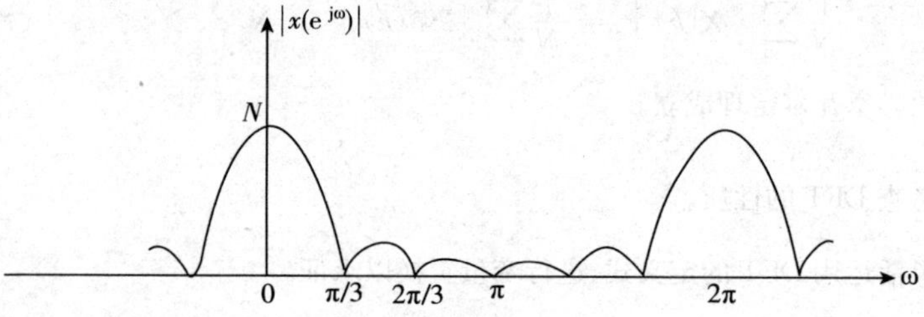

解图 9-24

9.25 知识点窍 考查 DFT 的性质，如线性、时移特性、频移特性等，详见本章知识点归纳。

逻辑推理 将各序列的表示式代入定义式，寻找其与 $x(n)$ 的 DFT$[X(k)]$之间的联系，解题时要灵活运用 W^{nk} 的性质(其中主要是周期性)，需要时适当作变量代换。(7) 小题涉及了多种序列变换，进一步加强对 DFT 及其运算的熟练程度。

解题过程

(1) $$\mathrm{DFT}[x_1(n)]=\sum_{n=0}^{N-1}x(N-1-n)W^{nk}=\sum_{m=0}^{N-1}x(m)W^{(N-1-m)k}$$
$$=W^{(N-1)k}\sum_{m=0}^{N-1}x(m)W^{-mk}=W^{(N-1)k}X(-k)=W^{-k}X(-k)$$

(2) $$\mathrm{DFT}[x_2(n)]=\sum_{n=0}^{N-1}(-1)^n x(n)W^{nk}=\sum_{n=0}^{N-1}x(n)\mathrm{e}^{\mathrm{j}n\pi}W^{nk}$$
$$=\sum_{n=0}^{N-1}x(n)W^{-\frac{nN}{2}}W^{nk}=\sum_{n=0}^{N-1}x(n)W^{n\left(k-\frac{N}{2}\right)}$$
$$=X\left(k-\frac{N}{2}\right)$$

(3) $$\mathrm{DFT}[x_3(n)]=\sum_{n=0}^{2N-1}x_3(n)W_{2\mathrm{N}}^{nk}=\sum_{n=0}^{2N-1}x_3(n)W^{n\frac{k}{2}}$$
$$=\sum_{n=0}^{N-1}x(n)W^{\frac{nk}{2}}+\sum_{n=N}^{2N-1}x(n-N)W^{\frac{nk}{2}}$$
$$=X\left(\frac{k}{2}\right)+\sum_{m=0}^{N-1}x(m)W^{\frac{(N+m)}{2}k}=(1+W^{\frac{Nk}{2}})X\left(\frac{k}{2}\right)$$

$$= [1+(-1)^k]X\left(\frac{k}{2}\right)$$

(4) $\text{DFT}[x_4(n)] = \sum_{n=0}^{\frac{N}{2}-1}\left[x(n)+x\left(n+\frac{N}{2}\right)\right]W_{\frac{N}{2}}^{nk}$

$$= \sum_{n=0}^{\frac{N}{2}-1}\left[x(n)+x\left(n+\frac{N}{2}\right)\right]W^{2nk}$$

$$= \sum_{n=0}^{\frac{N}{2}-1}x(n)W^{2nk} + \sum_{n=0}^{\frac{N}{2}-1}x\left(n+\frac{N}{2}\right)W^{2nk}$$

$$= \sum_{n=0}^{\frac{N}{2}-1}x(n)W^{2nk} + \sum_{m=\frac{N}{2}}^{N-1}x(m)W^{2mk}W^{-Nk}$$

$$= \sum_{n=0}^{N-1}x(n)W^{2nk} = X(2k) \quad (\text{因为 } W^{-Nk}=1)$$

(5) $\text{DFT}[x_5(n)] = \sum_{n=0}^{2N-1}x_5(n)W_{2N}^{nk} = \sum_{n=0}^{N-1}x(n)\cdot W^{\frac{nk}{2}} = X\left(\frac{k}{2}\right)$

(6) $\text{DFT}[x_6(n)] = \sum_{n=0}^{N-1}x_6(n)W^{nk} = \sum_{n=0}^{2N-1}x\left(\frac{n}{2}\right)W_{2N}^{nk}$

$$= \sum_{n=0,2,4}^{2(N-1)}x\left(\frac{n}{2}\right)W_{2N}^{nk} = \sum_{m=0}^{N-1}x(m)W_{2N}^{2mk} = \sum_{m=0}^{N-1}x(m)W^{mk} = X(k)$$

(7) $\text{DFT}[x_7(n)] = \sum_{n=0}^{\frac{N}{2}-1}x(2n)W_{\frac{N}{2}}^{nk} = \sum_{n=0}^{N-1}x(n)\left[\frac{1+(-1)^n}{2}\right]W_{\frac{N}{2}}^{nk}$

$$= \sum_{n=0}^{N-1}x(n)\left[\frac{1+(-1)^n}{2}\right]W^{nk}$$

$$= \frac{1}{2}\left[\sum_{n=0}^{N-1}x(n)W^{nk} + \sum_{n=0}^{N-1}(-1)^n x(n)W^{nk}\right]$$

$$= \frac{1}{2}\left[X(k)+X\left(k-\frac{N}{2}\right)\right] \quad (\text{利用(2)小题的结果})$$

9.26 **知识点窍** 本题考查有关快速傅里叶变换(FFT)的知识点。对于$N=4$的DFT运算，写成矩阵形式为

$$\begin{bmatrix}X(0)\\X(1)\\X(2)\\X(3)\end{bmatrix} = \begin{bmatrix}W^0 & W^0 & W^0 & W^0\\W^0 & W^1 & W^2 & W^3\\W^0 & W^2 & W^4 & W^6\\W^0 & W^3 & W^6 & W^9\end{bmatrix}\begin{bmatrix}x(0)\\x(1)\\x(2)\\x(3)\end{bmatrix}$$

(即教材中式(9-76))，完成此运算N^2次复数乘法和$N(N-1)$次复数加法。为简化

计算，利用 W^{nk} 的周期性及对称法，提出了 FFT，即将 N 点 DFT 分解为两组 $\dfrac{N}{2}$ 点 DFT，然后求和；再将 $\dfrac{N}{2}$ 点分解为 $\dfrac{N}{4}$ 点，如此继续，可大大简化计算。

逻辑推理 本题提出一种库利 — 图基 FFT 算法，其实质是对式(9-76) 中 W 矩阵的分解简化，证明时只需将其相乘合并即可验证是否一致。然后观察其矩阵特点与输出码位顺序，可知所对应的流程图。

解题过程

$$\begin{bmatrix} X(0) \\ X(2) \\ X(1) \\ X(3) \end{bmatrix} = \begin{bmatrix} 1 & W^0 & 0 & 0 \\ 1 & -W^0 & 0 & 0 \\ 0 & 0 & 1 & W^1 \\ 0 & 0 & 1 & -W^1 \end{bmatrix} \begin{bmatrix} 1 & 0 & W^0 & 0 \\ 0 & 1 & 0 & W^0 \\ 1 & 0 & -W^0 & 0 \\ 0 & 1 & 0 & -W^0 \end{bmatrix} \begin{bmatrix} x(0) \\ x(1) \\ x(2) \\ x(3) \end{bmatrix}$$

$$= \begin{bmatrix} 1 & W^0 & W^0 & W^0 \\ 1 & -W^0 & W^0 & -W^0 \\ 1 & W^1 & -W^0 & -W^1 \\ 1 & -W^1 & -W^0 & W^1 \end{bmatrix} \begin{bmatrix} x(0) \\ x(1) \\ x(2) \\ x(3) \end{bmatrix}$$

由于 W 以 4 为周期，从而有 $W^3 = -W^1$，$W^2 = -W^0$，故式(9-76) 可化为

$$\begin{bmatrix} X(0) \\ X(1) \\ X(2) \\ X(3) \end{bmatrix} = \begin{bmatrix} W^0 & W^0 & W^0 & W^0 \\ W^0 & W^1 & W^2 & W^3 \\ W^0 & W^2 & W^4 & W^6 \\ W^0 & W^3 & W^6 & W^9 \end{bmatrix} \begin{bmatrix} x(0) \\ x(1) \\ x(2) \\ x(3) \end{bmatrix}$$

$$= \begin{bmatrix} W^0 & W^0 & W^0 & W^0 \\ W^0 & W^1 & -W^0 & -W^1 \\ W^0 & -W^0 & W^0 & -W^0 \\ W^0 & -W^1 & -W^0 & W^1 \end{bmatrix} \begin{bmatrix} x(0) \\ x(1) \\ x(2) \\ x(3) \end{bmatrix}$$

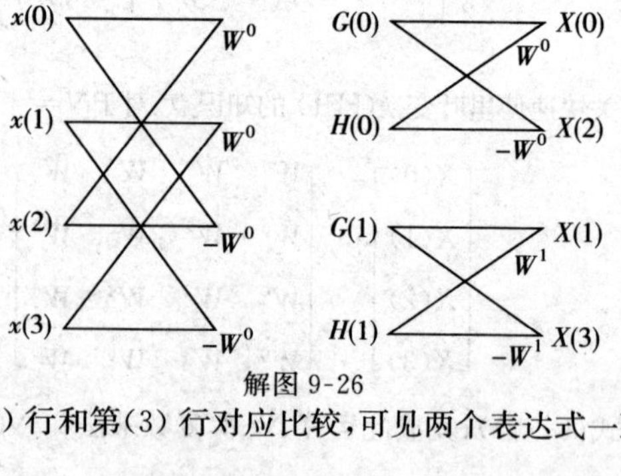

解图 9-26

将矩阵第(2) 行和第(3) 行对应比较，可见两个表达式一致($W^0 = 1$)。

观察库利—图基FFT算法中的子矩阵,可知其相乘过程与教材图9-17对应,如解图9-26所示。

9.27 知识点窍 自然顺序与码位倒读顺序。

逻辑推理 对整个流程图进行"平移"即可达到题目要求。

解题过程 修改后的流程图如解图9-27所示。

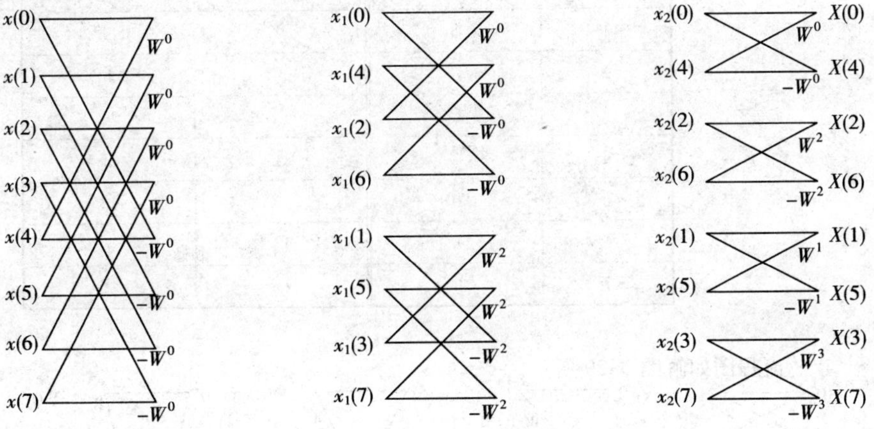

解图9-27

9.28 知识点窍 输入、输出序列顺序对存储设备结构的影响。

逻辑推理 将第一级DFT运算转换成输入、输出序列都为自然顺序后,整个流程图的最后输出序列即为自然顺序。

解题过程 修改后的流程图如解图9-28所示。

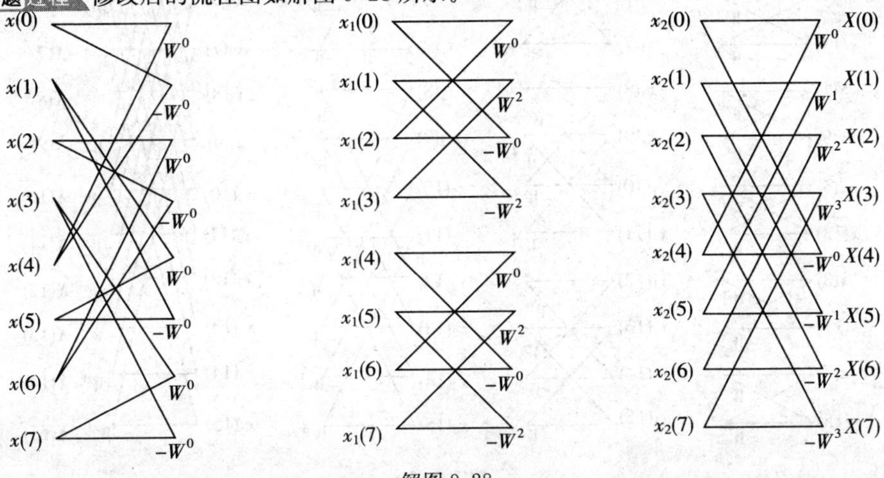

解图9-28

此结构的缺陷是不能实行“即位运算”,需要较多存储器。

9.29 逻辑推理 全部计算可分为四级。

解题过程 输入序列按码位倒读顺序排列如下表所示。

自然顺序	码位倒读顺序	自然顺序	码位倒读顺序
0	0	8	1
1	8	9	9
2	4	10	5
3	12	11	13
4	2	12	3
5	10	13	11
6	6	14	7
7	14	15	15

流程图如解图 9-29 所示。

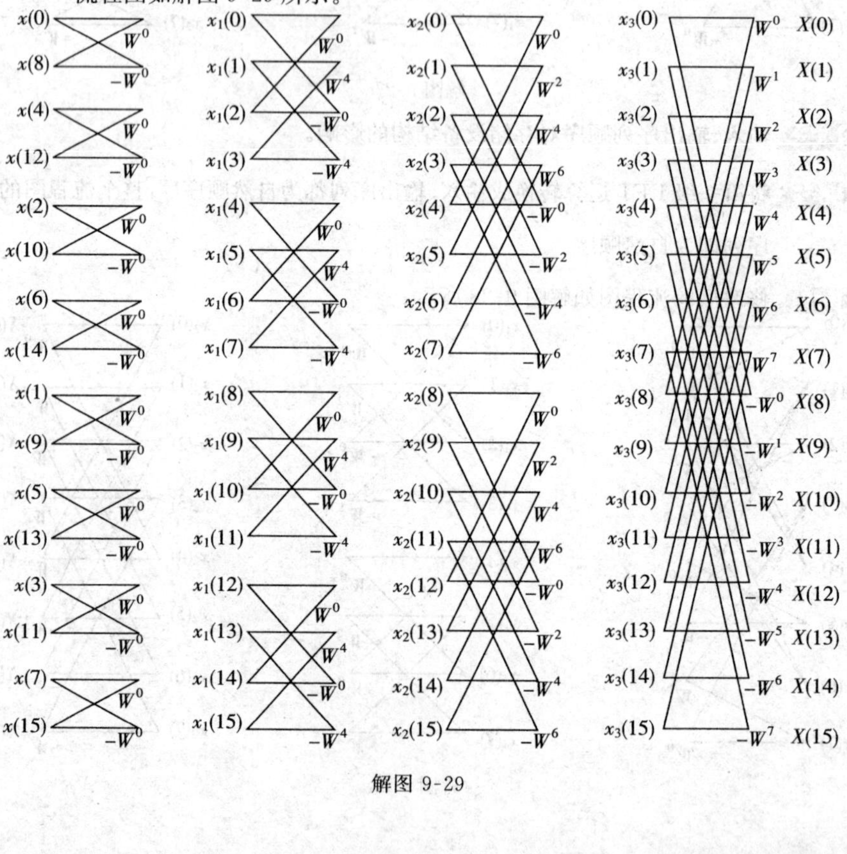

解图 9-29

9.30 知识点窍 考查对 FFT 算法表达式的理解。

逻辑推理 按定义对 $x(n)$ 进行 DFT 运算，然后按 k 的奇偶数将 $X(k)$ 分开。

解题过程

$$X(k)=\sum_{n=0}^{N-1}x(n)W_N^{nk}=\sum_{n=0}^{\frac{N}{2}-1}x(n)W_N^{nk}+\sum_{n=N/2}^{N-1}x(n)W_N^{nk}$$

$$=\sum_{n=0}^{N-1}x(n)W_N^{nk}+\sum_{n=0}^{\frac{N}{2}-1}x\left(n+\frac{N}{2}\right)W_N^{\left(n+\frac{N}{2}\right)k}$$

$$=\sum_{n=0}^{\frac{N}{2}-1}\left[x(n)+W_N^{\frac{N}{2}k}\cdot x\left(n+\frac{N}{2}\right)\right]W_N^{nk}$$

$$=\sum_{n=0}^{\frac{N}{2}-1}\left[x(n)+(-1)^k x\left(n+\frac{N}{2}\right)\right]W_N^{nk}$$

将 $X(k)$ 按 k 的奇偶数分开，从而得到两个 $\frac{N}{2}$ 点 DFT。

当 $k=2r$ 时，$(-1)^k=1$，于是

$$X(2r)=\sum_{n=0}^{\frac{N}{2}-1}\left[x(n)+x\left(n+\frac{N}{2}\right)\right]W_N^{n\cdot 2r}=\sum_{n=0}^{\frac{N}{2}-1}H(n)W_{\frac{N}{2}}^{nr}$$

当 $k=2r+1$ 时，$(-1)^k=-1$，于是

$$X(2r+1)=\sum_{n=0}^{\frac{N}{2}-1}\left[x(n)-x\left(n+\frac{N}{2}\right)\right]W_N^{n(2r+1)}$$

$$=\sum_{n=0}^{\frac{N}{2}-1}\left[x(n)-x\left(n+\frac{N}{2}\right)\right]W_N^{n}\cdot W_N^{n\cdot 2r}$$

$$=\sum_{n=0}^{\frac{N}{2}-1}G(n)W_{\frac{N}{2}}^{nr}$$

而 $X(k)=X(2r)+X(2r+1)$

9.31 知识点窍 按频率抽取的 FFT 算法。

逻辑推理 直接利用题 9.30 导出的结果进行计算。

解题过程 由题 9.30 结果可得

$$X(0)=\sum_{n=0}^{1}H(n)=H(0)+H(1)$$

$$X(2)=\sum_{n=0}^{1}H(n)W_2^n=H(0)+H(1)W_2^1$$

$$X(1)=\sum_{n=0}^{1}G(n)=G(0)+G(1)$$

$$X(3)=\sum_{n=0}^{1}G(n)W_2^n=G(0)+G(1)W_2^1$$

蝶形流程图如解图 9-31 所示。

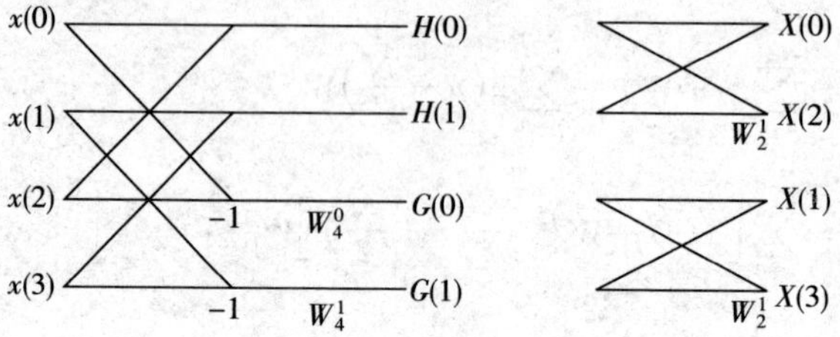

解图 9-31

9.32 逻辑推理 将输入序列改为码位倒读顺序后，输出序列即为自然顺序。

解题过程 修改后的流程图如解图 9-32 所示。

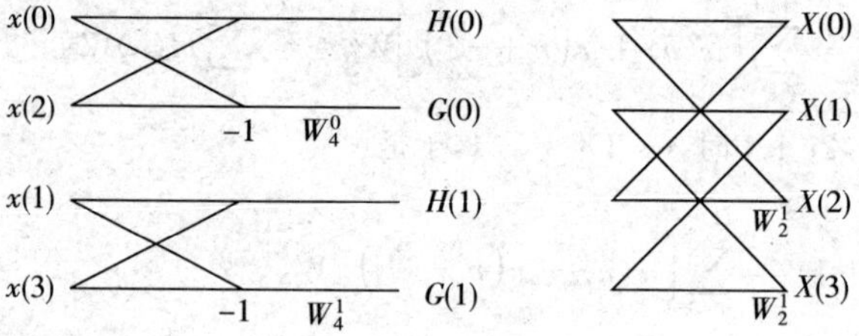

解图 9-32

9.33 知识点窍 三种桑德—图基 FFT 算法的优缺点比较。

解题过程 修改后的流程图如解图 9-33 所示。

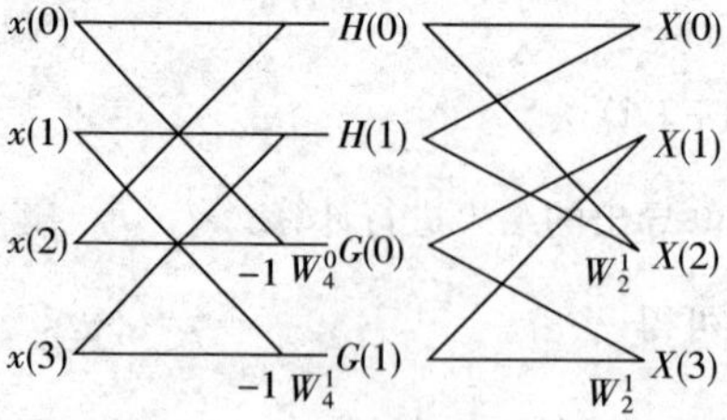

解图 9-33

题 9.31 和题 9.32 的流程图可进行“即位运算”，所需存储器少，但它们的输入或输出存在混序。而题 9.33 的算法虽然输入输出都不存在混序，但它不能进行"即位运算"，需要较多的存储器。

9.34 知识点窍 FFT 算法的实际应用。

逻辑推理 利用 FFT 计算对连续时间信号分析的逼近。

解题过程 (1) 由于 $f_1 \leqslant 5\text{Hz}$，所以 $T_1 = \dfrac{1}{f_1} \geqslant \dfrac{1}{5} = 0.2\text{s}$

(2) 由于 $T_s \leqslant \dfrac{1}{2f_1}$，而最高频率 $f_h \leqslant 1.25\text{kHz}$

故 $T_s \leqslant \dfrac{1}{2\times 1.25\times 10^3} = 0.4\text{ms}$，取 $T_s = 0.4\text{ms}$

(3) 由于 $N = \dfrac{T_1}{T_s}$，故 $N \geqslant \dfrac{0.2}{0.4\times 10^{-3}} = 500$

一般要求 N 为 2 的整数幂，故取 $N = 2^9 = 512$

所以 $T_1 = NT_s = 512\times 0.4\times 10^{-3} = 0.2048\text{s}$

9.35 知识点窍 DWT 算法的基本理论。

逻辑推理 利用变换矩阵$[W_N]$求 DWT。

解题过程 (1) $[X] = \dfrac{1}{4}\begin{bmatrix}1 & 1\\ 1 & -1\end{bmatrix}\begin{bmatrix}1 & 2\\ 1 & 2\end{bmatrix}\begin{bmatrix}1 & 1\\ 1 & -1\end{bmatrix}$

$$= \frac{1}{4}\begin{bmatrix}1 & 1\\ 1 & -1\end{bmatrix}\begin{bmatrix}3 & -1\\ 3 & -1\end{bmatrix}$$

$$= \frac{1}{4}\begin{bmatrix}6 & -2\\ 0 & 0\end{bmatrix} = \begin{bmatrix}\frac{3}{2} & -\frac{1}{2}\\ 0 & 0\end{bmatrix}$$

(2) $[X] = \dfrac{1}{4}\begin{bmatrix}1 & 1\\ 1 & -1\end{bmatrix}\begin{bmatrix}1 & 1\\ 2 & 2\end{bmatrix}\begin{bmatrix}1 & 1\\ 1 & -1\end{bmatrix}$

$$= \frac{1}{4}\begin{bmatrix}1 & 1\\ 1 & -1\end{bmatrix}\begin{bmatrix}2 & 0\\ 4 & 0\end{bmatrix} = \frac{1}{4}\begin{bmatrix}6 & 0\\ -2 & 0\end{bmatrix} = \begin{bmatrix}\frac{3}{2} & 0\\ -\frac{1}{2} & 0\end{bmatrix}$$

(3) $[X] = \dfrac{1}{4}\begin{bmatrix}1 & 1\\ 1 & -1\end{bmatrix}\begin{bmatrix}1 & 2\\ 2 & 1\end{bmatrix}\begin{bmatrix}1 & 1\\ 1 & -1\end{bmatrix}$

$$= \frac{1}{4}\begin{bmatrix}1 & 1\\ 1 & -1\end{bmatrix}\begin{bmatrix}3 & -1\\ 3 & 1\end{bmatrix} = \frac{1}{4}\begin{bmatrix}6 & 0\\ 0 & -2\end{bmatrix} = \begin{bmatrix}\frac{3}{2} & 0\\ 0 & -\frac{1}{2}\end{bmatrix}$$

对于题(1),加权系数 $X(0,1)$ 和 $X(1,1)$ 都为零,表示给定的二维数据中不包括这两个分量。而加权系数 $X(0,0)=\frac{3}{2}$,$X(1,0)=-\frac{1}{2}$;利用这两张基础图经加权组合,即可得到与给定的[X] 数据一致的平面图像(即左半等于 1,右半等于 2)。

类似地,对于题(2),基础图 $X(0,0)$ 与 $X(0,1)$ 组成上半等于 1,下半等于 2 的平面图像。题(3) 中 $X(0,0)$ 与 $X(1,1)$ 构成 1,2 交错的二维数据。

9.36 知识点窍 DCT 变换的简化。

逻辑推理 把 $x(n)$ 在时域内作补零延拓,将 DCT 定义式改写并化简。

解题过程 把 $x(n)$ 作如下的时域延拓,以 $x_e(n)$ 表示。

$$x_e(n) = \begin{cases} x(n) & (n=0,1,2,\cdots,N-1) \\ 0 & (n=N,N+1,\cdots,4N-1) \end{cases}$$

DCT 定义表达式可改写为

$$C(0) = \frac{1}{\sqrt{N}}\sum_{n=0}^{4N-1} x_e(n)$$

$$C(k) = \sqrt{\frac{2}{N}}\sum_{n=0}^{4N-1} x_e(n)\cos\left[\frac{(2n+1)}{2N}k\pi\right]$$

$$= \sqrt{\frac{2}{N}}\mathrm{Re}\left[\sum_{n=0}^{4N-1} x_e(n)\mathrm{e}^{-\mathrm{j}\frac{(2n+1)}{2N}k\pi}\right]$$

$$= \sqrt{\frac{2}{N}}\mathrm{Re}\left[\sum_{n=0}^{2N-1} x_e(n)\mathrm{e}^{-\mathrm{j}\frac{(2n+1)}{2N}k\pi} + \sum_{n=2N}^{4N-1} x_e(n)\mathrm{e}^{-\mathrm{j}\frac{(2n+1)}{2N}k\pi}\right]$$

$$= \sqrt{\frac{2}{N}}\mathrm{Re}\left[\sum_{n=0}^{2N-1} x_e(n)\mathrm{e}^{-\mathrm{j}\frac{(2n+1)}{2N}k\pi} + \sum_{m=0}^{2N-1} x_e(m+2N)\mathrm{e}^{-\mathrm{j}\frac{[2(m+2N)+1]}{2N}k\pi}\right]$$

$$= \sqrt{\frac{2}{N}}\mathrm{Re}\left[\sum_{n=0}^{2N-1} x_e(n)\mathrm{e}^{-\mathrm{j}\frac{(2n+1)}{2N}k\pi} + \sum_{m=0}^{2N-1} x_e(m+2N)\mathrm{e}^{-\mathrm{j}\frac{(2n+1)}{2N}k\pi}\right]$$

$$= \sqrt{\frac{2}{N}}\mathrm{Re}\left\{\sum_{n=0}^{2N-1}[x_e(n)+x_e(n+2N)]\mathrm{e}^{-\mathrm{j}\frac{(2n+1)}{2N}k\pi}\right\}$$

令 $g(n)=x_{\mathrm{e}}(n)+x_{\mathrm{e}}(n+2N)$

则 $C(k)=\sqrt{\dfrac{2}{N}}\mathrm{Re}[\mathrm{e}^{-\mathrm{j}\frac{k\pi}{2N}}G(k)]$

式中 $G(k)$ 为 $g(n)$ 的 $2N$ 点 DFT。

为求得 DCT 正变换，可以先求得序列 $g(n)$ 的 $2N$ 点 DFT，这样可省去复数乘法运算，降低了计算的复杂度。

第十章

模拟与数字滤波器

考试要求

掌握滤波器的原理及设计的初步概念和方法;通过本章对以前各章的内容进行综合复习,加深印象;体验如何把信号与系统的基本理论和方法付诸应用。

知识点归纳

■ 网络分析与网络综合

给定系统结构及参数,求激励作用下系统的响应,称为系统分析。

给出激励信号及响应,求满足此要求的具体内容结构及其系数,或者说给出网络的系统函数 $H_a(s) = R(s)/E(s)$,称为网络综合。

- 一端口网络:激励和响应在网络的同一端口

  策动点阻抗函数:$Z(s) = V(s)/I(s)$

  策动点导纳函数:$Y(s) = I(s)/V(s)$

- 福斯特(Foster) 综合法:对 $Z(s)$ 或 $Y(s)$ 作部分分式展开,将每项所对应的电路结构相加组合得到所需网络结构。
- 考尔(Cauer) 综合法:其电路结构为梯形结构,分为Ⅰ型、Ⅱ型,对应不同的表达式写法。
- 二端口网络综合:"插入衰减法"或"工作参数法"。

  第一步,按给定的频率响应特性寻求一种可实现的有理函数 $H_a(s)$,即逼近(approximation)。

  第二步,由选定的 $H_a(s)$ 实现二端口网络的电路结构和参数值。

● 模拟滤波器的逼近：给定频率特性模平方 $|H_a(j\Omega)|^2$，求系统函数 $H_a(s)$。

● 巴特沃思(Butter worth) 滤波器：最平响应特性滤波器。

其幅频特性模平方为：$|H_a(j\Omega)|^2=\left(\dfrac{1}{\sqrt{1+\left(\dfrac{\Omega}{\Omega_c}\right)^{2N}}}\right)^2$

N 为滤波器阶数，Ω_c 为滤波器截止角频率。

$\Omega=\Omega_c$ 时，$|H_a(j\Omega)|^2=\dfrac{1}{2}$，称 Ω_c 为滤波器半功率点。

特性：最大平坦性，通带、阻带下降的单调性，3dB 不变性。

● 切比雪夫(chebyshev) Ⅰ 型滤波器：通带等波纹滤波器。

其幅频特性模平方为：$|H_a(j\Omega)|^2=\left[\dfrac{1}{\sqrt{1+\varepsilon^2 T_N^2\left(\dfrac{\Omega}{\Omega_c}\right)}}\right]^2$

ε：决定通带内起伏大小的波纹参数。

$T_N(x)$ 是第一类切比雪夫多项式，定义为：

$$T_N(x)=\begin{cases}\cos(N\arccos x) & |x|\leqslant 1\\ \cosh(N\,\mathrm{arccosh}x) & |x|>1\end{cases}$$

特性：(1) 所有曲线在 $\Omega=\Omega_c$ 时通过 $\dfrac{1}{\sqrt{1+\varepsilon^2}}$ 点，称 Ω_c 为其截止角频率。

(2) 通带内 $\left|\dfrac{\Omega}{\Omega_c}\right|\leqslant 1$，$|H_a(j\Omega)|$ 在 1 和 $\dfrac{1}{\sqrt{1+\varepsilon^2}}$ 间变化；

通带外 $\left|\dfrac{\Omega}{\Omega_c}\right|>1$，$|H_a(j\Omega)|$ 单调下降，速度为 $20N$ dB/s。

(3) N 为奇数，$H_a(j0)=1$；N 为偶数，$H_a(j0)=\dfrac{1}{\sqrt{1+\varepsilon^2}}$。

(4) 相频特性非线性。

● 频率变换对应关系

高通 — 低通归一化频率关系

归一化低通原型 Ω'	归一化高通频率 λ
0	$\pm\infty$
$\Omega'_r=1$	$\lambda'_r=-1$
Ω'_s	$-\dfrac{1}{\lambda_s}$
$\pm\infty$	0
$\pm\Omega'$	$\mp\dfrac{1}{\lambda}$

低通 — 高通归一化带通频率关系

低通原型频率 Ω'	归一化带通频率 λ
0	$\pm\lambda_0$
$\Omega'_c = 1$	λ_{p_2}
$\Omega'_c = -1$	λ_{p_1}
Ω'_s	λ_{s_2}
$-\Omega'_s$	λ_{s_1}
∞	$\pm\infty$
$-\infty$	0

● 无限冲激响应(IIR) 数字滤波器 $H(z) = \dfrac{\sum\limits_{r=0}^{M} b_r z^{-r}}{1 + \sum\limits_{k=1}^{N} a_k z^{-k}}$

设计流程：

给定数字滤波器技术指标
↓
转换为模拟滤波器指标
↓
设计模拟滤波器 $H_a(s)$
↓ s 域与 z 域映射
求得要求的数字滤波器 $H(z)$

方法：

(1) 冲激响应不变法。

只讨论 $H_a(s)$ 具有单阶极点的情况。$h(n)$(数字滤波器的单位样值响应) 为 $h_a(t)$(模拟滤波器的冲激响应) 的等间隙抽样。

首先，将 $H_a(s)$ 部分分式展开：$H_a(s) = \sum\limits_{k=1}^{N} \dfrac{A_k}{s - s_k}$

其次，将 s 平面极点 s_k 映射成 z 平面极点 $e^{s_k T}$。

$$H(z) = \sum_{k=1}^{N} \frac{A_k}{1 - e^{s_k T} z^{-1}}$$

$$H(z)\Big|_{z=e^{sT}} = \frac{1}{T}\sum_{k=-\infty}^{\infty} H_a\left(s + j\frac{2\pi}{T}k\right) \qquad (z \to s, \text{多值对应})$$

进而有 $H(e^{j\omega}) = \dfrac{1}{T}\sum\limits_{k=-\infty}^{\infty} H_a\left(j\dfrac{\omega}{T} + j\dfrac{2n}{T}k\right)$

缺点：s 域与 z 域的映射关系具有多值性，在频域有混叠失真。

(2) 双线性变换法。

设计思想：算法逼近(冲激响应不变法是波形逼近，$h(n) = h_a(nT)$)，用差分近似微分，用相邻两个采样的平均值近似微分方程中的瞬时值，将 AF(Analog Filter) 的微分方程变为差分方程，经 z 变换得 $H(z)$。

映射公式：$H(z)=H_a(s)\Big|_{s=\frac{2}{T}\frac{1-z^{-1}}{1+z^{-1}}}$

T 为采样间隔，ω 与 Ω 的关系为： $\Omega=\frac{2}{T}\tan\frac{\omega}{2}$

缺点：存在非线性频率失真。

- 有限冲激响应(FIR) 数字滤波器 $H(z)=\sum_{k=0}^{N-1}b_k z^{-k}=\sum_{n=0}^{N-1}h(n)z^{-n}$

设计方法：窗函数法。

首先给出希望逼近的理想滤波器频响函数 $H_d(e^{j\omega})$；

其次要求熟悉各种常用窗函数的技术指标和加窗后对滤波特性的影响，根据设计指标正确选择窗函数类型及其长度 N。

- RC 有源滤波器：包含电阻、电容、运算放大器以及由此导出的电压控制电压源(VCVS)、因转器、积分器、比例放大器和加法器等无电感电路。

其实现类似于无源滤波器的实现，综合系统函数 $H_a(s)=\frac{B(s)}{A(s)}$。

- 开关电容滤波器(SCF)："开关电容"是在集成电路中用来替代电阻的一种基本电路单元(参见习题 7.24)，由无源模拟滤波器原型构成 SCF。

(1) 利用 KVL、KCL 列写无源 LC 滤波器的电路方程式，式中只包含求和、比例、积分；

(2) 将电流由某一比例电阻 R_s 倍乘，转换为相应电压；

(3) 由电路基本方程式画出以积分、求和运算构成的模拟等效框图；

(4) 由模拟等效框图转换为开关电容滤波器结构。

(5) 由 R、L、C 值及时钟频率 f_c 和比例电阻 R_s 计算开关电容滤波器的电容比。

经典考题解析

例 1 已知一模拟滤波器的传输函数为 $H_a(s)=\frac{3s+2}{2s^2+3s+1}$，试分别用冲激响应不变法和双线性变换法将它转换成数字滤波器的系统函数 $H(z)$，设 $T=0.5$。

逻辑推理 考查用冲激响应不变法和双线性变换法设计滤波器。

解题过程 (1) 冲激响应不变法：

$$H_a(s)=\frac{3s+2}{2s^2+3s+1}$$

$$= \frac{3s+2}{(2s+1)(s+1)} = \frac{A_1}{2s+1} + \frac{A_2}{s+1}$$

$$A_1 = \frac{3s+2}{s+1}\Big|_{s=-\frac{1}{2}} = 1 \quad A_2 = \frac{3s+2}{2s+1}\Big|_{s=-1} = 1$$

$$H_a(s) = \frac{1}{2s+1} + \frac{1}{s+1} \qquad (1)$$

$$h_a(t) = (0.5e^{-0.5t} + e^{-t})u(t)$$

令 $t = nT \quad h(n) = h_a(nT) = (0.5e^{-0.5nT} + e^{-nT})u(n)$

$$H(z) = \sum_{n=-\infty}^{\infty} h(n)z^{-n}$$

$$= \sum_{n=0}^{\infty}(0.5e^{-0.5nT} + e^{-nT})z^{-n} = \frac{0.5}{1-e^{-0.5T}z^{-1}} + \frac{1}{1-e^{-T}z^{-1}}$$

$$T = 0.5 \quad H(z) = \frac{0.5}{1-e^{-0.25}z^{-1}} + \frac{1}{1-e^{-0.5}z^{-1}}$$

(2) 双线性变换法。

将 $s = \frac{2}{T}\cdot\frac{1-z^{-1}}{1+z^{-1}} = \frac{4\cdot(1-z^{-1})}{1+z^{-1}}$ 代入 $H_a(s)$

$$H(z) = \frac{12\left(\frac{1-z^{-1}}{1+z^{-1}}\right)+2}{32\left(\frac{1-z^{-1}}{1+z^{-1}}\right)^2 + 12\left(\frac{1-z^{-1}}{1+z^{-1}}\right)+1}$$

$$= \frac{(14-10z^{-1})(1+z^{-1})}{32(1-z^{-1})^2 + 12(1-z^{-1})(1+z^{-1}) + (1+z^{-1})^2}$$

$$= \frac{14+4z^{-1}-10z^{-2}}{45-62z^{-1}+21z^{-2}}$$

更方便的方法是将 $s = 4\frac{1-z^{-1}}{1+z^{-1}}$ 代入(1)式:

$$H(z) = \frac{1}{8\left(\frac{1-z^{-1}}{1+z^{-1}}\right)+1} + \frac{1}{4\left(\frac{1-z^{-1}}{1+z^{-1}}\right)+1}$$

例 2 已知系统的取样频率为 4000Hz,即 $T = 250\ \mu s$。按照窗函数法设计一个长度 $N = 11$ 的低通 *FIR* 滤波器,使其频率特性为截止频率为 1000Hz 的理想低通滤波器。

$$H(e^{j\omega T}) = \begin{cases} e^{-j2\omega T}, & |\omega| < 2000\pi \\ 0, & \text{其他} \end{cases}$$

逻辑推理 考查用窗函数法设计滤波器。

解题过程 首先根据 IDFT,求出目标系统的单位函数响应:

$$h(k)=\frac{1}{2\pi}\int_{-\frac{\omega_s}{4}}^{+\frac{\omega_s}{4}} H(e^{j\omega T})e^{j\omega kT}d\omega=\frac{1}{2\pi}\int_{-\frac{\omega_s}{4}}^{+\frac{\omega_s}{4}} e^{j\omega(k-2)T}d\omega=\frac{\sin\left[\frac{\pi}{2}(k-2)\right]}{T\pi(k-2)}$$

显然，这是一个非因果系统，单位函数响应中 k 的取值必须从 $-\infty$ 到 $+\infty$。根据窗函数法的设计规则，*FIR* 滤波器的单位响应函数只要取其中 $k=0\sim 10$ 的各项即可。相应的 *FIR* 滤波器的冲激响应为（归一化）

$$h_d(k)=\begin{cases}\dfrac{\sin\left[\dfrac{\pi}{2}(k-2)\right]}{\pi(k-2)}, & k=0,1,2,\cdots,10\\ 0, & \text{其他}\end{cases}$$

通过数值计算可得

$$h_d(k)=\{0,0.3183,0.5,0.3183,0,-0.1061,0,0.0637,0,-0.0455,0\}$$

由此可以得到 *FIR* 滤波器的系统函数为

$$H_d(z)=0.3183z^{-1}+0.5z^{-2}+0.3183z^{-3}-0.1061z^{-5}+0.0637z^{-7}-0.0455z^{-9}$$

例 3　已知低通滤波器系统函数 $H(s)$ 采用巴特沃思逼近，3 dB 通带角频率 $\omega_p=10\times10^4$ rad/s，阻带角频率 $\omega_s=20\times10^4$ rad/s，阻带衰减 A_s 不小于 15 dB，求 $H(s)$。

逻辑推理　据巴特沃思滤波器设计步骤求解。

解题过程　(1) 确定阶数 N。

将频率坐标在 3 dB 通带角频率处归一化，有 $\omega'_s=\dfrac{\omega_s}{\omega_p}=2$ rad/s，由公式可得

$$N\geqslant\frac{\log(10^{0.1A_s}-1)}{2\log\omega_s}=\frac{\log(10^{1.5}-1)}{2\log 2}\approx 2.5$$

阶数 N 只能取整数，故取 $N=3$。也可根据幅频响应曲线确定阶数 N。

(2) 求系统函数 $H(s)$。

$N=3$ 时，$H_1(s)=\dfrac{1}{s^3+2s^2+2s+1}$，频率变换得系统函数

$$H(s)=H_1\left(\frac{s}{10^4}\right)=\frac{1}{\left(\frac{s}{10^4}\right)^3+2\left(\frac{s}{10^4}\right)^2+2\left(\frac{s}{10^4}\right)+1}$$

$$=\frac{10^{12}}{s^3+2\times10^4s^2+2\times10^8s+10^{12}}$$

例 4　已知带通滤波器的通带带宽 $B=2\pi\times200$ rad/s，中心频率 $w_0=2\pi\times1000$ rad/s，通带内最大衰减 3 dB，在 $\omega_{s1}=2\pi\times830$ rad/s 和 $\omega_{s2}=2\pi\times1200$ rad/s 处最小衰减 $A_s=15$dB，试求巴特沃思逼近的系统函数。

逻辑推理 根据巴特沃思逼近法求解即可。

解题过程 (1) 求归一化低通滤波器的系统函数。

$$\omega'_{s1}=\frac{(2\pi\times1000)^2-(2\pi\times830)^2}{(2\pi\times200)\times(2\pi\times830)}=1.874$$

$$\omega'_{s2}=\frac{(2\pi\times1200)^2-(2\pi\times1000)^2}{(2\pi\times200)\times(2\pi\times1200)}=1.833$$

由于 $\omega'_{s1}>\omega'_{s2}$，则在 ω'_{s2} 处的衰减相对较小，故取 $\omega'_{s}=\omega'_{s2}=1.833$。

低通滤波器的阶数

$$N\geqslant\frac{\log(10^{0.1A_s}-1)}{2\log\omega'_s}=\frac{\log(10^{0.1\times15}-1)}{2\log1.833}=2.8$$

取 $N=3$，查表得 $\quad H_1(s)=\dfrac{1}{s^3+2s^2+2s+1}$

(2) 求带通滤波器的系统函数。

$$H(s)=H_1\left(\frac{s^2+\omega_0^2}{Bs}\right)$$

$$=B^3s^3/(s^6+2Bs^5+(3\omega_0^2+2B^2)s^4+(4\omega_0^2B+B^3)s^3+(3\omega_0^4+2\omega_0^2B^2)s^2+2\omega_0^4Bs+\omega_0^6)$$

带通电路也可由低通电路经元件交换实现。电路中电感 L' 的阻抗变换后为 $\dfrac{s^2+\omega_0^2}{Bs}L'=s\dfrac{L'}{B}+\dfrac{1}{s\dfrac{B}{\omega_0^2L'}}$ 即在带通电路中为电感和电容的串联，其值分别为 $L=\dfrac{L'}{B}$，$C=\dfrac{B}{\omega_0^2L'}$。

对电容 C'，变换后的导纳 $\dfrac{s^2+\omega_0^2}{Bs}C'=s\dfrac{C'}{B}+\dfrac{1}{s\dfrac{B}{\omega_0^2C'}}$ 可见，低通电路中的电容要用电容和电感的并联置换，其值分别为 $C=\dfrac{C'}{B}$，$L=\dfrac{B}{\omega_0^2C'}$，电路元件的变换如图 10-1 所示。

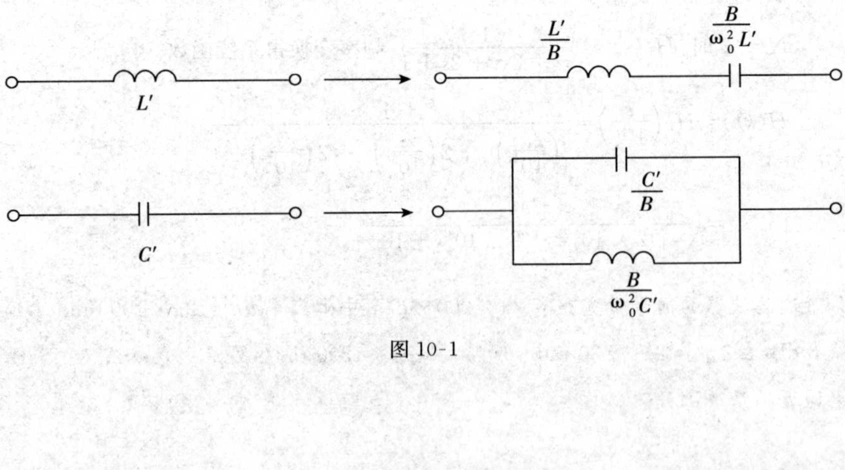

图 10-1

历年考研真题评析

题 1 （北京邮电大学 2009 年）作为 LTI 连续时间系统的一种重要类型，“横向抽头滤波器”得到了广泛的应用。已知某滤波器如图 10-1 所示。

(1) 假设系统的输入是一个冲激串 $x(t)=\sum_{n=0}^{\infty}x_n\delta(t-nT)$，试证明输出 $y(t)$ 也是一个冲激串 $y(t)=\sum_{n=0}^{\infty}y_n\delta(t-nT)$，并求出系数 y_n；

(2) 已知某系统的冲激响应$\hat{h}(t)$ 呈分段常数，如图 10-2 所示，试证明该系统可以由图 10-1 所示的抽头滤波器与积分器的级联来实现，并求出抽头系数 h_n。

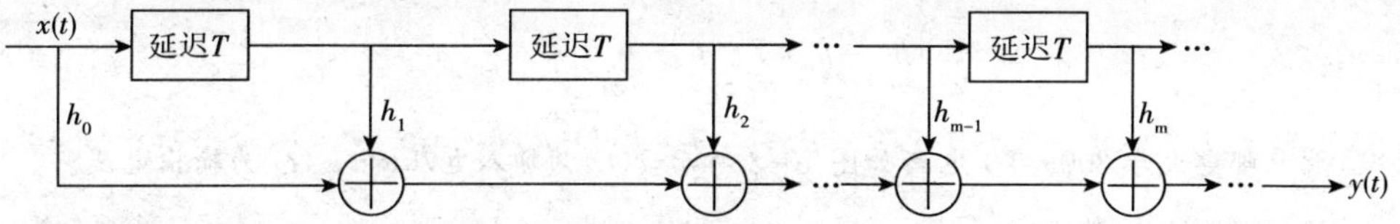

图 10-1

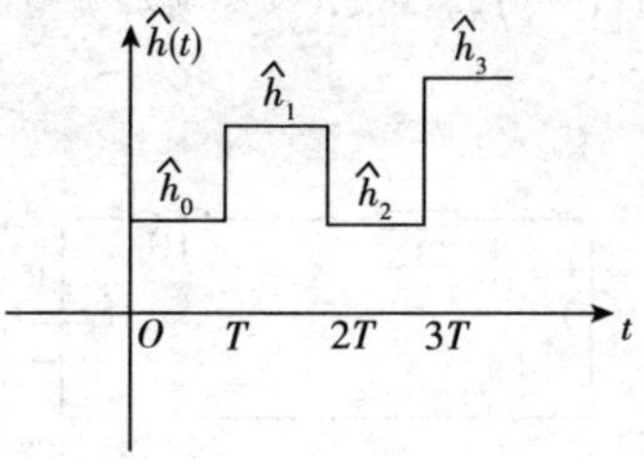

图 10-2

解题过程 (1) 由图知，系统的冲激响应 $h(t)=\sum_{n=0}^{\infty}h_k\delta(t-kT)$

而 $y(t)=x(t)*h(t)$

$$=\int_{-\infty}^{\infty}\sum_{k=0}^{\infty}x_k\delta(\tau-kt)\sum_{m=0}^{\infty}h_m\delta(t-z-mT)\mathrm{d}\tau$$

$$=\sum_{k=0}^{\infty}\sum_{m=0}^{\infty}x_kh_m\delta(t-kT-mT)$$

$$\xlongequal{令 k+m=n} \sum_{m=0}^{\infty}\sum_{n=m}^{\infty} x_{n-m}h_m\delta(t-nT)$$

$$= \sum_{n=0}^{\infty}\sum_{m=0}^{\infty} x_{n-m}h_m\delta(t-nT)$$

因此 $y(t)$ 也是一个冲激串，且 $y_n = \sum_{m=0}^{\infty} h_m x_{n-m}$

(2) 积分器冲激响应 $w(t) = u(t)$

抽头滤波器与积分器级联的冲激响应为

$$\hat{h}(t) = u(t) * \sum_{R=0}^{\infty} h_k\delta(t-kT) = \sum_{k=0}^{\infty} h_k u(t-kT)$$

当 $nT \leqslant t < (n+1)T$ 时，$\hat{h}_n = h_k$ (1)

当$(n-1)T \leqslant t < nT$ 时，$\hat{h}_{n-1} = \sum_{k=0}^{n-1} h_k$ (2)

(1) − (2) 得，$h_n = \hat{h}_n - \hat{h}_{n-1}$

$$= \begin{cases} \hat{h}_n, & n=0 \\ \hat{h}_n - \hat{h}_{n-1}, & h>0 \end{cases}$$

题 2 （北京邮电大学 2009 年）电路如图 10-3 所示，$e(t)$ 为输入电压源，$v_o(t)$ 为输出电压。

(1) 求系统的冲激响应；

(2) 求该电路的传输函数 $H(s)$，并写出微分方程；

(3) 通过变换得到 $G(s) = H\left(\frac{1}{s}\right)$，指出 $G(s)$ 为何种类型滤波器的传输函数？(低通、高通、带通、带阻或全通)

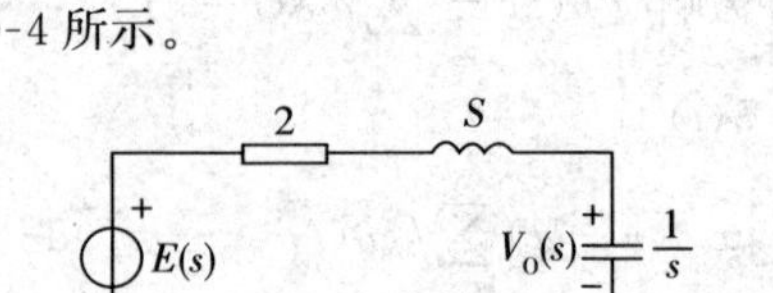

图 10-3

逻辑推理 此题综合考查了系统冲激响应的求法、传输函数 $H(s)$、微分方程的求法和滤波器类型。

解题过程 s 域等效模型如图 10-4 所示。

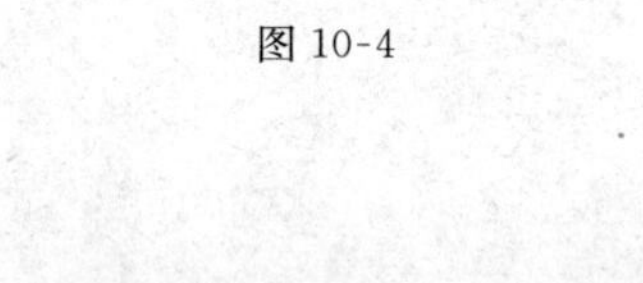

图 10-4

(1) 由图 10-4 可得，

$$\begin{cases}\left(2+s+\dfrac{1}{s}\right)I(s)=E(s)\\[2ex]\dfrac{1}{s}I(s)=V_o(s)\end{cases}$$

联立解得 $H(s)=\dfrac{V_o(s)}{E(s)}=\dfrac{1}{s^2+2s+1}$

因为 $H(s)=\dfrac{1}{(s+1)^2}$

所以 $h(t)=te^{-t}u(t)$

(2) $\dfrac{V_o(s)}{E(s)}=\dfrac{1}{s^2+2s+1}$ 得 $s^2\cdot V_o(s)+2sV_o(s)+V_o(s)=E(s)$

因此微分方程为 $\dfrac{d^2v_o(t)}{dt^2}+2\dfrac{dv_o(t)}{dt}+v_o(t)=e(t)$

(3) $G(s)=H\left(\dfrac{1}{s}\right)=\dfrac{s^2}{s^2+2s+1}$ 为高通滤波器。

题 3 （西安电子科技大学 2009 年）某滤波器系统的零状态响应 $y_{zs}(t)$ 和输入信号 $f(t)$ 的关系为

$y_{zs}(t)=\dfrac{1}{\pi}\int_{-\pi}^{\pi}\dfrac{f(\tau)}{t-\tau}d\tau$，

(1) 求该系统的冲激响应 $h(t)$；

(2) 求出该系统的幅频特性 $|H(j\omega)|$ 和相频特性 $\ln(\omega)$；

(3) 若输入 $f(t)$ 是能量信号，试证明该系统的零状态响应 $y_{zs}(t)$ 也是能量信号。

解题过程 (1) $y_{zs}(t)=h(t)*f(t)=\int_{-\infty}^{\infty}h(t-\tau)f(\tau)d\tau=\dfrac{1}{\pi}\int_{-\infty}^{\infty}\dfrac{f(\tau)}{t-\tau}d\tau$

$\therefore h(t)=\dfrac{1}{\pi t}$

(2) $\because sgn(t)\leftrightarrow\dfrac{2}{j\omega}$ $\therefore \dfrac{2}{jt}\leftrightarrow 2\pi sgn(-\omega)$ 即 $H(j\omega)=-jsgn(\omega)$，因此 $|H(j\omega)|=1$，

$\ln(\omega)=\begin{cases}-\dfrac{\pi}{2},\omega>0\\[2ex]\dfrac{\pi}{2},\omega<0\end{cases}$ 即：

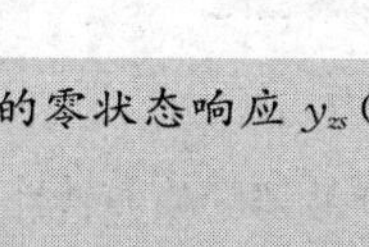

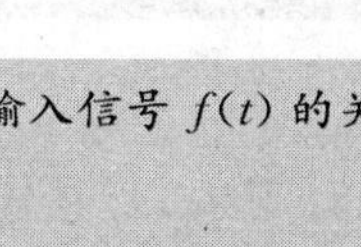

(3) $\because Y_{zs}(j\omega)=H(j\omega)F(j\omega)$ $\therefore |Y_{zs}(j\omega)|=|H(j\omega)F(j\omega)|=|F(j\omega)|$

$u_y=\dfrac{1}{2\pi}\int_{-\infty}^{\infty}|Y_{zs}(j\omega)|^2d\omega-\dfrac{1}{2\pi}\int_{-\infty}^{\infty}|F(j\omega)|^2d\omega=\omega_f$

由于 $f(t)$ 是能量信号，即 ω_f 有界，因此 $y_{zs}(t)$ 也为能量信号。

题 4 (四川大学2011年)一带限信号 $x(t)$ 的最高角频率为 200πrad/s,求 $x(3t)+x(0.5t)$ 和 $x^2(2t)$ 的取样周期 T,以便通过理想低通滤波器可完全恢复。

解题过程 $x(3t)$ 的最高解频率为 600πrad/s,$x(0.5t)$ 频谱压缩一半

$x(3t)+x(0.5t)$ 的最高角频率为 600πrad/s,

则 $T \leqslant \frac{\pi}{600\pi} = \frac{1}{600}$s

$$x^2(2t) = x(2t)\cdot x(2t) \leftrightarrow F(j\omega) = \frac{1}{2\pi}\cdot\frac{1}{2}x\left(j\,\frac{\omega}{2}\right) * \frac{1}{2}x\left(j\,\frac{\omega}{2}\right)$$

$x^2(2t)$ 的最高角频率为 800πrad/s

$T \leqslant \frac{\pi}{800\pi} = \frac{1}{800}$s

教材同步习题全解

10.1 解题过程 (1) 巴特沃思滤波器的幅频特性模平方为

$$|H_a(j\Omega)|^2 = \frac{1}{1+\left(\frac{\Omega}{\Omega_c}\right)^{2N}}$$

$$10\lg\frac{|H_a(j10\Omega)|^2}{|H_a(j\Omega)|^2} = 10\lg\frac{1+\left(\frac{\Omega}{\Omega_c}\right)^{2N}}{1+\left(\frac{10\Omega}{\Omega_c}\right)^{2N}}$$

因为 $\Omega \gg \Omega_c$,所以得

$$10\lg\frac{|H_a(j10\Omega)|^2}{|H_a(j\Omega)|^2} \approx 10\lg\frac{\left(\frac{\Omega}{\Omega_c}\right)^{2N}}{\left(\frac{10\Omega}{\Omega_c}\right)^{2N}} = 20N\lg\frac{1}{10} = -20N\text{dB}$$

所以衰减速度为 $20N$ dB/dec。

(2) 切比雪夫 I 型滤波器的幅频特性模平方为

$$|H_a(j\Omega)|^2 = \frac{1}{1+\varepsilon^2 T_N^2\left(\frac{\Omega}{\Omega_c}\right)}$$

其中 $T_N(x) = \sum_{k=0}^{N} a_k x^k$,则

$$10\lg\frac{|H_a(\mathrm{j}10\Omega)|^2}{|H_a(\mathrm{j}\Omega)|^2}=10\lg\frac{1+\varepsilon^2T_N^2\left(\frac{\Omega}{\Omega_c}\right)}{1+\varepsilon^2T_N^2\left(\frac{10\Omega}{\Omega_c}\right)}$$

因为 $T_N^2(x)=\sum_{k=0}^{2N}b_kx^k$，并假设 $\Omega\gg\Omega_c$，则

$$10\lg\frac{|H_a(\mathrm{j}10\Omega)|^2}{|H_a(\mathrm{j}\Omega)|^2}\approx10\lg\frac{1+\varepsilon^2\sum_{k=0}^{2N}b_k\left(\frac{\Omega}{\Omega_c}\right)^k}{1+\varepsilon^2\sum_{k=0}^{2N}b_k\left(\frac{10\Omega}{\Omega_c}\right)^k}=10\lg\frac{\left(\frac{\Omega}{\Omega_c}\right)^{2N}}{\left(\frac{10\Omega}{\Omega_c}\right)^{2N}}=-20N\text{ dB}$$

所以衰减速度也是 $20N$ dB/dec。

10.2 解题过程 由巴特沃思滤波器系统函数 $H_a(s)$ 可知极点 s_k 应满足 $\left(\frac{s}{\mathrm{j}\Omega}\right)^{2N}=-1$，则

$$s_k=\mathrm{j}\Omega_c(-1)^{\frac{1}{2N}}=\mathrm{j}\Omega_c\mathrm{e}^{\mathrm{j}\left[\frac{(2k-1)\pi}{2N}\right]}=\Omega_c\mathrm{e}^{\mathrm{j}\left[\frac{(2k-1)\pi}{2N}+\frac{\pi}{2}\right]}$$

$(k=1,2,3,\cdots,2N)$

10.3 解题过程 (1) 设计巴特沃思滤波器。

(a) 确定滤波器阶数 N。

由已知得 $\Omega_p=2\pi f_p=2\pi\times10^4$ rad/s，

$$\Omega_s=2\pi f_s=4\pi\times10^4\text{ rad/s},$$

因此 $|H_a(\mathrm{j}\Omega)|$ 在 Ω_p、Ω_s 两个特定点的方程为

$$|H_a(\mathrm{j}\Omega_p)|=\frac{1}{\sqrt{1+\left(\frac{2\pi\times10^4}{\Omega_c}\right)^{2N}}}=10^{-\frac{1}{20}}$$

$$|H_a(\mathrm{j}\Omega_s)|=\frac{1}{\sqrt{1+\left(\frac{4\pi\times10^4}{\Omega_c}\right)^{2N}}}=10^{-\frac{20}{20}}$$

解方程组得

$$N=\frac{\lg\left(\frac{10^{\frac{20}{10}}-1}{10^{\frac{1}{10}}-1}\right)}{2\lg\left(\frac{4\pi\times10^4}{2\pi\times10^4}\right)}=4.29$$

向上取整后得阶数 $N=5$。

(b) 求 -3dB 截止角频率 Ω_c。因为 $N=5>4.29$，所以滤波器的过渡带比指标要求的窄，这样 Ω_c 有两种选择：

① 一般情况让阻带满足指标要求，求 Ω_c。

第十章 模拟与数字滤波器

$$|H_a(j\Omega_s)| = \frac{1}{\sqrt{1+\left(\frac{4\pi\times 10^4}{\Omega_c}\right)^{2\times 5}}} = 10^{-\frac{20}{20}}$$

解得 $\Omega_c = \frac{4\pi\times 10^4}{\sqrt[10]{10^2-1}} = 2\pi\times 1.263\times 10^4\ \mathrm{rad/s}$

此时通带指标会有余量，$-1\mathrm{dB}$ 的通带边缘频率为

$\Omega_p^1 = \sqrt[10]{10^{0.1}-1}\times\Omega_c = 2\pi\times 1.1034\times 10^4\ \mathrm{rad/s}$

通带宽度增加约 10%，带宽的增加会减小信号的传输失真。

② 让通带滤波满足指标，求 Ω_c。

$$|H_a(j\Omega_p)| = \frac{1}{\sqrt{1+\left(\frac{2\pi\times 10^4}{\Omega_c}\right)^{2\times 5}}} = 10^{-\frac{1}{20}}$$

解得 $\Omega_c = \frac{2\pi\times 10^4}{\sqrt[10]{10^{0.1}-1}} = 2\pi\times 1.1447\times 10^4\ \mathrm{rad/s}$

$\Omega_s = 4\pi\times 10^4\ \mathrm{rad/s}$ 处的阻带衰减为

$$A_s = 20\lg|H_a(j\Omega_s)| = 20\lg\frac{1}{1+\left(\frac{4\pi\times 10^4}{2\pi\times 1.1447\times 10^4}\right)^{2\times 5}} = 24.25\mathrm{dB}$$

阻带衰减增加，可增加滤波器的滤波能力。

(c) 求滤波器系统函数 $H_a(s)$。

查表得 $N=5$，巴特沃思多项式 $B_N(s')$，得 $H_a(s)$，令 $s'=\frac{s}{\Omega_c}$ 代入 $H_a(s')$ 得 $H_a(s)$

$$H_a(s) = \frac{3.149\times 10^{24}}{s^5+2.568\times 10^5 s^4+3.298\times 10^8 s^3+2.618\times 10^{15}s^2+1.284\times 10^{20}s+3.149\times 10^{24}}$$

(2) 设计切比雪夫滤波器。

(a) 求波纹起伏参数 ε。

由已知通带边缘解频率 $\Omega_c = 2\pi\times 10^4\ \mathrm{rad/s}$，且通带允许起伏为 $-1\mathrm{dB}$

则 $$|H_a(j\Omega_c)| = \frac{1}{\sqrt{1+\varepsilon^2}} = 10^{-\frac{1}{20}}$$

解出 $\varepsilon = 0.50885$

(b) 求阶数 N，阻带边缘角频率 $\Omega_s = 2\pi\times 2\times 10^4$，按衰落要求有

$$|H_a(j\Omega_s)| = \frac{1}{\sqrt{1+\varepsilon^2 T_N^2\left(\frac{2\pi\times 2\times 10^4}{2\pi\times 10^4}\right)}} = 10^{-\frac{20}{20}}$$

$T_N(2)=\cosh(N\operatorname{arccosh}2)=\frac{1}{\varepsilon}\sqrt{10^2-1}=19.554$

得 $N=\frac{\operatorname{arccosh}(19.554)}{\operatorname{arccosh}2}=2.78$

取 $N=3$

(c) 求 $H_a(s)$。

由已知 1dB 波纹，$N=3$，$A=\frac{\Omega_c^N}{\varepsilon\cdot 2^{N-1}}$

得归一化切比雪夫逼近函数 $H_a(s')$

$$H_a(s')=\frac{0.4913}{(s')^3+0.9883(s')^2+1.2384(s')+0.4913}$$

令 $s'=\frac{s}{\Omega_c}$ 代入去归一化求得

$$H_a(s)=\frac{1.2187\times10^{14}}{s^3+6.2104\times10^4s^2+4.8893\times10^9s+1.2187\times10^{14}}$$

10.4 知识点窍 多项式为霍尔维茨多项式的必要条件：

(1) 所有零点在 s 平面的左半平面内；

(2) 如果有零点在 $j\omega$ 轴上，则是单阶的。

逻辑推理 分别求出两个网络的系统函数，一端口无源网络的系统函数也就是策动点阻抗函数或策动点导纳函数。然后判断它们是否为霍尔维茨多项式，从而可知网络是否可等效为一端口无源网络。

解题过程 s 域中，电阻、电容对应的阻抗为 R、$\frac{1}{sC}$。

对图(a) 有：$H_a(s)=\frac{V(s)}{I(s)}=\frac{4s^2-s-1}{4s^2+3s}$

$H_a(s)$ 是策动点阻抗，因此其分子分母多项式都应为霍尔维茨多项式。

计算后可知 $H_a(s)$ 的分子多项式不是霍尔维茨多项式，故图(a) 中的网络不能等效为一端口无源网络。

对图(b) 有：$H_b(s)=\frac{4s^2+15s+3}{4s^2+3s}$

分子和分母多项式都为霍尔维茨多项式，故图(b) 中的网络可以等效为一端口无源网络。

10.5 知识点窍 可实现策动点函数的充要条件是：

$$\begin{cases}(1)\ \text{当 } s \text{ 为实数时}, H(s) \text{ 是实数} \\ (2)\ \text{若 } \mathrm{Re}[s] \geqslant 0, \text{则 } \mathrm{Re}[H(s)] \geqslant 0\end{cases}$$

条件(2) 的等效条件：

$$\begin{cases}(1) H(s) \text{ 的分母是霍尔维茨多项式；} \\ (2) H(s) \text{ 在虚轴上的极点是单阶的，并且具有正实留数；} \\ (3)\ \text{对所有 } \Omega, \text{有 } \mathrm{Re}[H(\mathrm{j}\Omega)] \geqslant 0。\end{cases}$$

逻辑推理 根据以上判定条件判定。

解题过程 (1) 为使 $F(s)=\dfrac{s+a}{s^2+bs+c}$ 是正实函数，需要有分子和分母多项式都为霍尔维茨多项式，即要求 $s=-a\leqslant 0$ 且 s^2+bs+c 的所有零点在左半开平面上或是 $\mathrm{j}\Omega$ 轴上，于是有 $a\geqslant 0$ ，$b\geqslant 0$，$c\geqslant 0$。又对所有 Ω 应有 $\mathrm{Re}[F(\mathrm{j}\Omega)]\geqslant 0$，只要对 $F(\mathrm{j}\Omega)$ 在 $\mathrm{j}\Omega$ 轴上进行检验，将 $s=\mathrm{j}\Omega$ 代入 $F(s)$ 中，得

$$F(\mathrm{j}\Omega)=\frac{\mathrm{j}\Omega+a}{-\Omega^2+b\mathrm{j}\Omega+c} \quad \mathrm{Re}[F(\mathrm{j}\Omega)]=\frac{a(c-\Omega^2)+b\Omega^2}{(c-\Omega^2)^2+b\Omega^2}$$

由于 $\mathrm{Re}[F(\mathrm{j}\Omega)]\geqslant 0$ 对任意 $c\geqslant 0$ 都成立，故有 $c=0$ 时，$\mathrm{Re}[F(\mathrm{j}\Omega)]\geqslant 0$，所以 $b\geqslant a$

从而 $F(s)$ 为正实函数的条件为：$b\geqslant a\geqslant 0, c\geqslant 0$。

(2) $F_1(s)=\dfrac{s+2}{s^2+3s+2}$ 中，$a=2, b=3, c=2$

满足 $b\geqslant a\geqslant 0, c\geqslant 0$ 条件，故为正实函数。

$F_2(s)=\dfrac{s+1}{s^2+2}$ 中 $a=1, b=0, c=2$

不满足条件 $b\geqslant a$，故不是正实函数。

$F_3(s)=\dfrac{s+4}{s^2+2s+1}$ 中 $a=4, b=2, c=1$

不满足条件 $b\geqslant a$，故不是正实函数。

10.6 **逻辑推理** 根据判定条件判定。

解题过程 (1) s 为实数时，$F_1(s)$ 为实数 $s=0$，$\pm\mathrm{j}$ 为 $\mathrm{j}\Omega$ 轴上的单阶零点。

$$\text{但 } \mathrm{Re}[F_1(s)]_{s=\mathrm{j}}=\mathrm{Re}\left[\frac{3s^2+5}{s(s^2+1)}\right]_{s=\mathrm{j}}=-1<0$$

即不具有正实留数，所以 $F_1(s)=\dfrac{3s^2+5}{s(s^2+1)}$ 不是正实函数。

(2) s 为实数时，$F_2(s)=\dfrac{s^2+s+2}{s^2+2}$ 也为实数。$s=\pm\sqrt{2}\mathrm{j}$ 为 jΩ 轴上的单阶零点，

而且 $\mathrm{Re}[F_2(\mathrm{s})]_{s=\sqrt{2}\mathrm{j}}=\mathrm{Re}[F_2(\mathrm{s})]_{s=-\sqrt{2}\mathrm{j}}=\dfrac{1}{2}>0$

对 $F_2(\mathrm{j}\Omega)$ 在 jΩ 上进行检验有　$\mathrm{Re}[F_2(\mathrm{j}\Omega)]=\dfrac{2-\Omega^2}{2-\Omega^2}=1>0$

所以 $F_2(s)=\dfrac{s^2+s+2}{s^2+2}$ 是正实函数。

10.7 知识点窍　LC 无损一端口网络要求 $\mathrm{Re}[Z(\mathrm{j}\Omega)]=0$。

逻辑推理　可实现的网络策动点，阻抗函数或导纳函数必定为正实函数。

解题过程　(1) 用反证法。假定 $Z(s)$ 是 s 的偶函数，设

$$Z(s)=\frac{F_{\mathrm{e1}}(s^2)}{F_{\mathrm{e2}}(s^2)}$$

由可实现网络函数分子与分母幂次之差不超过一次可得 $Z(s)$ 表示为

$$Z(s)=\frac{a_0+a_1s^2+\cdots+a_\mathrm{n}s^{2n}}{b_0+b_1s^2+\cdots+b_\mathrm{n}s^{2n}}$$

令 $s=\mathrm{j}\Omega$，代入有 $Z(\mathrm{j}\Omega)=\dfrac{a_0-a_1\Omega^2+\cdots+(-1)^n a_\mathrm{n}\Omega^{2n}}{b_0-b_1\Omega^2+\cdots+(-1)^n b_\mathrm{n}\Omega^{2n}}$

不能保证 $\mathrm{Re}[Z(\mathrm{j}\Omega)]=0$，因此原假设不成立。

所以 $Z(s)$ 应为 s 的奇函数。

(2) 由于网络可实现，故 $Z(s)$[或 $Y(s)$] 的分子和分母多项式都是霍尔维茨多项式，因而它们仅有虚根。所以由霍尔维茨多项式必要条件可知，$Z(s)$[或 $Y(s)$] 的零点和极点都位于 jΩ 轴上，且为单阶。

又有 $Z(s)=\dfrac{K_0}{s}+\dfrac{2K_2s}{s^2+\omega_2^2}+\dfrac{2K_4s}{s^2+\omega_4^2}+\cdots+\dfrac{2K_{2\mathrm{i}}s}{s^2+\omega_{2\mathrm{i}}^2}+\cdots+K_\infty s$

其中 $s=\mathrm{j}\omega_{2\mathrm{i}}$ 为极点，$K_{2\mathrm{i}}$ 为极点的留数。

因为极点位于 $j\Omega$ 轴上，且 $Z(s)$ 为正实函数，故这些极点的留数必须是正实数。

(3) 由(1) 可知 $\mathrm{Re}[Z(\mathrm{j}\Omega)]=0$

$$\text{故有 } Z(j\Omega)=\mathrm{j}\left(\frac{-K_0}{\Omega}+\frac{2K_2\Omega}{\omega_2^2-\Omega^2}+\frac{2K_4\Omega}{\omega_4^2-\Omega^2}+\cdots+\frac{2K_{2\mathrm{i}}\Omega}{\omega_{2\mathrm{i}}^2-\Omega^2}+\cdots+K_\infty\Omega\right)$$
$$=\mathrm{j}X(\Omega)$$

可得 $X(\Omega)$ 是 Ω 的实函数。

$$\frac{\mathrm{d}}{\mathrm{d}\Omega}X(\Omega)=\frac{K_0}{\Omega^2}+K_\infty+\frac{2K_2(\Omega^2+\omega_2^2)}{(\omega_2^2-\Omega^2)^2}+\cdots$$

第十章　模拟与数字滤波器

由(2)可知所有留数 K_{2i} 都是正实数,故 $\dfrac{\mathrm{d}}{\mathrm{d}\Omega}X(\Omega)>0$。

(4) 对 $X(\Omega)=-\dfrac{K_0}{\Omega}+\dfrac{2K_2\Omega}{\omega_2^2-\Omega^2}+\dfrac{2K_4\Omega}{\omega_4^2-\Omega^2}+\cdots+\dfrac{2K_{2i}\Omega}{\omega_{2i}^2-\Omega^2}+\cdots+K_\infty\Omega$ 有 $\Omega=0$ 处为零点。

观察当 Ω 增加时,临界频率即策动点函数零点和极点处的频率出现的顺序。因为

$X(\Omega)$ 的斜率总是正的,第二个临界频率一定是使 $X(\Omega)$ 取无限大时的频率,即在 ω_2 处有一极点。又有在通过任一临界频率时,$X(\Omega)$ 要出现函数值符号变化。故通过 ω_2 后,由 $X(\Omega)$ 的斜率为正可得,在下一临界频率 ω_3 处有一零点,再下一个临界频率 ω_4 处应有一极点。由此推广可得,随着 Ω 增加,零点和极点相互交替出现,即 $Z(s)$ 在 $\mathrm{j}\Omega$ 轴上零极点交替出现。

10.8 **知识点窍** 考尔综合法实现梯形网络。

逻辑推理 分别将分子多项式进行降幂和升幂排列并与分母多项式辗转相除,得到的表达式分别对应考尔Ⅰ型、Ⅱ型。

解题过程 Ⅰ型:

$$
\begin{array}{r}
s \\
s^4+10s^2+9\;\overline{)\,s^5+20s^3+64s} \\
\underline{s^5+10s^3+9s} \\
10s^3+55s
\end{array}
\qquad
\begin{array}{r}
\frac{1}{10}s \\
10s^3+55s\;\overline{)\,s^4+10s^2+9} \\
\underline{s^4+5.5s^2} \\
4.5s^2+9
\end{array}
$$

$$
\begin{array}{r}
\frac{20}{9}s \\
4.5s^2+9\;\overline{)\,10s^3+55s} \\
\underline{10s^3+20s} \\
35s
\end{array}
\qquad
\begin{array}{r}
\frac{9}{70}s \\
35s\;\overline{)\,4.5s^2+9} \\
\underline{4.5s^2} \\
9
\end{array}
\qquad
\begin{array}{r}
\frac{35}{9}s \\
9\;\overline{)\,35s} \\
\underline{35s} \\
0
\end{array}
$$

$$Z(s)=\frac{s^4+10s^2+9}{s^5+20s^3+64s}$$

所以
$$Z(s)=\cfrac{1}{s+\cfrac{1}{\cfrac{1}{10}s+\cfrac{1}{\cfrac{20}{9}s+\cfrac{1}{\cfrac{9}{70}s+\cfrac{1}{\cfrac{35}{9}s}}}}}$$

Ⅱ型:

$$Z(s)=\frac{9+10s^2+s^4}{64s+20s^2+s^5}$$

$$\begin{array}{l}
64s+20s^2+s^5 \,\big)\, 9+10s^2+s^4 \quad \left(\dfrac{1}{7.11s}\right.\\
\underline{9+2.81s^2+0.141s^4}\\
7.19s^2+0.859s^4 \,\big)\, 64s+20s^3+s^5 \quad \left(\dfrac{1}{0.112s}\right.\\
\underline{64s+7.652s^3}\\
12.348s^3+s^5 \,\big)\, 7.19s^2+0.86s^4 \quad \left(\dfrac{1}{1.718s}\right.\\
\underline{7.19s^2+0.5825s^4}\\
0.278s^4 \,\big)\, 12.35s^3+s^5 \quad \left(\dfrac{1}{0.022s}\right.\\
\underline{12.35s^3}\\
s^5 \,\big)\, 0.278s^4 \quad \left(\dfrac{1}{3.61s}\right.\\
\underline{0.278s^4}\\
0
\end{array}$$

考尔 Ⅰ 型、Ⅱ 型的实现电路如解图 10-8 所示。

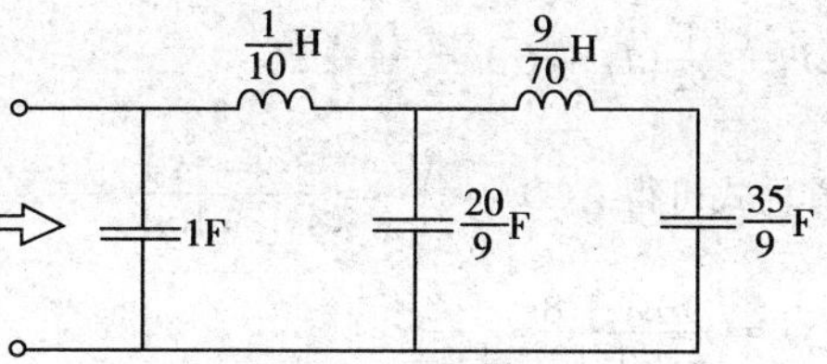

(a)$Z(s)$ 的考尔 Ⅰ 型实现

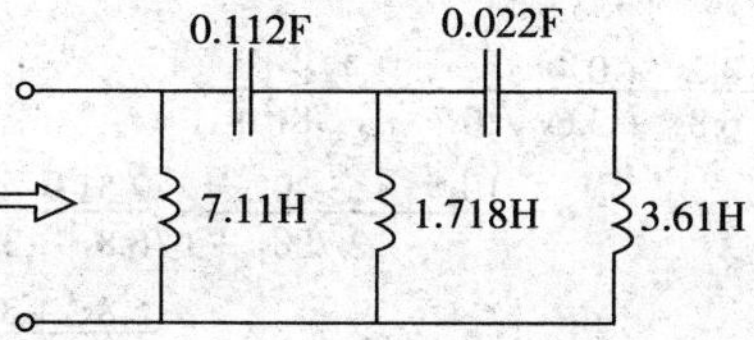

(b)$Z(s)$ 的考尔 Ⅱ 型实现

解图 10-8

所以 $Z(s)=\dfrac{1}{7.11s}+\cfrac{1}{\cfrac{1}{0.112s}+\cfrac{1}{\cfrac{1}{1.718s}+\cfrac{1}{\cfrac{1}{0.022s}+\cfrac{1}{\cfrac{1}{3.61s}}}}}$

10.9 逻辑推理 根据网络结构图求出阻抗函数 $Z(s)$，再将其分别写成对应考尔 Ⅰ 型和 Ⅱ 型的连分式形式。

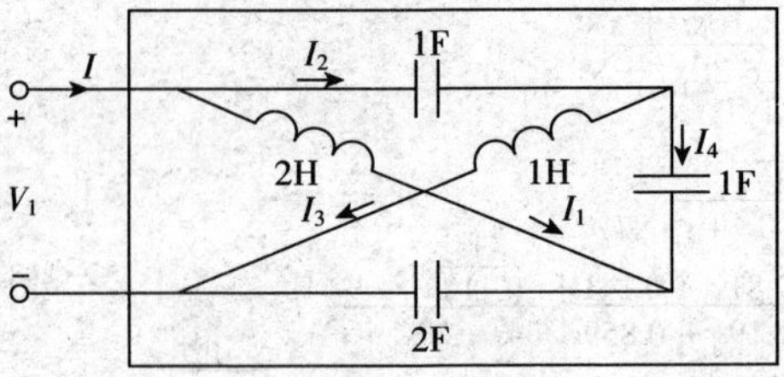

题图 10-9

解题过程 如题图 10-9 中所示设定 I_1、I_2、I_3、I_4 的方向,于是有关系式:

$$\begin{cases} I_1 + I_2 = I \\ I_2 = I_3 + I_4 \\ 2sI_1 = \dfrac{1}{s}(I_2 + I_4) \\ V = 2sI_1 + \dfrac{1}{2s}(I_4 + I_1) = \dfrac{I_2}{s} + sI_3 \end{cases}$$

由以上方程式可得 $Z(s) = \dfrac{V}{I} = \dfrac{10^4 + 8s^2 + 1}{4s^5 + 10s^3 + 4s}$

Ⅰ 型 $Z(s) = \dfrac{10s^4 + 8s^2 + 1}{4s^5 + 10s^3 + 4s}$

$$10s^4 + 8s^2 + 1 \;\overline{)\,4s^5 + 10s^3 + 4s\,}\quad 0.4s$$

$$\underline{4s^5 + 3.2s^3 + 0.4s}$$

$$6.8s^3 + 3.6s \;\overline{)\,10s^4 + 8s^2 + 1\,}\quad 1.47s$$

$$\underline{10s^4 + 5.292s^2}$$

$$2.708s^2 + 1 \;\overline{)\,6.8s^3 + 3.6s\,}\quad 2.513s$$

$$\underline{6.8s^3 + 2.513s}$$

$$1.087s \;\overline{)\,2.708s^2 + 1\,}\quad 2.489s$$

$$\underline{2.708s^2}$$

$$1 \;\overline{)\,1.087s\,}\quad 1.087s$$

$$\underline{1.087s}$$

$$0$$

所以 $Z(s) = \cfrac{1}{0.4s + \cfrac{1}{1.47s + \cfrac{1}{2.513s + \cfrac{1}{2.489s + \cfrac{1}{1.087s}}}}}$

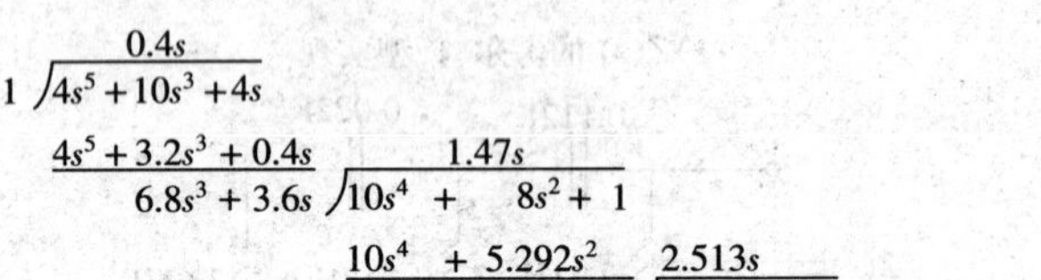

(a) $Z(s)$ 的考尔 Ⅰ 型实现

解图 10-9

Ⅱ 型 $Z(s)=\dfrac{1+8s^2+10s^4}{4s+10s^3+4s^5}$

$$\begin{array}{l}
4s+10s^3+4s^5\ \overline{)\,1+8s^2+10s^4}\quad \text{商 } \dfrac{1}{4s}\\
\underline{1+2.5s^2+s^4}\\
\quad 5.5s^2+9s^4\ \overline{)\,4s+10s^3+4s^5}\quad \text{商 } \dfrac{1}{1.375s}\\
\quad \underline{4s+6.545s^3}\\
\qquad 3.455s^3+4s^5\ \overline{)\,5.5s^2+9s^4}\quad \text{商 } \dfrac{1}{0.628s}\\
\qquad \underline{5.5s^2+6.369s^4}\\
\qquad\quad 2.631s^4\ \overline{)\,3.455s^3+4s^5}\quad \text{商 } \dfrac{1}{0.762s}\\
\qquad\quad \underline{3.455s^3}\\
\qquad\qquad 4s^5\ \overline{)\,2.631s^4}\quad \text{商 } \dfrac{1}{1.52s}\\
\qquad\qquad \underline{2.631s^4}\\
\qquad\qquad 0
\end{array}$$

所以 $Z(s)=\dfrac{1}{4s}+\cfrac{1}{\cfrac{1}{1.375s}+\cfrac{1}{\cfrac{1}{0.628s}+\cfrac{1}{\cfrac{1}{0.762s}+\cfrac{1}{\cfrac{1}{1.52s}}}}}$

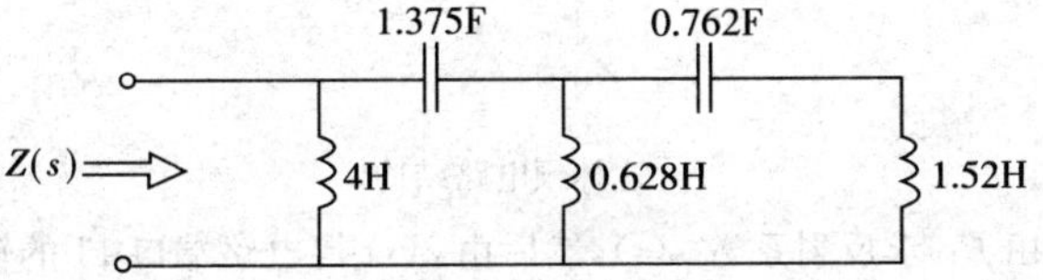

(b) $Z(s)$ 的考尔 Ⅱ 型实现

解图 10-9(续图)

10.10 知识点窍 福斯特综合法的原理是对 $Z(s)$ 或 $Y(s)$ 表达式作部分分式展开，展开后的每一项对应非常简单的电路结构，经相加结合即可实现所需网络结构。

逻辑推理 将展开后的部分分式变形成考尔 Ⅰ 型，所对应的连分式即可得出电路结构。

解题过程 $Z(s)=\dfrac{\frac{1}{2}s}{s^2+1}+\dfrac{\frac{1}{2}s}{s^2+3}=\dfrac{1}{2s+\frac{2}{s}}+\dfrac{1}{2s+\frac{6}{s}}$

等效电路图如解图 10-10 所示。

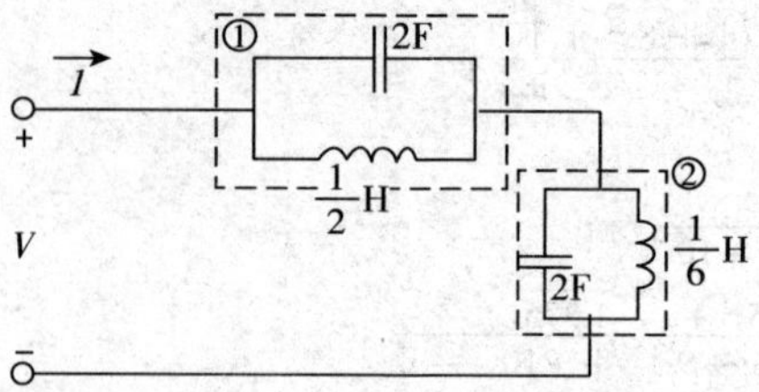

解图 10-10

图中第 ① 部分对应 $Z(s)$ 第一项,第 ② 部分对应 $Z(s)$ 第二项。

10.11 **知识点窍** 典型 LC 无损二端口网络如图所示,其中 R_S 和 R_L 分别为信号源内阻和负载电阻,这种电路称为达林顿电路结构,如下图所示。

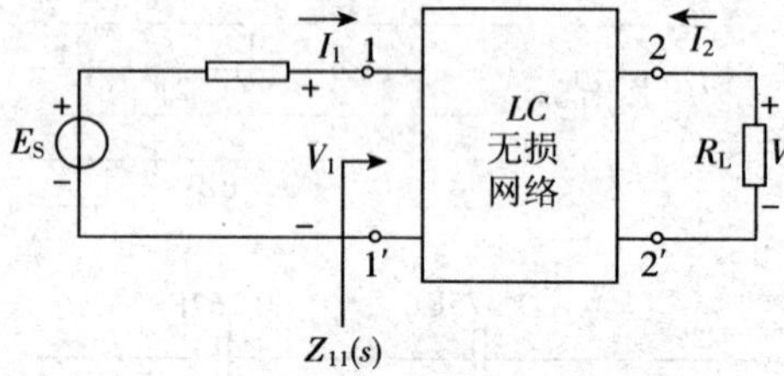

达林顿电路结构

逻辑推理 首先由 R_L 求反射系数 $\rho(s)$,然后由 $\rho(s)$ 得电路端口 11 的输入阻抗 $Z_{11}(s)$,最后由 $Z_{11}(s)$ 综合出电路结构,可用考尔 Ⅰ 型或 Ⅱ 型实现。

解题过程 由给定的 $H_a(s)$ 得出系统的传输零点位于 $s=\infty$ 处。

在 $s=0$ 时有 $\quad H_a(0)=\frac{R_L}{R_S+R_L}=k$

(1) 当 $R_L=1\Omega$ 时,$k=\frac{1}{2}$,此时

$$\rho(s)\rho(-s)=1-\frac{4Rs}{R_L}H_a(s)H_a(-s)=1-4\frac{\frac{1}{2}}{s^2+3s+1}\cdot\frac{\frac{1}{2}}{s^2-3s+1}$$

$$=\frac{s^4-7s^2}{(s^2+3s+1)(s^2-3s+1)}$$

$$=\frac{s(s+\sqrt{7})}{s^2+3s+1}\cdot\frac{-s(-s+\sqrt{7})}{s^2-3s+1}$$

从 $\rho(s)\rho(-s)$ 零极点分布可以看出,为使所得结果满足最小相位条件,选第一项作为

$\rho(s)$，于是有 $\rho(s)=\dfrac{s(s+\sqrt{7})}{s^2+3s+1}$，可实现的策动点阻抗函数有两个。

由 $Z_{11}(s)=Rs\dfrac{1\pm\rho(s)}{1\mp\rho(s)}$ 可得

$$Z_{11}(s)=\frac{1+\rho(s)}{1-\rho(s)}=\left[1+\frac{s(s+\sqrt{7})}{s^2+3s+1}\right]\Big/\left[1-\frac{s(s+\sqrt{7})}{s^2+3s+1}\right]$$

$$=5.6458s+\frac{1}{0.3543s+1}$$

$$Z'_{11}(s)=\frac{1-\rho(s)}{1+\rho(s)}=\frac{1}{Z_{11}(s)}=\frac{1}{5.6458s+\dfrac{1}{0.3543s+1}}$$

所对应的电路结构如解图 10-11(a) 所示。

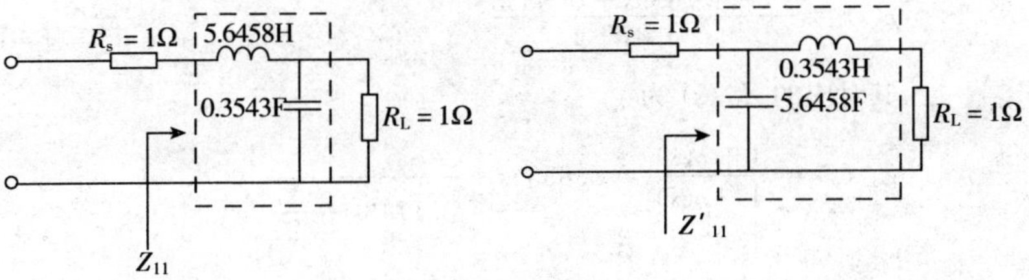

解图 10-11(a)

(2) 当 $R_L=2\Omega$ 时，$k=\dfrac{2}{3}$，此时

$$\rho(s)\rho(-s)=1-4\cdot\frac{1}{2}\cdot\frac{\frac{2}{3}}{s^2+3s+1}\cdot\frac{\frac{2}{3}}{s^2-3s+1}$$

$$=\frac{s^4-7s^2+\frac{1}{9}}{(s^2+3s+1)(s^2-3s+1)}$$

$$=\frac{s^2+2.7689s+0.3333}{s^2+3s+1}\cdot\frac{s^2-2.7689s+0.3333}{s^2-3s+1}$$

求得最小相位解

$$\rho(s)=\frac{s^2+2.7689s+0.3333}{s^2+3s+1}$$

其对应的 $Z_{11}(s)=\dfrac{1+\rho(s)}{1-\rho(s)}=8.6533s+\dfrac{1}{0.1743s+\frac{1}{2}}$

$$Z'_{11}(s)=\frac{1}{Z_{11}(s)}=\frac{1}{8.6533s+\dfrac{1}{0.1743s+\frac{1}{2}}}$$

在这两种可能的实现中，当 $s=0$ 时

$Z_{11}(0)=2, Z'_{11}(0)=\dfrac{1}{2}$

只有 $Z_{11}(s)$ 满足要求，$Z_{11}(s)$ 所对应的电路结构如解图 10-11(b) 所示。

(3) 当 $R_L=0.5\Omega$ 时，$k=\dfrac{1}{3}$，此时

$$\rho(s)\rho(-s)=1-\frac{4}{0.5}\cdot\frac{\frac{1}{3}}{s^2+3s+1}\cdot\frac{\frac{1}{3}}{s^2-3s+1}=\frac{s^4-7s^2+\frac{1}{9}}{(s^2+3s+1)(s^2-3s+1)}$$

$$=\frac{s^2+2.7689s+0.3333}{s^2+3s+1}\cdot\frac{s^2-2.7689s+0.3333}{s^2-3s+1}$$

得最小相位解

$$\rho(s)=\frac{s^2+2.7689s+0.3333}{s^2+3s+1}$$

其对应的 $Z_{11}(s)$ 为

$$Z_{11}(s)=\frac{1+\rho(s)}{1-\rho(s)}=8.6533s+\frac{1}{0.1743s+\frac{1}{2}}$$

$$Z'_{11}(s)=\frac{1}{Z_{11}(s)}=\frac{1}{8.6533s+\frac{1}{0.1743s+\frac{1}{2}}}$$

只有 $Z'_{11}(s)$ 满足要求，它所对应的电路结构如解图 10-11(c) 所示。

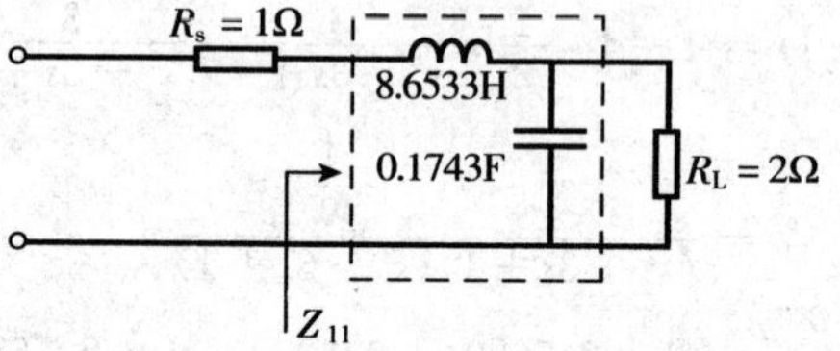

(b)

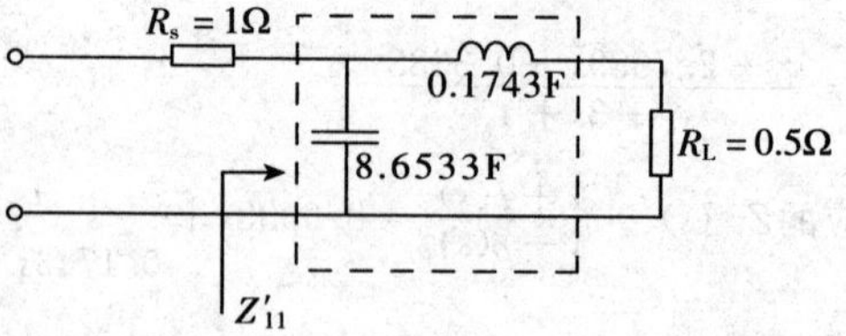

(c)

解图 10-11

10.12 知识点窍 高通滤波器的综合。

逻辑推理 系统的传输零点位于 $s=0$ 处，应根据 $s=\infty$ 来求参数 k。然后根据 R_S 及 R_L 求得反射系数 $\rho(s)$，从而求出输入阻抗 $Z_{11}(s)$，进而得出电路结构。

解题过程 在 $s=\infty$ 时有 $H_a(\infty)=k=\dfrac{R_L}{R_S+R_L}$

$R_S=R_L=1\Omega$ 时 $k=\dfrac{1}{2}$

$$\rho(s)\rho(-s)=1-4\cdot\frac{\frac{1}{2}s^2}{s^2+3s+1}\cdot\frac{\frac{1}{2}s^2}{s^2-3s+1}$$

$$=\frac{-7s^2+1}{(s^2+3s+1)(s^2-3s+1)}=\frac{\sqrt{7}\left(s+\frac{1}{\sqrt{7}}\right)}{s^2+3s+1}\cdot\frac{\sqrt{7}\left(-s+\frac{1}{\sqrt{7}}\right)}{s^2-3s+1}$$

得最小相位解

$$\rho(s)=\frac{\sqrt{7}\left(s+\frac{1}{\sqrt{7}}\right)}{s^2+3s+1}$$

$$Z_{11}(s)=\frac{1+\rho(s)}{1-\rho(s)}=\left[1+\frac{\sqrt{7}\left(s+\frac{1}{\sqrt{7}}\right)}{s^2+3s+1}\right]\Bigg/\left[1-\frac{\sqrt{7}\left(s+\frac{1}{\sqrt{7}}\right)}{s^2+3s+1}\right]$$

$$=\frac{1}{0.1771s}+\frac{1}{\frac{1}{2.8229s}+1}$$

$$Z'_{11}(s)=\frac{1}{Z_{11}(s)}=\frac{1}{\frac{1}{0.1771s}+\frac{1}{\frac{1}{2.8229s+1}}}$$

$s=\infty$ 时，$Z_{11}(\infty)=Z'_{11}(\infty)=1$，均符合要求。

对应电路结构如解图 10-12 所示。

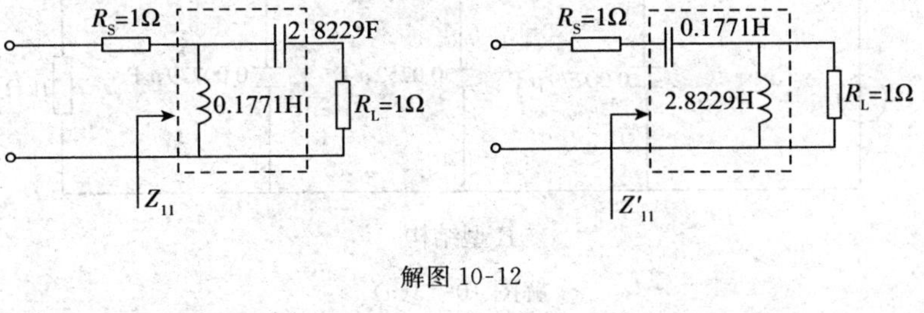

解图 10-12

10.13 解题过程 (1)①T 型结构　查表得 $N=5$ 巴特沃思低通滤波器归一化元件值

$L'_1 = L'_5 = 0.618 \qquad C'_2 = C'_4 = 1.618 \qquad C'_3 = 2$

对元件去归一化得

$$L_5 = L_1 = \frac{R_s}{\Omega_c}L'_1 = \frac{10^3}{2\pi \times 1.263 \times 10^4} \times 0.618\text{H} = 7.79\text{mH}$$

$$C_4 = C_2 = \frac{1}{\Omega_c R_s}C'_2 = \frac{1}{2\pi \times 1.263 \times 10^4 \times 10^3} \times 1.618\text{F} = 0.0204\mu\text{F}$$

$$L_3 = \frac{R_s}{\Omega_c}L'_3 = \frac{10^3}{2\pi \times 1.263 \times 10^4} \times 2\text{H} = 25.2\text{mH}$$

②Π 型结构　　查表得 $N = 5$ 归一化元件值为

$C'_1 = C'_5 = 0.618 \qquad L'_2 = L'_4 = 1.618 \qquad C'_3 = 2$

对元件去归一化得

$$C_5 = C_1 = \frac{1}{\Omega_c R_s}C'_1 = \frac{1}{2\pi \times 1.263 \times 10^4 \times 10^3} \times 0.618\text{F} = 0.00779\mu\text{F}$$

$$L_4 = L_2 = \frac{R_s}{\Omega_c}L'_2 = \frac{10^3}{2\pi \times 1.263 \times 10^4} \times 1.618\text{H} = 20.4\text{mH}$$

$$C_3 = \frac{1}{\Omega_c R_s}C'_3 = \frac{1}{2\pi \times 1.263 \times 10^4 \times 10^3} \times 2\text{F} = 0.0252\mu\text{F}$$

具体实现电路如解图 10-13(a) 所示。

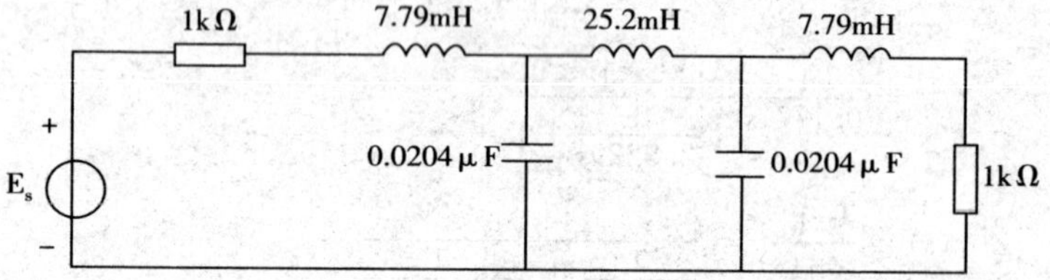

T 型结构

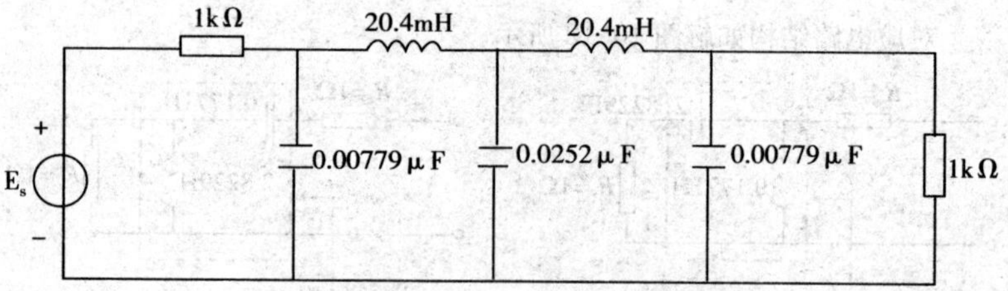

Π 型结构

解图 10-13(a)

(2) 因为 $N = 3$ 为奇数，故 T 型与 Π 型均可。

①T 型结构　查表得 1dB 波纹且 $N=3$ 时切比雪夫低通原型滤波器的 T 实现归一化元件值

$$L'_1 = 2.0236 \qquad C'_2 = 0.9941 \qquad L'_s = 2.0236$$

对元件去归一化得

$$L_3 = L_1 = \frac{R_s}{\Omega_c}L'_1 = \frac{10^3}{2\pi \times 10^4} \times 2.0236\text{H} = 32.2\text{mH}$$

$$C_2 = \frac{1}{\Omega_c R_s}C'_2 = \frac{1}{2\pi \times 10^4 \times 10^3} \times 0.9941\text{F} = 0.016\mu\text{F}$$

②Π 型结构　查表得 1dB 波纹且 $N=3$ 时 Π 实现归一化元件值

$C'_1 = 2.0236 \qquad L'_2 = 0.9941 \qquad C'_3 = 2.0236$

对元件去归一化得

$$C_3 = C_1 = \frac{1}{\Omega_c R_s}C'_1 = \frac{1}{2\pi \times 10^4 \times 10^3} \times 2.0236\text{F} = 0.0322\text{F}$$

$$L_2 = \frac{R_s}{\Omega_c}L'_2 = \frac{10^3}{2\pi \times 10^4} \times 0.9941\text{H} = 16\text{mH}$$

具体实现电路如解图 10-13(b) 所示。

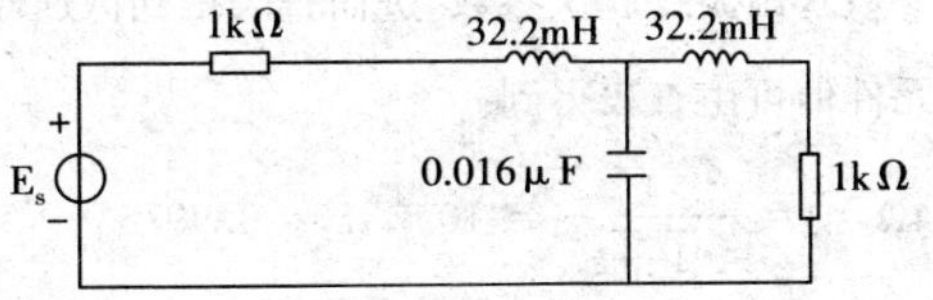

T型结构

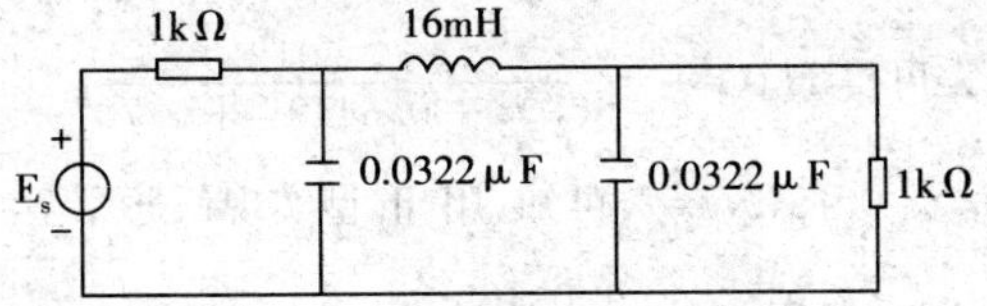

Π型结构

解图 10-13(b)

10.14 知识点窍　切比雪夫低通滤波器的两种实现与归一化负载电阻以及阶次 N 的关系。

逻辑推理　查表即可得低通滤波器分母多项式和归一化元件值。

解题过程　(1) 1dB 波纹起伏参数 $\varepsilon = 0.50885$

$H_{al}(s')$ 的分子

$$A=\frac{1}{\varepsilon\cdot 2^{N-1}}=0.9826$$

故查表可得

$$H_{a1}(s')=\frac{0.9826}{(s')^2+1.0977s'+1.1025}$$

(2) $N=2,\dfrac{R_L}{R_S}=0.25$ 时,查表可知

$L_1'=3.7779, C_2'=0.3001$

由于 $N=2$ 为偶数,故实现电路只能是 Ⅱ 型实现,如解图 10-14 所示。

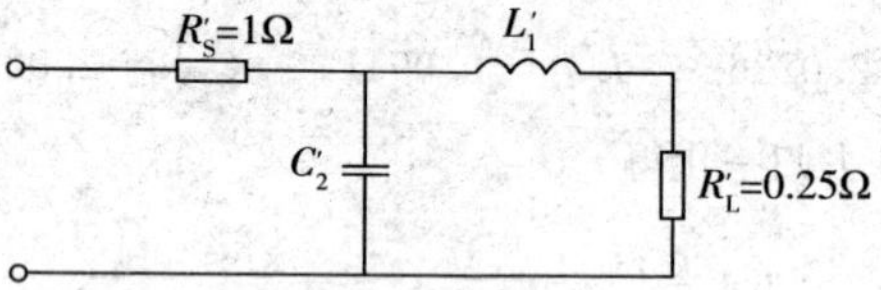

解图 10-14

10.15 知识点窍 由 $|H_a(j\Omega_c)|=\dfrac{1}{\sqrt{1+\varepsilon^2}}$ 求波纹起伏参数。

逻辑推理 根据给定参数求出波纹起伏参数,进而查表得到低通原型滤波器的系统函数。滤波器归一化元件值可由查表得到。

解题过程 (1) $|H_a(j\Omega_c)|=\dfrac{1}{\sqrt{1+\varepsilon^2}}=10^{-\frac{3}{20}}$,$\varepsilon=0.9976$

$H_{a1}(s')$ 的分子 $A=\dfrac{1}{\varepsilon\cdot 2^{N-1}}=0.5012$

故查表可得 $H_{a1}(s')=\dfrac{0.5012}{(s')^2+0.6449s'+0.7079}$

(2) 由 $R_L'=0.15, N=2$ 可知,用 Ⅱ 型实现低通原型滤波器。

$$H_{a1}(o)=\frac{R_L}{R_L+R_S}=\frac{0.15}{1+0.15}=\frac{3}{23}$$

$$\rho(s')\rho(-s')=1-4\frac{R_S}{R_L}\times\left(\frac{3}{23}\right)^2\times 0.5012^2$$

$$\times\{[(s')^2+0.6449s'+0.7079]\times[(s')^2-0.6449s'+0.7079]\}^{-1}$$

故 $\rho(s')=\dfrac{(s')^2+0.2157s'+0.5233}{(s')^2+0.6449s'+0.7079}$

Ⅱ 型对应的

$$Z_{11}(s')=\frac{1-\rho(s')}{1+\rho(s')}=\frac{1}{4.650s'+\dfrac{1}{0.3486s'+0.15}}$$

具体实现如解图 10-15 所示。

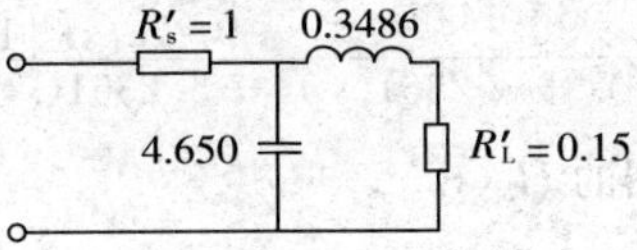

解图 10-15

10.16 知识点窍 设计高通滤波器的常用方法是借助对应的低通原型滤波器，经频率变换和元件变换得到。

逻辑推理 根据给定条件转换为低通原型指标进而设计出低通原型滤波器，按关系转换式$\frac{s}{\Omega_r}=\frac{1}{s'}$可求得高通滤波器系统函数 $H_a(s)=H_{al}\left(\frac{\Omega_r}{s}\right)$，再由 $H_a(s)$ 来实现电路。

解题过程 (1) 求高通滤波器的归一化各频率。

取参考频率 Ω_r 为 3dB 处的截止角频率，作为未知参数待定，求归一化频率，有

$$\begin{cases}\lambda_p=\dfrac{\Omega_p}{\Omega_c}=\dfrac{2\pi\times10^6}{\Omega_c}\\[2ex]\lambda_s=\dfrac{\Omega_s}{\Omega_c}=\dfrac{2\pi\times5\times10^5}{\Omega_c}\\[2ex]\lambda_r=\lambda_c=\dfrac{\Omega_c}{\Omega_c}=1\end{cases}$$

(2) 求低通原型滤波器频率及对应指标。

$$\begin{cases}\Omega'_p=-\dfrac{1}{\lambda_p}=-\dfrac{\Omega_c}{2\pi\times10^6}\\[2ex]\Omega'_s=-\dfrac{1}{\lambda_s}=-\dfrac{\Omega_c}{2\pi\times5\times10^5}\\[2ex]\Omega'_c=1\end{cases}$$

因而有

$$|H_{al}(j\Omega'_p)|=1\Big/\sqrt{1+\left(\frac{\Omega_c}{2\pi\times10^6}\right)^{2N}}=10^{-\frac{1}{20}}$$

$$|H_{al}(j\Omega'_s)|=1\Big/\sqrt{1+\left(\frac{\Omega_c}{2\pi\times5\times10^5}\right)^{2N}}=10^{-1}$$

(3) 求低通原型系统函数 $H_{al}(s')$。

确定滤波器的阶数 N，由(2) 得

$$N=\frac{\lg\left(\dfrac{10^2-1}{10^{-1}-1}\right)}{2\times\lg\left(\dfrac{2\pi\times10^6}{2\pi\times5\times10^5}\right)}=4.290$$

取 $N=5$,查表可得 $H_{al}(s')$ 表达式如下:

$$H_{al}(s')=\frac{1}{(s')^5+3.2361(s')^4+5.2361(s')^3+5.2361(s')^2+3.2361s'+1}$$

(4) 求高通滤波器的 $H_a(s)$。

通过低通原型来确定参考频率 $\Omega_r=\Omega_c$,利用阻带频率 $\Omega s'$ 有

$$|H_{al}(j\Omega'_s)|=\frac{1}{\sqrt{1+(\Omega'_s)^{2\times5}}}=10^{-1}$$

$$\Omega'_s=\sqrt[10]{10^2-1}=1.583$$

求得 $\Omega_r=\Omega_c=\Omega_s\cdot\Omega'_s=2\pi\times5\times10^5\times1.583$

$$=2\pi\times7.916\times10^5\,\text{rad/s}$$

用 $\frac{1}{s'}=\frac{s}{\Omega_r}=\frac{s}{2\pi\times7.916\times10^5}$ 代入 $H_{al}(s')$ 式中得

$$H_a(s)=\frac{s^5}{s^5+1.610\times10^7s^4+1.296\times10^{14}s^3+6.444\times10^{20}s^2+1.981\times10^{27}s+3.045\times10^{33}}$$

由 $H_{al}(s')$ 查表得归一化低通元件值为

$L'_1=0.6180, C'_2=1.6180, L'_3=2.0000, C'_4=1.6180, L'_5=0.6180$

又知 $R_S=1\text{k}\Omega$,求所需高通电路的元件值如下:

$$C_1=\frac{1}{R_s\Omega_cL'_1}=\frac{1}{0.6180\times2\pi\times7.916\times10^{-8}}=325.3\text{pF}$$

$$L_2=\frac{R_s}{C'_2\Omega_c}=124.3\mu\text{H}$$

$$C_3=\frac{1}{R_s\Omega_cL'_3}=100.5\text{pF}$$

$$L_4=\frac{R_s}{\Omega_cC'_4}=124.3\mu\text{H}$$

$$C_5=\frac{1}{R_s\Omega_cL'_5}=325.3\text{pF}$$

实现电路如解图 10-16 所示。

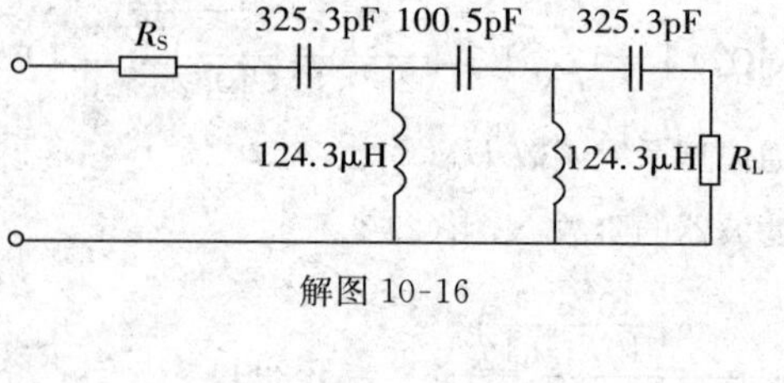

解图 10-16

10.17 知识点窍 借助对应的低通原型滤波器设计带通滤波器。

逻辑推理 首先求归一化带通频率，进而转换为归一化低通频率，然后按照题 10.16 的步骤设计切比雪夫 Ⅰ 型低通滤波器，再去归一化求出带通滤波器的系统函数 $H_a(s)$，进而实现电路。

解题过程 (1) 求归一化带通频率。

取通带宽度为参考频率：
$$\begin{aligned}\Omega_r &= \Omega_{p2} - \Omega_{p1}\\ &= 2\pi\times 1.05\times 10^6 - 2\pi\times 0.95\times 10^6\\ &= 2\pi\times 10^5\ \text{rad/s}\end{aligned}$$

$$\lambda_{p1} = \frac{\Omega_{p1}}{\Omega_r} = 9.5,\lambda_{p2} = \frac{\Omega_{p2}}{\Omega_r} = 10.5$$

$$\lambda_{s1} = \frac{\Omega_{s1}}{\Omega_r} = 7.5,\lambda_{s2} = 12.5$$

$$\lambda_0 = \sqrt{\lambda_{p1}\lambda_{p2}} = 9.9875$$

(2) 求低通原型各归一化频率。

$$\Omega'_{p1} = \frac{\lambda_{p1}^2 - \lambda_0^2}{\lambda_{p1}} = \frac{9.5^2 - 9.9875^2}{9.5} = -1$$

$$\Omega'_{p2} = \frac{\lambda_{p2}^2 - \lambda_0^2}{\lambda_{p2}} = 1$$

$$\Omega'_{s1} = \frac{\lambda_{s1}^2 - \lambda_0^2}{\lambda_{s1}} = -5.8$$

$$\Omega'_{s2} = \frac{\lambda_{s2}^2 - \lambda_0^2}{\lambda_{s2}} = 4.52$$

(3) 求波纹起伏参数。

$$|H_a(j\Omega_c)| = \frac{1}{\sqrt{1+\varepsilon^2}} = 10^{-\frac{1}{20}}$$

$$\varepsilon = 0.50885$$

(4) 求阶数 N。

由于 $|\Omega'_{s1}| \neq |\Omega'_{s2}|$，为保证指标要求取较小值，即 $\Omega'_{s2} = 4.52$

$$|H_{a1}(j\Omega'_{s2})| = \frac{1}{\sqrt{1+\varepsilon^2 T_N^2(4.52)}} = 10^{-2}$$

$$N = \operatorname{arcosh}\left(\frac{1}{\varepsilon}\sqrt{10^4-1}\right)\Big/\operatorname{arcosh}4.52 = 2.729 \quad 取 N = 3$$

(5) 查表得

$$H_{al}(s')=\frac{0.4913}{(s')^3+0.9883(s')^2+1.2384s'+0.4913}$$

(6) 将 $s'=\dfrac{s^2+\Omega_0^2}{s(\Omega_{p2}-\Omega_{p1})}$ 代入 $H_{al}(s')$ 得

$$H_a(s)=1.2187\times10^{17}s^3/(s^6+6.2059\times10^6s^5+1.1863\times10^{14}s^4+4.9028\times10^{19}s^3+4.6716\times10^{27}s^2+9.6296\times10^{32}s+6.107\times10^{40})$$

(7) 由 $H_{al}(s')$ 查表得归一化元件值：

$L'_1=2.0236, C'_2=0.9941, L'_3=2.0236$

转换为带通电路的元件值：

① 电感 L'_1 转换为电感 L_1 和电容 C_1 串联：

$$L_1=\frac{R_S}{\Omega_r}L'_1=0.4831\text{mH}$$

$$C_1=\frac{\Omega_r}{R_S\Omega_0^2L'_1}=52.565\text{pF}$$

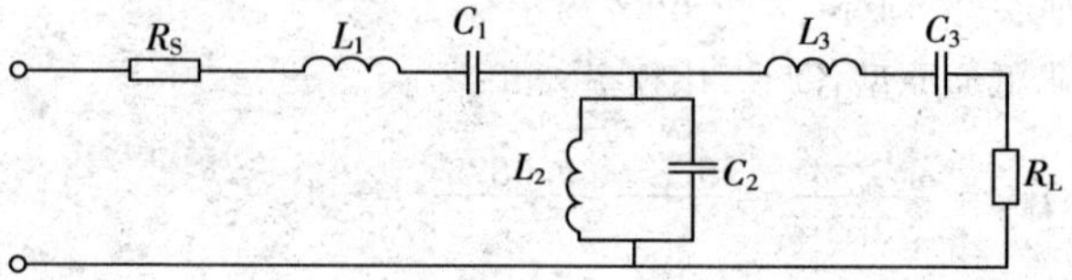

解图 10-17

② 电容 C'_2 转换为电容 C_2 和电感 L_2 并联：

$$C_2=\frac{C'_2}{R_S\Omega_r}=0.0101\mu\text{F}$$

$$L_2=\frac{R_S\Omega_r}{\Omega_0^2C'_2}=2.408\mu\text{H}$$

③ 电感 L'_3 转换为电感 L_3 和电容 C_3 串联：

$$L_3=\frac{R_SL'_3}{\Omega_r}=0.4831\text{mH}$$

$$C_3=\frac{\Omega_r}{R_S\Omega_0^2L'_3}=52.565\text{pF}$$

电路实现如解图 10-17 所示。

10.18 **知识点窍** 冲激响应不变法可将稳定的模拟滤波器变换为稳定的数字滤波器，变换频率时频率间呈线性关系 $\omega=\Omega T$，适用于低通或带通。

逻辑推理 三个滤波器均为理想低通滤波器且为串联关系，故其等效带宽由其中带宽最小的滤波器决定。

解题过程 (1) 限带滤波器和平滑滤波器的截止频率为

$$f=\frac{\pi}{T}\Big/2\pi=\frac{1}{2T}=5\text{kHz}$$

数字滤波器的等效模拟滤波器带宽为

$$f_{c}=\frac{\omega}{T}\Big/2\pi=\frac{1}{16T}=625\text{Hz}$$

故此时系统的等效模拟滤波器带宽为 625Hz。

(2) 限带滤波器和平滑滤波器的截止频率为

$$f=\frac{\pi}{T}\Big/2\pi=\frac{1}{2T}=10\text{kHz}$$

数字滤波器的等效模拟滤波器带宽为

$$f_{c}=\frac{\omega}{T}\Big/2\pi=\frac{1}{16T}=1250\text{Hz}$$

故此时系统等效模拟滤波器带宽为 1250Hz。

10.19 知识点窍 冲激响应不变法将模拟滤波器转换为数字滤波器。相当于将模拟滤波器的冲激响应

$h_{a}(t)$ 以 T 为周期等间隔抽样 $h(n)=h_{a}(nT)$，得到转换关系：

$$\frac{1}{s-s_{k}}\Rightarrow\frac{1}{1-e^{s_{k}T}z^{-1}},H(z)\big|_{z=e^{sT}}=\frac{1}{T}\sum_{k=\infty}^{\infty}H_{a}\left(s+j\frac{2\pi}{T}k\right)$$

逻辑推理 将 $H_{a}(s)$ 部分分式展开，由$\frac{1}{s-s_{k}}\Rightarrow\frac{1}{1-e^{s_{k}T}z^{-1}}$ 求其对应数字滤波器的 $H(z)$。

解题过程 (1) 将 $H_{a}(s)$ 展开成部分分式

$$H_{a}(s)=\frac{s+3}{s^{2}+3s+2}=\frac{s+3}{(s+2)(s+1)}=\frac{2}{s+1}-\frac{1}{s+2}$$

根据 s 域和 z 域的极点映射关系$\frac{1}{s-s_{k}}\Rightarrow\frac{1}{1-e^{s_{k}T}z^{-1}}$，有

$$H(z)=\frac{2}{1-e^{-T}z^{-1}}-\frac{1}{1-e^{-2T}z^{-1}}=\frac{1+e^{-T}(1-2e^{-T})z^{-1}}{1-e^{-T}(1+e^{-T})z^{-1}+e^{-3T}z^{-2}}$$

(2) $$H_{a}(s)=\frac{s+1}{s^{2}+2s+4}=\frac{s+1}{(s+1+\sqrt{3}j)(s+1-\sqrt{3}j)}$$

$$=\frac{\frac{1}{2}}{s+1+\sqrt{3}j}+\frac{\frac{1}{2}}{s+1-\sqrt{3}j}$$

由$\dfrac{1}{s-s_k}\Rightarrow\dfrac{1}{1-e^{s_kT}z^{-1}}$ 有

$$H(z)=\frac{\frac{1}{2}}{1-e^{-(1+\sqrt{3}j)T}z^{-1}}+\frac{\frac{1}{2}}{1-e^{-(1-\sqrt{3}j)T}z^{-1}}$$

$$=\frac{1-e^{-T}\cos(\sqrt{3}T)z^{-1}}{1-2e^{-T}\cos(\sqrt{3}T)z^{-1}+e^{-2T}z^{-2}}$$

10.20 知识点窍 对冲激响应不变法的理解及转换方法的掌握。

逻辑推理 从冲激响应不变法的原理考察两个不同 $H_a(s)$ 的 T 周期抽样序列,从而求证 $H(z)$ 为何有相同的表示形式。

解题过程 对 $H_a(s)=\dfrac{1}{s+a}$ 进行转换后

$$H(z)=\frac{1}{1-e^{-aT}z^{-1}}$$

$H_a(s)=\dfrac{s+a}{(s+a)^2+(2\pi/T)^2}$ 进行转换后有

$$H(z)=\frac{\frac{1}{2}}{1-e^{-(a+j2\pi/T)}Tz^{-1}}+\frac{\frac{1}{2}}{1-e^{-(a-j2\pi/T)}Tz^{-1}}$$

$$=\frac{\frac{1}{2}}{1-e^{-aT}e^{-j2\pi}z^{-1}}+\frac{\frac{1}{2}}{1-e^{-aT}e^{j2\pi}z^{-1}}$$

$$=\frac{\frac{1}{2}}{1-e^{-aT}z^{-1}}+\frac{\frac{1}{2}}{1-e^{-aT}z^{-1}}=\frac{1}{1-e^{-aT}z^{-1}}$$

两者具有相同的 $H(z)$。

$H_a(s)=\dfrac{1}{s+a}$ 对应的单位冲激响应 $h_a(t)=e^{-at}u(t)$

$H_a(s)=\dfrac{s+a}{(s+a)^2+(2\pi/T)^2}$ 对应的单位冲激响应

$$h'_a(t)=\cos\frac{2\pi}{T}t\cdot e^{-at}u(t)$$

冲激响应不变法的实质是把模拟滤波器的冲激响应 $h_a(t)$ 进行等间隔抽样,其样值 $h_a(nT)$ 作为数字滤波器的单位样值响应 $h(n)$,T 为抽样周期。通过观察 $h_a(t)$ 和 $h'_a(t)$,可以发现在 $t=nT$ 时,$H_a(nT)=h'_a(nT)$,故抽样得到的序列完全相同,因而具有相同的$H(z)$ 表达式。

10.21 知识点窍 双线性变换法：把 s 域 Ω 值从 0 到 $\pm\infty$ 的分布压缩至 0 到 $\pm\pi$ 之间，构成单值映射。映射规律如下：

$$z=\frac{1+(sT/2)}{1-(sT/2)},\omega=2\arctan\left(\frac{\Omega T}{2}\right)$$

逻辑推理 根据映射关系将 $H_a(s)$ 映射为 $H(z)$。

解题过程 (1) 因为 $T=2$

所以 $z=\frac{1+(sT/2)}{1-(sT/2)}=\frac{1+s}{1-s},s=\frac{z-1}{z+1},H_a(s)=\frac{s}{s+a}$

所以 $H(z)\big|_{s=\frac{z-1}{z+1}}=\dfrac{\frac{z-1}{z+1}}{\frac{z-1}{z+1}+a}=\dfrac{1-z^{-1}}{(1+a)-(1-a)z^{-1}}$

其单位样值响应为

$$h(n)=\mathscr{Z}^{-1}[H(z)]=\mathscr{Z}^{-1}\left[\frac{1-z^{-1}}{(1+a)-(1-a)z^{-1}}\right]$$

$$=\frac{1}{1-a}\delta(n)-\frac{2a}{1-a^2}\left(\frac{1-a}{1+a}\right)^n u(n)$$

(2) 不能用冲激不变法将上题中的 $H_a(s)=\frac{s}{s+a}$ 转换为数字滤波器。因为冲激不变法的原理是把模拟滤波器的冲激响应 $h_a(t)$ 以 T 为周期等间隔抽样，将抽样值 $h_a(nT)$ 作为数字滤波器的单位样值响应 $h(n)$ 进行 z 变换得到 $H(z)$，因而就频率特性而言存在频谱混叠，使高端严重失真，因此不能用冲激不变法设计上题中的滤波器。

10.22 知识点窍 冲激不变法的频率映射关系：$\Omega=\frac{\omega}{T}$

双线性变换法的频率映射关系：$\Omega=\frac{2}{T}\tan\left(\frac{\omega}{2}\right)$

逻辑推理 给出了数字滤波器的技术指标，求其 $H(z)$，设计步骤为：

(1) 根据数字滤波器的技术指标得到模拟滤波器的技术指标；

(2) 根据模拟技术指标按照要求（如巴特沃思型）设计所对应的模拟滤波器；

(3) 将模拟滤波器转换为数字滤波器。

解题过程 (1) 冲激不变法。

求模拟滤波器技术指标：为方便起见，取 $T=1\text{s}$

$$\Omega_p=\frac{\omega_p}{T}=0.4\pi\ \text{rad/s},\Omega_s=\frac{\omega_s}{T}=0.8\pi\ \text{rad/s},\Omega_c=\frac{\omega_c}{T}=0.5\pi\ \text{rad/s}$$

按通带指标：$\left(\dfrac{1}{\sqrt{1+\left(\dfrac{\Omega_p}{\Omega_c}\right)^{2N}}}\right)^2 = 10^{-\frac{1}{20}}\quad N=\dfrac{\lg(10^{0.1}-1)}{2\lg\left(\dfrac{0.4\pi}{0.5\pi}\right)}\approx 3$

按阻带指标：$\left(\dfrac{1}{\sqrt{1+\left(\dfrac{\Omega_s}{\Omega_c}\right)^{2N}}}\right)^2 = 10^{-\frac{20}{20}}\quad N=\dfrac{\lg(10^{2}-1)}{2\lg\left(\dfrac{0.8\pi}{0.5\pi}\right)}=4.89$

取两者的较小值，得 $N=3$。此时通带满足指标要求，阻带留有余量。

(2) 双线性变换法。

求模拟滤波器技术指标：

$$\Omega_c=\frac{2}{T}\tan\frac{\omega_c}{2}=2\tan\frac{\pi}{4}=2\text{rad/s}$$

$$\Omega_p=\frac{2}{T}\tan\frac{\omega_p}{2}=2\tan 0.2\pi=1.4531\text{rad/s}$$

$$\Omega_s=\frac{2}{T}\tan\frac{\omega_s}{2}=2\tan 0.4\pi=6.1554\text{rad/s}$$

按通带指标：

$$\left(\frac{1}{\sqrt{1+\left(\frac{\Omega_p}{\Omega_c}\right)^{2N}}}\right)=10^{-\frac{1}{20}},N=\frac{\lg(10^{0.1}-1)}{2\lg\left(\frac{1.4531}{2}\right)}=2.115$$

按阻带指标：

$$\left(\frac{1}{\sqrt{1+\left(\frac{\Omega_s}{\Omega_c}\right)^{2N}}}\right)=10^{-\frac{20}{20}},N=\frac{\lg(10^{2}-1)}{2\lg\left(\frac{6.1554}{2}\right)}=2$$

取两者的较小值，得 $N=2$。此时阻带满足指标要求，通带略有余量。

10.23 **知识点窍** 冲激不变法原型模拟滤波器与数字滤波器之间的对应关系如下：

$$H(e^{j\omega})=\frac{1}{T}\sum_{k=-\infty}^{+\infty}H_a\left(j\frac{\omega}{T}+j\frac{2\pi}{T}k\right)$$

双线性变换法的频率关系如下：

$$\Omega=\frac{2}{T}\tan\left(\frac{\omega}{2}\right)$$

逻辑推理 按照频率对应关系，由图解法给出原型滤波器响应。

解题过程 (1) 冲激不变法：$\Omega=\dfrac{\omega}{T}$，频率特性形状基本上与模拟滤波器相同，

如解图 10-23(a) 所示。

(2) 双线性变换法：$\Omega=\frac{2}{T}\tan\left(\frac{\omega}{2}\right)$

解图 10-23(b) 中：

$$\Omega_1=\frac{2}{T}\tan\left(\frac{1}{2}\times\frac{1}{3}\pi\right),\Omega_2=\frac{2}{T}\tan\left(\frac{1}{2}\times\frac{2}{3}\pi\right)$$

左侧幅频特性可由对称关系得出。

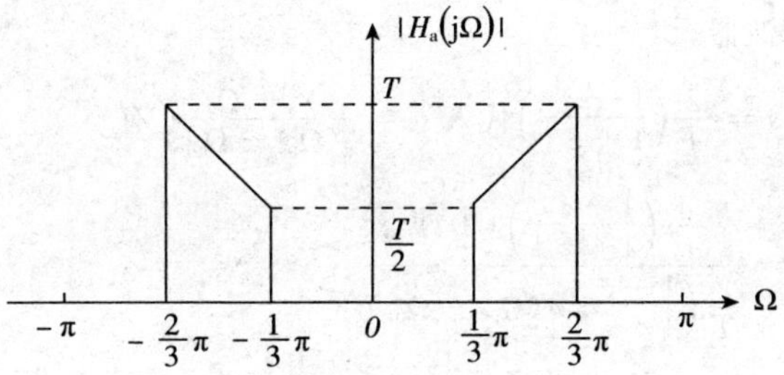

解图 10-23(a)

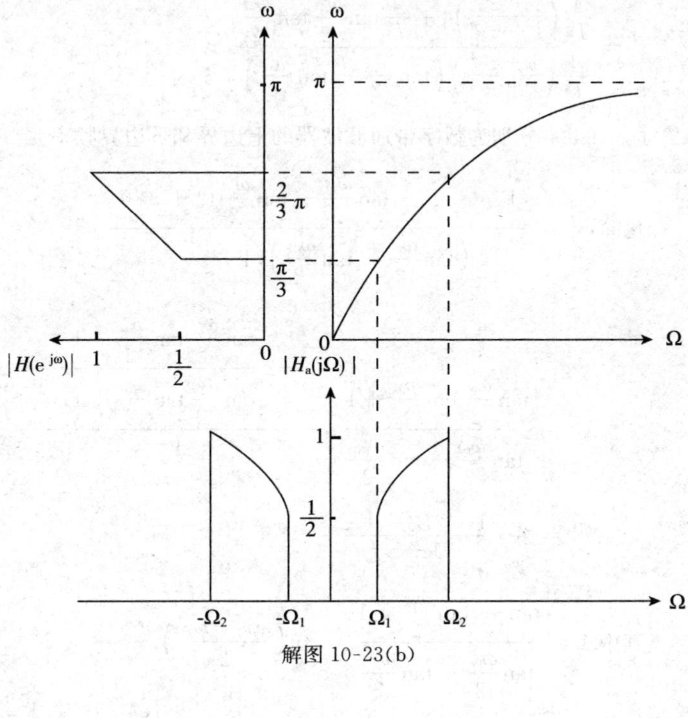

解图 10-23(b)

10.24 知识点窍 双线性变换 s 域到 z 域的映射关系：$s=\frac{2}{T}\left(\frac{1-z^{-1}}{1+z^{-1}}\right),\Omega=\frac{2}{T}\tan\frac{\omega}{2}$

低通原型与归一化带通关系：$s'=\frac{s^2+\Omega_0^2}{s(\Omega_{p2}-\Omega_{p1})},\Omega'=\frac{\lambda^2-\lambda_0^2}{\lambda}$

逻辑推理 由 s' 与 s，s 与 z 的映射规律求证第一式；由 Ω' 与 Ω，Ω 与 ω 的关系求证第二式。设计数字滤波器：根据求得的对应关系先设计出低通模拟滤波器，再将其转换为对应的数字滤波器。

解题过程 (1) 由 $s=\frac{2}{T}\left(\frac{1-z^{-1}}{1+z^{-1}}\right)$代入 $s'=\frac{s^2+\Omega_0^2}{s(\Omega_{p2}-\Omega_{p1})}$ 有

$$s'=\frac{\frac{4}{T^2}\left(\frac{1-z^{-1}}{1+z^{-1}}\right)^2+\Omega_0^2}{\frac{2}{T}\left(\frac{1-z^{-1}}{1+z^{-1}}\right)(\Omega_{p2}-\Omega_{p1})}$$

又有 $\Omega_0^2=\Omega_{p2}\Omega_{p1},\Omega=\frac{2}{T}\tan\frac{\omega}{2}$，代入上式有

$$s'=\frac{\frac{4}{T^2}\left(\frac{1-z^{-1}}{1+z^{-1}}\right)^2+\frac{4}{T^2}\tan\frac{\omega_{p1}}{2}\tan\frac{\omega_{p2}}{2}}{\frac{4}{T^2}\left(\frac{1-z^{-1}}{1+z^{-1}}\right)\left(\tan\frac{\omega_{p2}}{2}-\tan\frac{\omega_{p1}}{2}\right)}$$

ω_{p2} 和 ω_{p1} 分别为数字带通滤波器的上边界和下边界频率。

$$化简,s'=\frac{(1-z^{-1})^2+\tan\frac{\omega_{p1}}{2}-\tan\frac{\omega_{p2}}{2}(1+z^{-1})^2}{\left(\tan\frac{\omega_{p2}}{2}-\tan\frac{\omega_{p1}}{2}\right)(1-z^{-2})}$$

$$=\frac{\tan\frac{\omega_{p1}}{2}\tan\frac{\omega_{p2}}{2}+1}{\tan\frac{\omega_{p2}}{2}-\tan\frac{\omega_{p1}}{2}}\cdot\frac{1-2\frac{\tan\frac{\omega_{p1}}{2}\tan\frac{\omega_{p2}}{2}-1}{\tan\frac{\omega_{p1}}{2}\tan\frac{\omega_{p2}}{2}+1}z^{-1}+z^{-2}}{1-z^{-2}}$$

$$=A\cdot\frac{1-2Bz^{-1}+z^{-2}}{1-z^{-2}}$$

$$其中A=\frac{\tan\frac{\omega_{p1}}{2}\tan\frac{\omega_{p2}}{2}+1}{\tan\frac{\omega_{p2}}{2}-\tan\frac{\omega_{p1}}{2}}=\cot\left(\frac{\omega_{p2}-\omega_{p1}}{2}\right)$$

$$B=\frac{\tan\frac{\omega_{p1}}{2}\tan\frac{\omega_{p2}}{2}-1}{\tan\frac{\omega_{p1}}{2}\tan\frac{\omega_{p2}}{2}+1}=\frac{\cos\left(\frac{\omega_{p2}+\omega_{p1}}{2}\right)}{\cos\left(\frac{\omega_{p2}-\omega_{p1}}{2}\right)}$$

将$\Omega=\frac{2}{T}\tan\frac{\omega}{2}$代入$\Omega'=\frac{\lambda^2-\lambda_0^2}{\lambda}\left(\text{其中}\ \lambda=\frac{\Omega}{\Omega_{p2}-\Omega_{p1}}\right)$有

$$\Omega'=\frac{\lambda^2-\lambda_0^2}{\lambda}=\frac{\left(\frac{\Omega}{\Omega_{p2}-\Omega_{p1}}\right)^2-\frac{\Omega_{p2}\cdot\Omega_{p1}}{(\Omega_{p2}-\Omega_{p1})^2}}{\frac{\Omega}{\Omega_{p2}-\Omega_{p1}}}=\frac{\Omega^2-\Omega_{p2}\Omega_{p1}}{\Omega(\Omega_{p2}-\Omega_{p1})}$$

$$=\frac{\tan^2\frac{\omega}{2}-\tan\frac{\omega_{p1}}{2}\tan\frac{\omega_{p2}}{2}}{\tan\frac{\omega}{2}\left(\tan\frac{\omega_{p2}}{2}-\tan\frac{\omega_{p1}}{2}\right)}$$

将$\tan\frac{\omega}{2}=\frac{\sin\omega}{1+\cos\omega}$代入，有

$$\Omega'=\frac{\frac{\sin^2\omega}{(1+\cos\omega)^2}-\tan\frac{\omega_{p1}}{2}\tan\frac{\omega_{p2}}{2}}{\frac{\sin\omega}{(1+\cos\omega)}\left(\tan\frac{\omega_{p2}}{2}-\tan\frac{\omega_{p1}}{2}\right)}$$

$$=\frac{(1-\cos\omega)-\tan\frac{\omega_{p1}}{2}\tan\frac{\omega_{p2}}{2}(1+\cos\omega)}{\sin\omega\left(\tan\frac{\omega_{p2}}{2}-\tan\frac{\omega_{p1}}{2}\right)}$$

$$=A\cdot\frac{B-\cos\omega}{\sin\omega}\quad(A、B\text{与上式中的相同})$$

(2) 按照(1) 小题中推导的转换关系先将数字带通指标转换为模拟低通指标：

$\omega_{s1}=0.2\pi,\omega_{s2}=0.2\pi,\omega_{p1}=0.3\pi,\omega_{p2}=0.4\pi$

则$\Omega'_{s1}=A\cdot\frac{B-\cos0.2\pi}{\sin0.2\pi}=-3.749,\Omega'_{p1}=-1$

$$\Omega'_{s2}=A\cdot\frac{B-\cos0.5\pi}{\sin0.5\pi}=2.904,\Omega'_{p2}=1$$

其中$A=\cot\left(\frac{\omega_{p2}-\omega_{p1}}{2}\right)=\cot\left(\frac{0.1\pi}{2}\right)=6.314$

$$B=\frac{\cos\left(\frac{\omega_{p2}+\omega_{p1}}{2}\right)}{\cos\left(\frac{\omega_{p2}-\omega_{p1}}{2}\right)}=\frac{\cos0.35\pi}{\cos0.05\pi}=0.460$$

取Ω'_{s1}、Ω'_{s2}中绝对值较小的一个，采用巴特沃思滤波器实现

$$|H_a(j\Omega'_{s2})|=\frac{1}{\sqrt{1+(2.904)^{2N}}}=10^{-\frac{15}{20}}\quad N=\frac{\lg(10^{1.5}-1)}{2\lg(2.904)}=1.605$$

取$N=2$，得低通原型为$H_{al}(s')=\frac{1}{(s')^2+\sqrt{2}s'+1}$

将 $s' = A \cdot \dfrac{1-2Bz^{-1}+z^{-2}}{1-z^{-2}}$ 代入,有

$$H(z) = \frac{1}{A^2} \cdot \frac{1}{\left(\dfrac{1-2Bz^{-1}+z^{-2}}{1-z^{-2}}\right)^2 + \sqrt{2}\left(\dfrac{1-2Bz^{-1}+z^{-2}}{1-z^{-2}}\right) + 1}$$

$$= \frac{0.02(1-2z^{-2}+z^{-4})}{1-1.6368z^{-1}+2.2376z^{-2}-1.3071z^{-3}+0.6414z^{-4}}$$

对应框图如解图 10-24 所示。

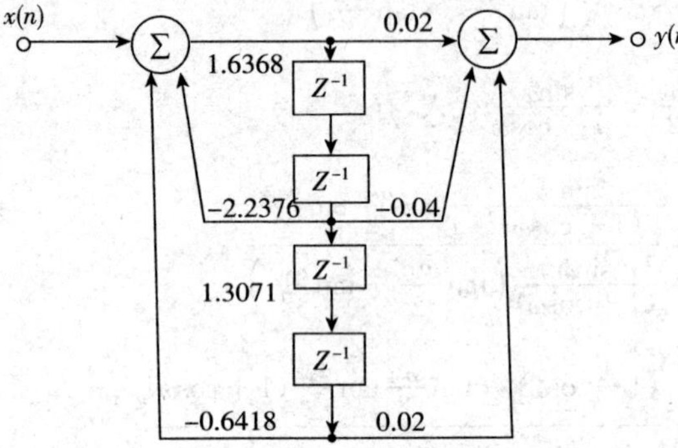

解图 10-24

10.25 知识点窍 窗函数法设计的初衷是使设计的滤波器频率特性 $H(e^{j\omega})$ 与要求的频率特性 $H_d(e^{j\omega})$ 在频域均方误差最小的意义下进行逼近,即

$$\varepsilon^2 = \frac{1}{2\pi}\int_{-\pi}^{\pi} |H_d(e^{j\omega}) - H(e^{j\omega})|^2 d\omega = \min$$

逻辑推理 将 $e^{-j\omega n}$ 按欧拉公式展开,求使 ε^2 最小时的 $h(n)$。

解题过程 $$\varepsilon^2 = \frac{1}{2\pi}\int_{-\pi}^{\pi} \left| \sum_{n=0}^{\infty} h_d(n) e^{-j\omega n} - \sum_{n=0}^{N-1} h(n) e^{-j\omega n} \right|^2 d\omega$$

$$= \frac{1}{2\pi}\int_{-\pi}^{\pi} \left| \left\{ \sum_{n=0}^{N-1}[h_d(n)-h(n)]\cos\omega n - \sum_{n=0}^{N-1}[h_d(n)-h(n)]j\sin\omega n \right.\right.$$

$$\left.\left. + \sum_{n=N}^{\infty} h_d(n)\cos\omega n - j\sum_{n=N}^{\infty} h_d(n)\sin\omega n \right\} \right|^2 d\omega$$

$$= \frac{1}{2\pi}\int_{-\pi}^{\pi} \left\{ \sum_{n=0}^{N-1}[h_d(n)-h(n)]\cos\omega n + \sum_{n=N}^{\infty} h_d(n)\cos\omega n \right\}^2 d\omega$$

$$+ \frac{1}{2\pi}\int_{-\pi}^{\pi} \left\{ \sum_{n=0}^{N-1}[h_d(n)-h(n)]\sin\omega n + \sum_{n=N}^{\infty} h_d(n)\sin\omega n \right\}^2 d\omega$$

$$= \frac{1}{2\pi}\int_{-\pi}^{\pi}\left|\left\{\sum_{n=0}^{N-1}[h_d(n)-h(n)]\cos\omega n\right\}^2+\left[\sum_{n=N}^{\infty}h_d(n)\sin\omega n\right]^2\right.$$

$$\left.+\left\{\sum_{n=0}^{N-1}[h_d(n)-h(n)]\sin\omega n\right\}^2+\left[\sum_{n=N}^{\infty}h_d(n)\sin\omega n\right]^2\right|\mathrm{d}\omega$$

显然，当被积函数最小时，积分所得结果也达到最小。

式中第 2 项和第 4 项确定，要使第 1 项和第 3 项的平方最小，只要使 n 在 0 到 $N-1$ 时 $h_d(n)=h(n)$ 即可达到最小值零，即 $h(n)=h_d(n)R_N(n)$。

10.26 **知识点窍** 汉宁(Hanning) 窗(升余弦窗) 函数：

$$\omega(n)=\frac{1}{2}\left[1-\cos\frac{2\pi n}{N-1}\right]\quad(0\leqslant n\leqslant N-1)$$

逻辑推理 按照傅里叶变换的定义式求解。

解题过程 $W_H(e^{j\omega})=\sum_{n=-\infty}^{\infty}\omega(n)e^{-j\omega n}=\sum_{n=0}^{N-1}\frac{1}{2}\left[1-\cos\frac{2\pi n}{N-1}\right]e^{-j\omega n}$

$$=\frac{1}{2}\sum_{n=0}^{N-1}e^{-j\omega n}-\frac{1}{4}\sum_{n=0}^{N-1}\left[e^{j\left(\frac{2\pi n}{N-1}-\omega n\right)}+e^{-j\left(\frac{2\pi n}{N-1}+\omega n\right)}\right]$$

$$=\frac{1}{2}\,\frac{1-e^{-j\omega N}}{1-e^{-j\omega}}-\frac{1}{4}\sum_{n=0}^{N-1}\left[e^{j\left(\frac{2\pi n}{N-1}-\omega n\right)}+e^{-j\left(\frac{2\pi n}{N-1}+\omega n\right)}\right]$$

$$=\frac{1}{2}W_R(e^{j\omega})-\frac{1}{4}W_R\left[e^{j\left(\omega-\frac{2\pi}{N-1}\right)}\right]-\frac{1}{4}W_R\left[e^{j\left(\omega-\frac{2\pi}{N-1}\right)}\right]$$

其中 $W_R(e^{j\omega})=e^{-j\left(\frac{N-1}{2}\right)\omega}\cdot\dfrac{\sin\left(\dfrac{N}{2}\omega\right)}{\sin\left(\dfrac{\omega}{2}\right)}$

汉宁(Hanning) 窗时域波形为升余弦形，两端平缓下降，其频域特性的旁瓣电平相应减小，但其代价是增加了主瓣和过渡带的宽度。

10.27 **知识点窍** *FIR* 滤波器有两种形式的框图实现，第一种为非递归结构，结构框图中没有反馈部分；第二种为线性相位直接型结构，利用 $h(n)$ 的对称性得其框图结构。第二种所用的乘法次数较少。

逻辑推理 由 $z=e^{j\omega}$ 求其幅频特性，再由 $H(z)$ 直接画出直接形式Ⅱ的实现框图。

解题过程 (1) 将 $z=e^{j\omega}$ 代入，有

$$H(e^{j\omega})=\frac{1}{10}(1+2e^{-j\omega}+4e^{-j2\omega}+2e^{-j3\omega}+e^{-j4\omega})$$

其频域幅度特性如解图 10-27(a) 所示。

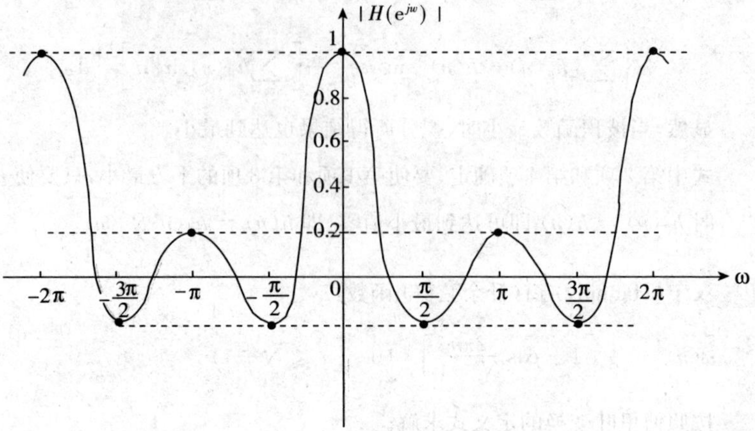

解图 10-27(a)

$\omega = 2k\pi$：$|H(e^{j\omega})| = 1$

$\omega = (2k+1)\pi$：$|H(e^{j\omega})| = 0.2$

$\omega = \frac{2k+1}{2}\pi$：$|H(e^{j\omega})| = -0.2$

其中 $k = 0, \pm 1, \pm 2, \cdots$

(2) 结构框图如解图 10-27(b) 所示。

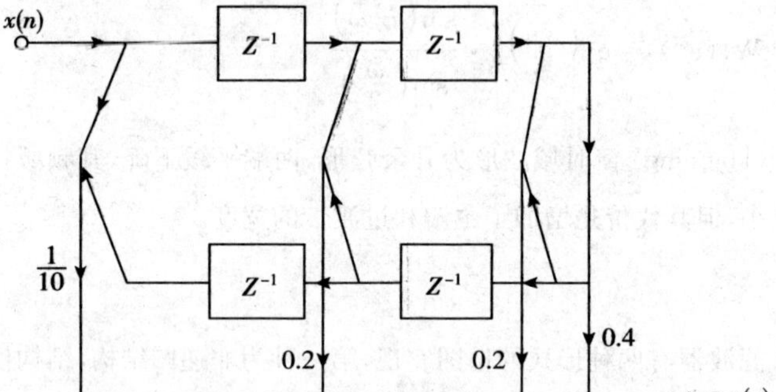

解图 10-27(b)

10.28 知识点窍 窗函数法设计 *FIR* 滤波器的步骤如下：

(1) 给定 $H_d(e^{j\omega})$，求出相应的 $h_d(n)$；

(2) 根据允许的过渡带宽度及阻带衰减要求选择窗函数的形状及滤波器长度 N；

(3) 求得 $h(n)=h_d(n)\omega(n)$；

(4) 计算 $H(e^{j\omega})=\dfrac{1}{2n}[H_d(e^{j\omega})*\omega(e^{j\omega})]$。

逻辑推理 本题已给定 $H_d(e^{j\omega})$ 为线性相位带通 FIR 滤波器，窗函数为 $R_N(n)$，计算 N 分别为奇数、偶数时的 $h(n)$ 即可。

解题过程
$$H_d(e^{j\omega})=\begin{cases}e^{-j\omega\alpha} & -\omega_c\leqslant\omega-\omega_0\leqslant\omega_c\\ 0 & 0\leqslant\omega\leqslant\pi\end{cases}$$

给出的 ω 为从 0 到 π，它在 $\omega\in[-\pi,0]$ 时也有对称特性。

$$H_d(n)=\frac{1}{2\pi}\int_{-\pi}^{\pi}H_d(e^{j\omega})e^{j\omega n}d\omega=\frac{1}{2\pi}\int_{\omega_0-\omega_c}^{\omega_0+\omega_c}e^{j\omega(n-\alpha)}d\omega+\frac{1}{2\pi}\int_{-\omega_0-\omega_c}^{-\omega_0+\omega_c}e^{j\omega(n-\alpha)}d\omega$$

$$=\frac{2\cos\omega_0(n-\alpha)\sin\omega_c(n-\alpha)}{\pi(n-\alpha)}$$

$$h(n)=R_N(n)\cdot h_d(n)=2\cos\omega_0(n-\alpha)\frac{\sin\omega_c(n-\alpha)}{\pi(n-\alpha)},\alpha=\frac{N-1}{2}$$

N 取奇数或偶数结果相同。

10.29 知识点窍 同上题。

逻辑推理 本题为线性高通，计算方法同上题。

解题过程 ω 在 $[-\pi,0]$ 具有同 $[0,\pi]$ 的对称特性。

$$H_d(e^{j\omega})=\begin{cases}e^{-j\omega\alpha} & \pi-\omega_c\leqslant\omega\leqslant\pi\\ 0 & 0\leqslant\omega<\pi-\omega_c\end{cases}$$

$$h_d(n)=\frac{1}{2\pi}\int_{-\pi}^{\pi}H_d(e^{j\omega})e^{j\omega n}d\omega$$

$$=\frac{1}{2\pi}\int_{-\pi}^{-\pi+\omega_c}e^{j\omega(n-\alpha)}d\omega+\frac{1}{2\pi}\int_{\pi-\omega_c}^{\pi}e^{j\omega(n-\alpha)}d\omega$$

$$=\frac{(-1)^{n-\alpha}}{\pi(n-\alpha)}\sin\frac{\omega_c}{2}(n-\alpha)e^{-j\frac{\omega_c}{2}(n-\alpha)}+\frac{(-1)^{n-\alpha}}{\pi(n-\alpha)}\sin\frac{\omega_c}{2}(n-\alpha)e^{j\frac{\omega_c}{2}(n-\alpha)}$$

$$=\frac{(-1)^{n-\alpha}\sin\omega_c(n-\alpha)}{\pi(n-\alpha)}$$

当矩形窗长度 N 为奇数时，

$$h(n)=h_d(n)R_N(n)=(-1)^{n-\alpha}\frac{\sin\omega_c(n-\alpha)}{\pi(n-\alpha)},\alpha=\frac{N-1}{2}$$

当 N 为偶数时，

$$h(n)=h_{\mathrm{d}}(n)R_{\mathrm{N}}(n)=(-1)^{\left[n-\left(\frac{N}{2}-1\right)\right]}\frac{\sin\omega_{\mathrm{c}}(n-2)}{\pi(n-\alpha)},\alpha=\frac{N-1}{2}$$

10.30 知识点窍 教材图 10-62、图 10-63 中各参量之间的关系如下：

$$\frac{L}{R_{\mathrm{s}}}=\frac{C_{\mathrm{L}}}{f_{\mathrm{c}}C_0},CR_{\mathrm{s}}=\frac{C_{\mathrm{C}}}{f_{\mathrm{c}}C_0},\frac{R_{\mathrm{T}}}{R_{\mathrm{s}}}=\frac{C_{\mathrm{R}}}{C_0},\frac{C_{\mathrm{L}}}{C_0}=\frac{C_{\mathrm{C}}}{C_0},R_{\mathrm{s}}=\sqrt{\frac{L}{C}}$$

逻辑推理 将已知参数代入公式计算。

解题过程 (1) 由 $R_{\mathrm{s}}=\sqrt{\dfrac{L}{C}}=707.9\Omega$

得$\dfrac{C_{\mathrm{C}}}{C_0}=\dfrac{C_{\mathrm{L}}}{C_0}=CR_{\mathrm{s}}f_{\mathrm{c}}=15.91$

$$\frac{C_{\mathrm{R}}}{C_0}=\frac{R_{\mathrm{T}}}{R_{\mathrm{s}}}=\frac{1000}{707.9}=1.414$$

(2) $C_{\mathrm{L}}=C_{\mathrm{C}}=C_0\cdot\dfrac{C_{\mathrm{C}}}{C_0}=15.91\mathrm{pF}$

$$C_{\mathrm{R}}=\frac{C_{\mathrm{R}}}{C_0}\cdot C_0=1.414\mathrm{pF}$$

第十一章

反馈系统

考试要求

了解负反馈系统特性、基本分析方法以及典型应用实例，并掌握借助正反馈产生自激振荡的原理、稳定性分析的方法以及信号流图方法，为学习系统状态空间分析打好基础。

知识点归纳

● 负反馈系统的基本表达式

$$H(s)=\frac{A(s)}{1+F(s)A(s)}$$

● 当 $|F(s)A(s)|\gg 1$ 时

(1) 前馈通路系统函数 $A(s)$ 对整个系统函数 $H(s)$ 的影响可忽略不计；

(2) 整个的系统函数 $H(s)$ 近似等于反馈通路系统函数 $F(s)$ 的倒数。

● 反馈系统的特性

(1) 改善系统的灵敏度；

(2) 改善系统频响特性；

(3) 逆系统设计；

(4) 使不稳定系统成为稳定系统。

● 连续信号正反馈系统产生自激振荡的条件

$$A(s)F(s)=1$$

- 根轨迹法是考察闭环系统函数式中某参量变动时，特征方程的根(极点)在 s 平面内移动的轨迹(路径)

- 根轨迹的模量条件 $\dfrac{\prod\limits_{k=1}^{n}|s-p_k|}{\prod\limits_{i=1}^{m}|s-z_i|}=\dfrac{\prod\limits_{k=1}^{n}|M_k|}{\prod\limits_{i=1}^{m}|N_i|}=|K|$

K 是根轨迹增益。

幅角条件：$\sum\limits_{i=1}^{m}\psi_i-\sum\limits_{k=1}^{n}\theta_k=r\pi\quad\begin{cases}K>0 \text{ 则 } r \text{ 为奇}\\ K<0 \text{ 则 } r \text{ 为偶}\end{cases}$

- 根轨迹作图规则

(1) 根轨迹具有 n 条分支；

(2) 根轨迹始于开环系统函数 $A(s)F(s)$ 的极点，止于 $A(s)F(s)$ 的零点；

(3) 根轨迹对 s 平面的实轴呈镜像对称；

(4) 若有一段实轴，在它右边的实轴上 $A(s)F(s)$ 的极点与零点总数是奇数，则此段实轴是根轨迹的一部分；

(5) 两支根轨迹的交点可由方程 $\dfrac{d}{ds}[A(s)F(s)]=0$ 求得；

(6) 根轨迹与虚轴的交点可由 $s=j\omega$ 代入特征方程而求出，由此写出 $1+A(j\omega)F(j\omega)=0$；

(7) 当 $k\to\infty$ 时，根轨迹各分支趋向 $A(s)F(s)$ 的零点，其中有 m 个分支趋于有限零点，另有 $(n-m)$ 个分支各自沿"渐近线"趋向无穷远处的零点。渐近线与实轴的交角为 $\dfrac{l\pi}{n-m}$，其中 $l=1,3,5,\cdots$，共 $(n-m)$ 个正奇数；

(8) 渐近线会交于实轴上的一点，此点称为渐近线重心，其坐标为

$$\sigma_0=\frac{(p_1+p_2+\cdots+p_n)-(z_1+z_2+\cdots+z_m)}{n-m}$$

- 奈奎斯特稳定性判据方法的特点：无需求出极点的精确位置，只是判断对应某 K 值系统是否稳定；此外，不一定需要给出系统函数表达式，可以是实验测量数据，也可用于非有理函数描述的反馈系统分析。

- 在研究系统的频率特性时，取 s 变量中的 $\sigma=0$，复变量在 s 平面中沿 $j\omega$ 轴移动，映射到 $H(j\omega)$ 平面可得到一条曲线，称为系统函数的复轨迹，用于奈奎斯特判据方法分析。

- 从 s 平面到 G 平面围线映射中 $G(s)$ 表达式

$$G(s)=1+A(s)F(s)=\frac{D(s)+N(s)}{D(s)}$$

$$= K_1 \frac{(s-z_1)(s-z_2)\cdots(s-z_m)}{(s-p_1)(s-p_2)\cdots(s-p_n)}$$

- 一般情况下反馈系统的奈奎斯特判据

若 $G(s)=1+A(s)F(s)$ 在右半 s 平面内有 n_z 个零点和 n_p 个极点，则当 ω 由 $-\infty$ 变到 $+\infty$ 时，在 $A(\mathrm{j}\omega)F(\mathrm{j}\omega)$ 平面中的奈奎斯特图顺时针方向围绕 $-1+\mathrm{j}0$ 点 (n_z-n_p) 次。若 $n_z<n_p$，则按逆时针围绕 $(-1+\mathrm{j}0)$ 点 (n_p-n_z) 次。

- 开环特性稳定条件下的奈奎斯特判据

当 ω 由 $-\infty$ 到 $+\infty$ 改变时，在 $A(\mathrm{j}\omega)F(\mathrm{j}\omega)$ 平面中的奈奎斯特图顺时针绕 $(-1+\mathrm{j}0)$ 点的次数等于系统函数分母 $G(s)=1+A(s)F(s)$ 在 s 右半平面内的零点数（即系统函数 $H(s)$ 的极点数）。此奈奎斯特图若不包围 $(-1+\mathrm{j}0)$ 点，则系统稳定，否则系统不稳定。

- 信号流图方法的主要优点是：系统模型的表示简明清楚；系统函数的计算过程明显简化。对由多个反馈环路组成的复杂系统进行分析时，信号流图方法的优点更为突出。
- 系统的信号流图表示采用一些点和支路来描述系统。
- 在运用信号流图时必须遵循流图的以下性质

(1) 支路表示了一个信号与另一个信号的函数关系，信号只能沿着支路上的箭头方向通过；

(2) 节点可以把所有输入支路的信号叠加，并把总和信号传送到所有输出支路；

(3) 具有输入和输出支路的混合节点，通过增加一个具有单位传输的支路，可以把它变成输出节点来处理；

(4) 给定系统，信号流图形式并不是唯一的；

(5) 流图转置以后，其转移函数保持不变。

- 信号流图的代数运算规则

(1) 只有一个输入支路的节点值等于输入信号乘以支路增益；

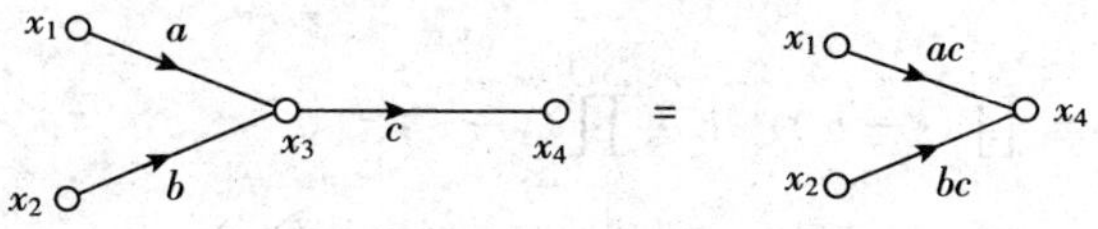

(a)

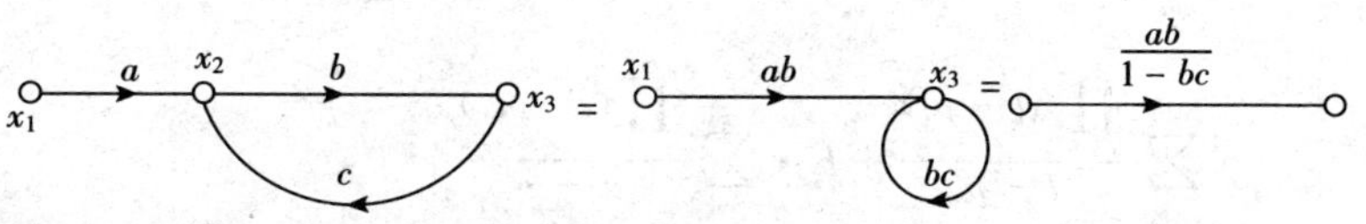

(b)

图 11-1

(2) 串联支路的总增益等于所有各支路增益的乘积，因而串联支路可以简化合并为单一支路；

(3) 通过并联相加可以把并联支路合并为单一支路；

(4) 混合节点可以按图 11-1(a) 所示的方式消掉；

(5) 环路可以按图 11-1(b) 所示的方式消掉。

● 梅森公式的形式为

$$H=\frac{1}{\Delta}\sum_{\mathrm{k}}g_{\mathrm{k}}\Delta_{\mathrm{k}}$$

利用梅森增益公式可以根据流图很方便地求得输入与输出间的转移函数。

经典考题解析

例 1　根轨迹的分离点是系统闭环特征方程的重根。试证明分离点 d 满足下述方程

$$\sum_{i=1}^{n}\frac{1}{d-p_i}=\sum_{i=1}^{m}\frac{1}{d-z_i}$$

其中 $p_i(i=1,2,\cdots,n)$、$z_i(i=1,2,\cdots,m)$ 分别是系统开环传递函数的极点和零点。

逻辑推理　考查系统根轨迹中的零极点关系。

证明　因为 $p_i(i=1,2,\cdots,n)$ 和 $z_i(i=1,2,\cdots,m)$ 分别是系统的开环极点和开环零点，故系统开环传递函数为

$$G(s)H(s)=K\cdot\frac{\prod_{i=1}^{m}(s-z_i)}{\sum_{i=1}^{n}(s-p_i)}$$

系统闭环特征方程为

$$D(s)=\prod_{i=1}^{n}(s-p_i)+K\cdot\prod_{i=1}^{m}(s-z_i)=0$$

设根轨迹的分离点为 d，则 d 为闭环特征方程的重根，必有 $\left.\frac{\mathrm{d}D(s)}{\mathrm{d}s}\right|_{s=d}=0$，即

$$\sum_{i=1}^{n}\frac{\prod_{j=1}^{n}(d-p_j)}{d-p_i}+K\cdot\sum_{i=1}^{m}\frac{\prod_{j=1}^{m}(d-z_j)}{d-z_i}=0$$

得

$$K = -\frac{\sum_{i=1}^{n}\frac{\prod_{j=1}^{n}(d-p_j)}{d-p_i}}{\sum_{j=1}^{m}\frac{\prod_{j=1}^{n}(d-z_j)}{d-z_i}}$$

又由根轨迹方程 $K = -\frac{\prod_{j=1}^{n}(s-p_j)}{\prod_{j=1}^{m}(s-z_j)}$

因此，在分离点 $s=d$ 处

$$\frac{\sum_{i=1}^{n}\frac{\prod_{j=1}^{n}(s-p_j)}{s-p_i}}{\sum_{j=1}^{m}\frac{\prod_{j=1}^{n}(s-z_j)}{s-z_i}} = \frac{\prod_{j=1}^{n}(s-p_j)}{\prod_{j=1}^{m}(s-z_j)}$$

即 $$\sum_{i=1}^{n}\frac{1}{d-p_i} = \sum_{i=1}^{n}\frac{1}{d-z_i}$$

例 2 设控制系统结构如图 11-2(a) 所示，试绘出系统的信号流图，并利用梅森公式确定系统的闭环传递函数。

逻辑推理 考查信号流图的绘制方法和梅森公式的应用。

解题过程 根据结构图与信号流图的对应关系，用节点代替结构图信号线上传递的信号，而用标有传递函数的支路代替结构图中的方框，不难绘出图 11-2(a) 所示系统的信号流图，如图 11-2(b) 所示。由于信号流图的节点只表示变量的相加，因此处理结构图中的比较点时，凡进入比较点进行相减的信号，其信号流图上相应支路均以负支路增益表示。

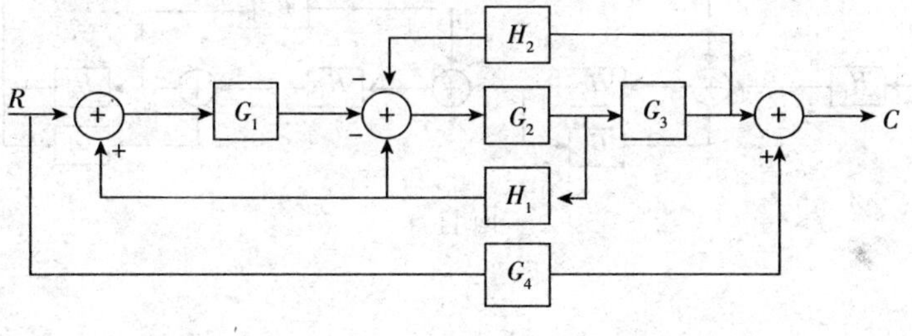

图 11-2(a)

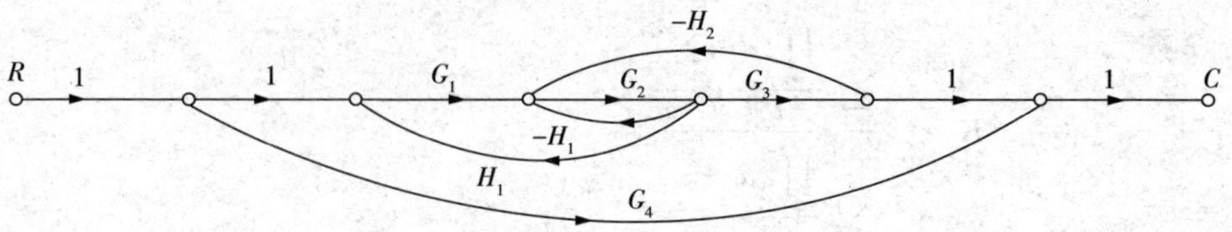

图 11-2(b)

由图 11-2(b) 可见，在输入节点 R 和输出节点 C 之间有 2 条前向通路，其总增益分别为 $P_1 = G_1G_2G_3$，$P_2 = G_4$；有 3 个互相接触的单独回路，其回路增益分别为 $L_1 = -G_2H_1$，$L_2 = G_1G_2H_1$，$L_3 = -G_2G_3H_2$。没有互不接触回路，因此流图特征式 $\Delta = 1-(L_1+L_2+L_3) = 1+G_2H_1+G_2G_3H_2-G_1G_2H_1$。

由于前向通路 P_1 与所有回路都接触，所以余子式 $\Delta_1 = 1$；前向通路 P_2 与所有回路均不接触，所以余因子式 $\Delta_2 = \Delta$。根据梅森公式，求出系统的传递函数为

$$\frac{C(s)}{R(s)} = \frac{1}{\Delta}(P_1\Delta_1 + P_2\Delta_2) = P_2 + \frac{P_1}{\Delta}$$

$$= G_4 + \frac{G_1G_2G_3}{1+G_2H_1+G_2G_3H_2-G_1G_2H_1}$$

历年考研真题评析

题 1 （北京邮电大学 2009 年）画出如图 11-3 所示的方框图的信号流图形式。

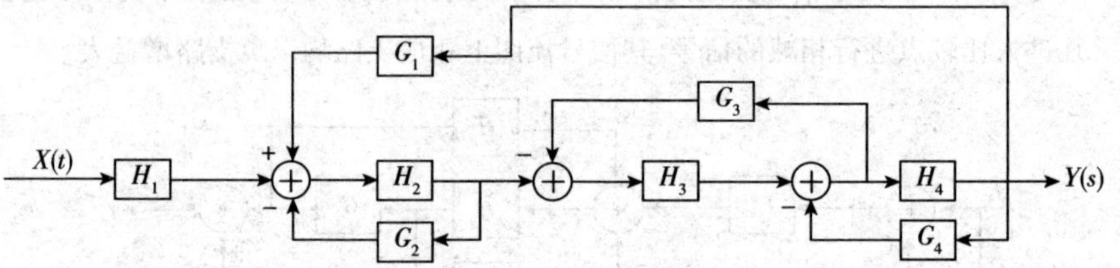

图 11-3

解题过程

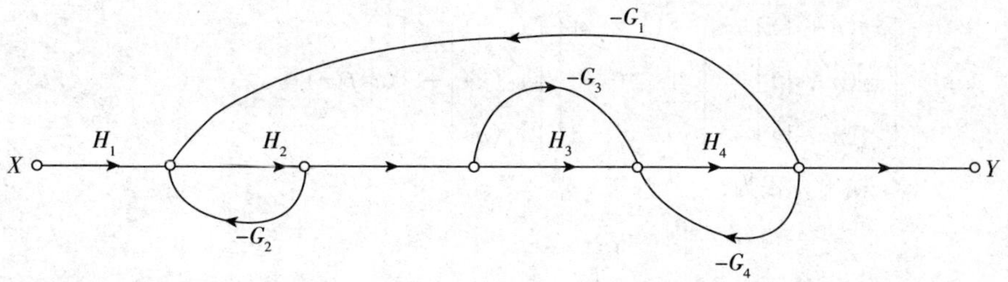

题 2 （西安电子科技大学 2010 年）一线性时不变因果离散系统的信号流图如图 11-4 所示。

(1) 求系统函数 $H(z)$；

(2) 判别该系统是否稳定；

(3) 写出输出方程；

(4) 状态变量 x_1、x_2、x_3 如图 11-4 所示，列写其状态方程和输出方程。

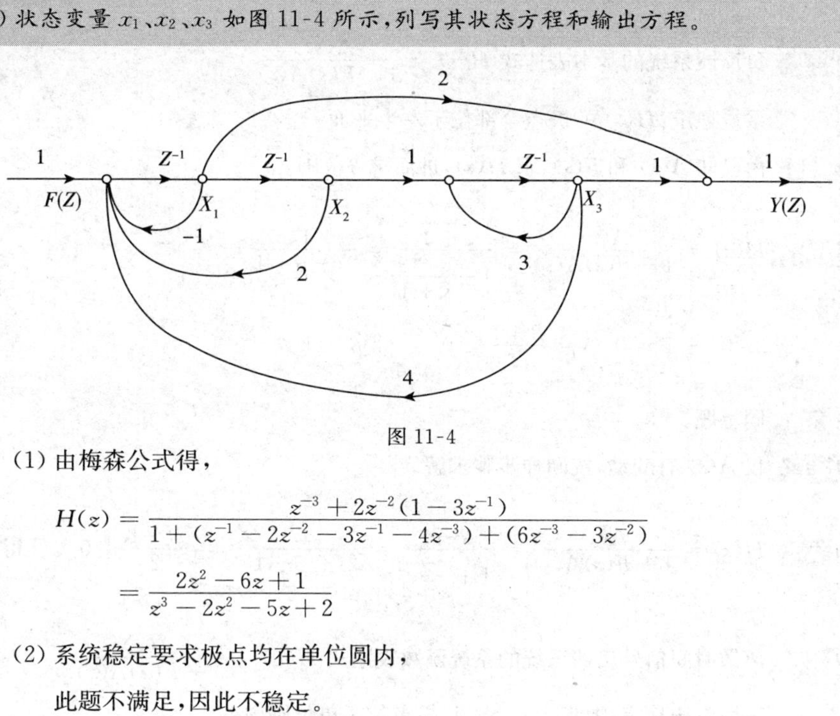

图 11-4

解题过程 (1) 由梅森公式得，

$$H(z)=\frac{z^{-3}+2z^{-2}(1-3z^{-1})}{1+(z^{-1}-2z^{-2}-3z^{-1}-4z^{-3})+(6z^{-3}-3z^{-2})}$$

$$=\frac{2z^2-6z+1}{z^3-2z^2-5z+2}$$

(2) 系统稳定要求极点均在单位圆内，

此题不满足，因此不稳定。

(3) 由 $H(z)=\dfrac{2z^2-6z+1}{z^3-2z^2-5z+2}=\dfrac{Y(z)}{F(z)}$

得 $y(n)-2y(n-1)-5y(n-2)+2y(n-3)=2f(n-1)-6f(n-2)+f(n-3)$

(4) 状态方程为：

$$\begin{bmatrix} x_1(n+1) \\ x_2(n+1) \\ x_3(n+1) \end{bmatrix} = \begin{bmatrix} -1 & 2 & 4 \\ 1 & 0 & 0 \\ 0 & 1 & 3 \end{bmatrix} \begin{bmatrix} x_1(n) \\ x_2(n) \\ x_3(n) \end{bmatrix} + \begin{bmatrix} 1 \\ 0 \\ 0 \end{bmatrix} f(n)$$

∴ 输出方程为：

$$y_{(n)} = [2 \quad 0 \quad 1] \begin{bmatrix} x_1(n) \\ x_2(n) \\ x_3(n) \end{bmatrix}$$

教材同步习题全解

11.1 知识点窍 负反馈系统的基本表达式 $H(s) = \dfrac{A(s)}{1+F(s)A(s)}$

系统稳定：$H(s)$ 的极点全部位于左半平面。

逻辑推理 由已知 $A(s)$ 和 $F(s)$，求 $H(s)$，进而求 β 范围。

解题过程 $H(s) = \dfrac{A(s)}{1+F(s)A(s)} = \dfrac{\frac{1}{s+1}}{1+\frac{s-\beta}{s+1}} = \dfrac{1}{2s-\beta+1}$

$2s-\beta+1=0 \quad s=\dfrac{\beta-1}{2}<0 \qquad$ 得$\beta<1$

11.2 知识点窍 同上题。

逻辑推理 仅 $A(s)$ 有变动，按同样步骤求解。

解题过程 $H(s) = \dfrac{A(s)}{1+F(s)A(s)} = \dfrac{\frac{1}{s-1}}{1+\frac{s-\beta}{s-1}} = \dfrac{1}{2s-\beta-1} \quad s=\dfrac{\beta+1}{2}<0 \qquad$ 得 $\beta<-1$

11.3 知识点窍 离散时间信号反馈系统的系统函数表达式 $H(z) = \dfrac{A(z)}{1+F(z)A(z)}$

离散系统稳定：要求 $|z_p|<1$，极点位于单位圆内。

逻辑推理 将所给条件代入上式计算。

解题过程 $H(z) = \dfrac{\frac{z}{z-\frac{1}{2}}}{1+\frac{z}{z-\frac{1}{2}}(1-\beta z^{-1})} = \dfrac{z}{z-\frac{1}{2}+z-\beta} = \dfrac{z}{2z-\frac{1}{2}-\beta}$

$$|z| = \left|\frac{\beta+\frac{1}{2}}{2}\right| < 1, -1 < \left|\frac{\beta+\frac{1}{2}}{2}\right| < 1$$

所以 $-\frac{5}{2} < \beta < \frac{3}{2}$

11.4 知识点窍 由系统模型写出系统函数的表示式，主要还是利用基本式

$$H(s) = \frac{A(s)}{1+F(s)A(s)}$$

对应系统基本模型如教材图 11-1 所示。

逻辑推理 由系统框图的反馈关系列出 $X(s)$ 与 $Y(s)$ 的关系，得

$$H(s) = \frac{Y(s)}{X(s)}$$

解题过程 由题图 11-4 可得

$$\{[X(s) - F_2(s)Y(s)]A_2(s) - F_1(s)Y(s)\}A_1(s) = Y(s)$$

$$A_1(s)A_2(s)X(s) - A_1(s)A_2(s)F_2(s)Y(s) - A_1(s)F_1(s)Y(s) = Y(s)$$

$$H(s) = \frac{Y(s)}{X(s)} = \frac{A_1(s)A_2(s)}{1+A_1(s)F_1(s)+A_1(s)A_2(s)F_2(s)}$$

11.5 知识点窍 由离散系统框图求系统函数

$$H(z) = \frac{Y(z)}{X(z)}。$$

逻辑推理 类似上题求解。

解题过程 设 $Y(z) = X(z)A_0(z) + K(z)$

又有 $K(z) = [X(z) - F(z)K(z)]A_1(z)$

所以 $K(z) = \dfrac{X(z)A_1(z)}{1+F(z)A_1(z)}$

所以 $Y(z) = X(z)A_0(z) + K(z)$

$$= \left[A_0(z) + \frac{A_1(z)}{1+F(z)A_1(z)}\right]X(z)$$

得 $H(z) = \dfrac{Y(z)}{X(z)} = A_0(z) + \dfrac{A_1(z)}{1+F(z)A_1(z)}$

11.6 知识点窍 考查连续时间信号与系统的反馈系统模型。

逻辑推理 由电阻分压关系得出输入与输出的关系即系统函数，再由系统函数得反馈系统模型。

解题过程 由教材题图 11-6 得

$$\frac{V_2(s)}{V_1(s)}=\frac{R_2}{R_1+R_2}=\frac{\frac{R_2}{R_1}}{1+\frac{R_2}{R_1}}=H(s)$$

即$H(s)=\dfrac{A(s)}{1+F(s)A(s)}=\dfrac{\frac{R_2}{R_1}}{1+\frac{R_2}{R_1}}$

$A(s)=R_2/R_1,F(s)=1$

反馈系统框图如解图 11-6 所示。

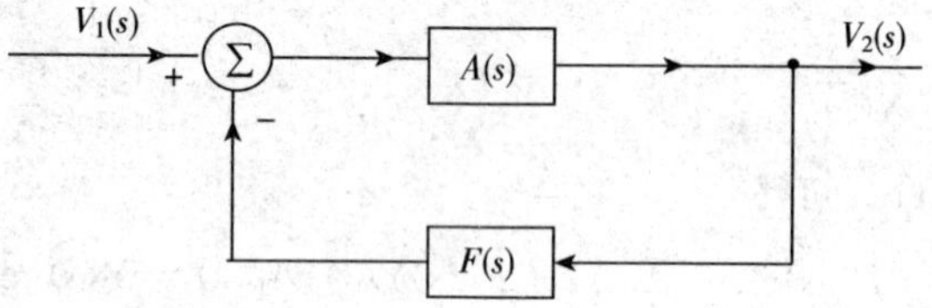

解图 11-6

11.7 **知识点窍** 同相运算放大器的公式为

$V_o=KV_i$

V_o 为输出,V_i 为输入,K 为放大系数。

逻辑推理 根据运放关系及电阻分压关系找出 $V_2(s)$ 与 $V_1(s)$ 的关系,得 $H(s)$。

解题过程 由教材题图 11-7 得电压关系

$$\begin{cases}V_2(s)\dfrac{Z_1(s)}{Z_1(s)+Z_2(s)}+V_0(s)=V_1(s)\\ V_2(s)=KV_0(s)\end{cases}$$

联立解得 $H(s)=\dfrac{V_2(s)}{V_1(s)}=\dfrac{K}{\dfrac{KZ_1(s)}{Z_1(s)+Z_2(s)}+1}=\dfrac{A(s)}{1+F(s)A(s)}$

$A(s)=K,F(s)=\dfrac{Z_1(s)}{Z_1(s)+Z_2(s)}$

反馈系统框图如解图 11-7 所示。

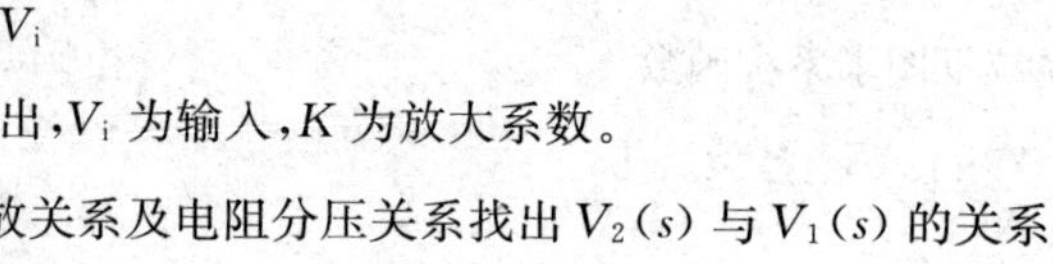

解图 11-7

11.8 知识点窍 反相运算放大器的公式为

$$V_o = -KV_i$$

V_o 为输出，V_i 为输入，K 为放大系数。

逻辑推理 根据运放关系式及电阻分压比例找出 $V_2(s)$ 与 $V_1(s)$ 的关系，并写成反馈系统基本表达式 $H(s)=\dfrac{A(s)}{1+F(s)A(s)}$ 的形式，本题中 $A(s)$、$F(s)$ 的表达式不是唯一的。

解题过程 由教材题图 11-8 得

$$\begin{cases} V_2(s) = -KV_0(s) \\ V_0(s) = \dfrac{Z_2(s)}{Z_1(s)+Z_2(s)}[V_1(s)-V_2(s)]+V_2(s) \end{cases}$$ 解得

$$\frac{V_2(s)}{V_1(s)} = \frac{-Z_2(s)K}{Z_1(s)+Z_2(s)+KZ_1(s)} = \frac{-\dfrac{KZ_2(s)}{Z_1(s)+Z_2(s)}}{1+\dfrac{KZ_1(s)}{Z_1(s)+Z_2(s)}}$$

用反馈系统框图实现该电路时有两种可能：

(1) $H_1(s) = \dfrac{K}{1+\dfrac{KZ_1(s)}{z_1(s)+z_2(s)}}$，其中 $A(s)=K$，$F(s)=\dfrac{Z_1(s)}{Z_1(s)+Z_2(s)}$

输入信号要经过子系统 $-\dfrac{Z_2(s)}{Z_1(s)+Z_2(s)} = B(s)$

(2) $H_2(s) = \dfrac{KZ_2(s)/[Z_1(s)+Z_2(s)]}{1+KZ_1(s)/[Z_1(s)+Z_2(s)]}$，

其中 $A(s)=\dfrac{KZ_2(s)}{Z_1(s)+Z_2(s)}$，$F(s)=\dfrac{Z_1(s)}{Z_2(s)}$

输入信号要经过子系统 $B(s)=-1$

反馈系统框图如解图 11-8 所示。

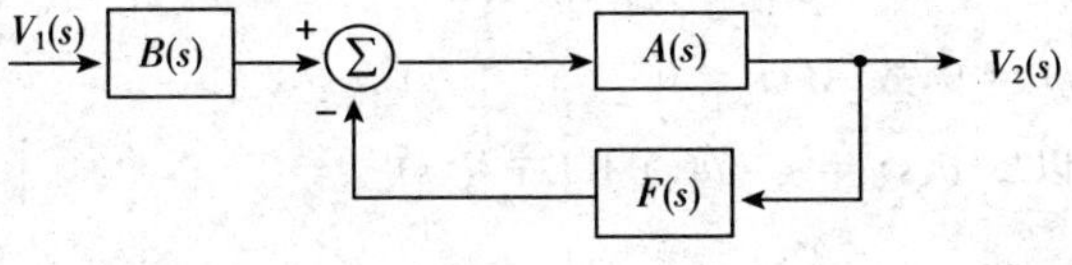

解图 11-8

11.9 逻辑推理 当 $K \gg 1$ 时，用极限求 $H(s)$ 的逼近形式。

解题过程 $$H(s) = \frac{-\dfrac{KZ_2(s)}{Z_1(s)+Z_2(s)}}{1+\dfrac{KZ_1(s)}{Z_1(s)+Z_2(s)}} = \frac{-\dfrac{Z_2(s)}{Z_1(s)+Z_2(s)}}{\dfrac{1}{K}+\dfrac{Z_1(s)}{Z_1(s)+Z_2(s)}}$$

$K \gg 1$ 时,$\frac{1}{K} \to 0, H(s) \approx -\frac{Z_2(s)}{Z_1(s)}$

11.10 知识点窍 积分器系统函数为 $H(s) = \frac{a}{s}$,a 为系数。

逻辑推理 将 $Z_1(s)$ 与 $Z_2(s)$ 代入题 11.8 的 $H(s)$ 中,根据最后的 $H(s)$ 求逼近积分器电路的近似条件。

解题过程 $$H(s) = \frac{-\frac{KZ_2(s)}{Z_1(s)+Z_2(s)}}{1+\frac{KZ_1(s)}{Z_1(s)+Z_2(s)}}$$

将 $Z_1(s) = R, Z_2(s) = \frac{1}{sC}$ 代入得

$$H(s) = \frac{-\frac{K \cdot \frac{1}{sC}}{R+\frac{1}{sC}}}{1+\frac{KR}{R+\frac{1}{sC}}} = \frac{-K}{(1+K)RCs+1}$$

要与积分器电路系统函数近似,即 $H(s) \approx \frac{a}{s}$

则要求 $K \gg 1$ 且 $(1+K)RC \gg 1$。

11.11 知识点窍 引入负反馈可以使不稳定系统成为稳定系统。

逻辑推理 对线性方程进行拉氏变换,分别求出各种情况下的系统函数 $H(s)$,然后根据 $H(s)$ 的零、极点分布讨论系统稳定性。

解题过程 对 $L\frac{d^2\theta(t)}{dt^2} = g[\theta(t)] - a(t) + Lx(t)$ 进行拉氏变换,得

$Ls^2\theta(s) = g \cdot \theta(s) - A(s) + L \cdot X(s)$

(1) $a(t) = 0$,故 $A(s) = 0$

所以 $Ls^2\theta(s) = g \cdot \theta(s) + L \cdot X(s)$

$$H(s) = \frac{\theta(s)}{X(s)} = \frac{1}{s^2 - g/L}$$

极点 $s_p = \pm\sqrt{g/L}$,其中一极点位于右半平面,故系统不稳定。

(2) $a(t) = K\theta(t)$,故 $A(s) = k\theta(s)$

所以 $Ls^2\theta(s) = g \cdot \theta(s) - K\theta(s) + L \cdot X(s)$

$$H(s) = \frac{\theta(s)}{X(s)} = \frac{1}{s^2 - g/L + K/L}$$

极点 $s_p = \pm\sqrt{\dfrac{g-K}{L}}$

当 $K < g$ 时，$s_p = \sqrt{\dfrac{g-K}{L}}$ 在右半平面，故系统不稳定。

当 $K = g$ 时，$s_p = 0$ 为二阶极点，故系统不稳定。

当 $K > g$ 时，$H(s)$ 在 jω 轴上有共轭极点，系统处于边界稳定状态。

(3) $a(t) = K_1\theta(t) + K_2\dfrac{d\theta(t)}{dt}$，故

$A(s) = K_1\theta(s) + K_2\theta(s)$

所以 $Ls^2\theta(s) = g\cdot\theta(s) - K_1\theta(s) - K_2 s\theta(s) + L\cdot X(s)$

$$H(s) = \frac{\theta(s)}{X(s)} = 1/\left(s^2 + \frac{K_2 s}{L} + \frac{K_1 - g}{L}\right)$$

极点 $s_p = \dfrac{-K_2 \pm \sqrt{K_2^2 - 4L(K_1 - g)}}{2L}$

当 $H(s)$ 极点全部位于左平面时，系统稳定，故要求 $K_2 > 0$ 且 $K_1 > g$。

11.12 **知识点窍** 反馈电路构成跟踪系统。

逻辑推理 根据系统框图求得系统函数 $H(s)$，并分析系统稳定性。由 $e(t) = x(t) - y(t)$ 及输入信号求得 $E(s)$，再借助拉氏变换的终值定理求 $\lim\limits_{t\to\infty} e(t)$ 以确定系统跟踪性能。

解题过程 由系统框图得

$$\frac{Y(s)}{X(s)} = \frac{A_1(s)A_2(s)}{1 + A_1(s)A_2(s)}$$

(1) $A_1(s) = \dfrac{\alpha}{s+\alpha}$，$A_2(s) = K$ 时

$$H(s) = \frac{Y(s)}{X(s)} = \frac{\alpha K}{s + \alpha + \alpha K}$$

极点 $s_p = -\alpha - \alpha K$

为使系统稳定，则 $s_p = -\alpha - \alpha K < 0$，即 $K > -1$。

又 $E(s) = X(s) - Y(s) = \dfrac{Y(s)}{1 + A_1(s)A_2(s)} = \dfrac{s+\alpha}{s+\alpha+\alpha K}X(s)$

由终值定理得 $\lim\limits_{t\to\infty} e(t) = \lim\limits_{s\to 0} sE(s) = \lim\limits_{s\to 0}\dfrac{s(s+\alpha)}{s+\alpha+\alpha K}X(s)$

$x(t) = \delta(t)$ 时 $\lim\limits_{t\to\infty} e(t) = \lim\limits_{s\to 0}\dfrac{s(s+\alpha)}{s+\alpha+\alpha K} = 0$

$x(t) = u(t)$ 时 $\lim\limits_{t\to\infty} e(t) = \lim\limits_{s\to 0}\dfrac{s+\alpha}{s+\alpha+\alpha K} = \dfrac{1}{1+K}$

(2)$A_1(s)=\frac{\alpha}{s+\alpha}$,$A_2(s)=K_1+\frac{K_2}{s}$ 时

$$H(s)=\frac{Y(s)}{X(s)}=\frac{\alpha(sK_1+K_2)}{s^2+\alpha s(1+K_1)+\alpha K_2}$$

极点 s_{p1} 与 s_{p2} 满足以下条件:

$$\begin{cases}s_{p1}+s_{p2}=-\alpha(1+K_1)\\ s_{p1}\cdot s_{p2}=\alpha K_2\end{cases}$$

为使系统稳定,s_{p1},s_{p2} 都应位于 s 左平面

所以$\begin{cases}s_{p1}+s_{p2}=-\alpha(1+K_1)<0\\ s_{p1}\cdot s_{p2}=\alpha K_2>0\end{cases}\Rightarrow K_1>-1$ 且 $K_2>0$

又 $E(s)=X(s)-Y(s)=\frac{s^2+\alpha s}{s^2+\alpha s(1+K_1)+\alpha K_2}X(s)$

$x(t)$ 为单位阶跃信号时

$$E(s)=\frac{s^2+\alpha s}{s[s^2+\alpha s(1+K_1)+\alpha K_2]}$$

$$\lim_{t\to\infty}e(t)=\lim_{s\to 0}sE(s)=\lim_{s\to 0}\frac{s^2+\alpha s}{s^2+\alpha s(1+K_1)+\alpha K_2}=0$$

$e(t)$ 随时间增长而衰减到零则表明系统能跟踪输入信号。

由此可得,第(1)问中系统不能跟踪阶跃信号,第(2)问中系统能跟踪阶跃信号。

(3)$A_1(s)=\frac{1}{(s-1)^2}$,$A_2(s)=K_1+\frac{K_2}{s}$ 时

$$H(s)=\frac{sK_1+K_2}{s^3-2s^2+(1+K_1)s+K_2}$$

此时系统不稳定,则有

$1+K_1\geqslant 0$ 或 $K_2\geqslant 0$ 或 $-2(1+K_1)\leqslant K_2$ ①

$A_2(s)=K_1+\frac{K_2}{s}+K_3 s$ 时

$$H(s)=\frac{K_3 s^2+K_1 s+K_2}{s^3+(K_3-2)s^2+(K_1+1)s+K_2}$$

要使系统稳定,则有

$K_3-2>0,K_1+1>0,K_2>0$ 且 $(K_1+1)(K_3-2)>K_2$

或 $K_3-2<0,K_1+1<0,K_2<0$ 且 $(K_1+1)(K_3-2)>K_2$

结合条件 ① 可得

$K_3>2,K_2>0,K_1>-1$ 且 $(K_1+1)(K_3-2)>K_2$ 时系统稳定。

由 $E(s)=X(s)-Y(s)=\frac{s^3-2s^2+s}{s^3+(K_3-2)s^2+(K_1+1)s+K_2}X(s)$

得 $x(t)=u(t)$ 时

$\lim_{t\to\infty}e(t)=\lim_{s\to 0}sE(s)=0$

故系统可跟踪阶跃信号。

11.13 知识点窍 系统特征方程为 $1+A(s)F(s)=0$。

根轨迹的模量条件

$$\frac{\prod_{k=1}^{n}|s-p_k|}{\prod_{i=1}^{m}|s-z_i|}=\frac{\prod_{k=1}^{n}M_k}{\prod_{i=1}^{m}N_i}=|K| \quad 幅角条件 \sum_{i=1}^{m}\psi_i-\sum_{k=1}^{n}\theta_k$$

$$=r\pi\begin{cases}K>0 & 则 r 为奇\\ K<0 & 则 r 为偶\end{cases}$$

逻辑推理 根据特征方程求出根轨迹的模量与幅角条件，然后按照根轨迹作图规则作出根轨迹。

解题过程 (1) 此反馈系统的特征方程表达式为 $1+\frac{K}{s+2}=0$

得模量与幅角条件为 $|s+2|=|K|$，$-\theta=\pi$

式中 θ 为矢量 $(s+i)$ 的幅角，$K>0$。综合考虑模量与幅角条件可写出 $s+2=-K$

开环极点位于 $p=-2$，根轨迹始于此点。

对应 $K=0$、$s=-2$，随着 K 值增大，根轨迹在负实轴上向左移动，$K\to\infty$ 时，根轨迹趋于 $-\infty$。

在此根轨迹右边的实轴上，开环极点与零点数目总和是奇数。

根轨迹如解图 11-13(a) 所示。

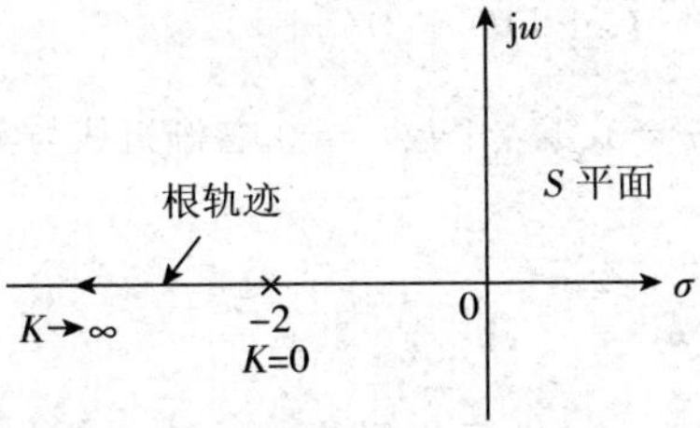

解图 11-13(a)

(2) 特征方程表达式为$(s+1)(s+3)=-K$　开环极点：$p_1=-1, p_2=-3$

根轨迹有2条分支，起始点分别位于$s=-1$和$s=-3$，终点应与开环零点对应，即趋于无穷大。

K从0增加时两个分支都在负实轴上移动，在负实轴$-3<s<-1$区间内符合根轨迹作图规则(4)。在$s=-2$处出现重根，两分支会合，然后上、下分开形成共轭复根并趋向于无穷。

根轨迹如解图11-13(b)所示。

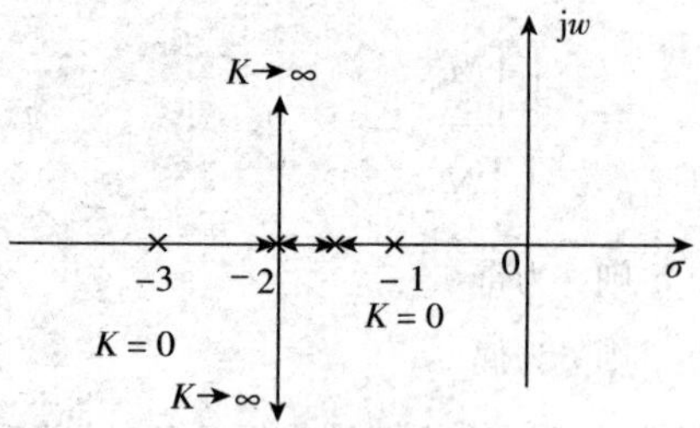

解图11-13(b)

11.14 知识点窍 当$K\to\infty$时，根轨迹各分支趋向$A(s)F(s)$的零点，其中有m个分支趋于有限零点，另有$(n-m)$个分支各自沿渐近线趋向无穷远处的零点。渐近线与实轴的交角为$\frac{l\pi}{n-m}$，其中$l=1,3,5,\cdots$，共$(n-m)$个正奇数。

渐近线会交于实轴上的一点，此点称为渐近线重心，其坐标为

$$\sigma_0=\frac{(p_1+p_2+\cdots+p_n)-(z_1+z_2+\cdots+z_m)}{n-m}$$

逻辑推理 由题给$F(s)A(s)$表达式写出零极点，按以上规则求解(1)、(2)小题，然后按照根轨迹作图规则画出根轨迹。

解题过程 (1) $A(s)F(s)=\frac{K}{(s+1)(s+3)(s+5)}$

极点个数$n=3$，零点个数$m=0$。各渐近线与实轴的交角为$\frac{l\pi}{n-m}$，即$\frac{l\pi}{3}$，$l=1,3,5$。

(2) 各极点值：$p_1=-1, p_2=-3, p_3=-5$。

与实轴交点$\sigma_0=\frac{p_1+p_2+p_3}{n-m}=-3$，即$s=-3$。

(3) 三个分支的交会点应满足

$$\frac{\mathrm{d}}{\mathrm{d}s}[A(s)F(s)]=0$$

$$\frac{\mathrm{d}}{\mathrm{d}s}[A(s)F(s)]=\frac{\mathrm{d}}{\mathrm{d}s}\left[\frac{K}{(s+1)(s+3)(s+5)}\right]=0$$

给出方程 $3s^2+18s+23=0$　解得 $s_1=-3+\frac{2}{3}\sqrt{3},s_2=-3-\frac{2}{3}\sqrt{3}$

对 s_2 计算出 K 为负值是不合理的结果，因此有 $s_1=-3+\frac{2}{3}\sqrt{3}=-1.85$

即分支交会点。

最后，求根轨迹与虚轴的交点。由

$$1+A(\mathrm{j}\omega)F(\mathrm{j}\omega)=0$$

$$(\mathrm{j}\omega)^3+9(\mathrm{j}\omega)^2+23(\mathrm{j}\omega)+15+K=0$$

上式左端实部与虚部分别为零，于是有

$$\begin{cases}15+K-9\omega^2=0\\ \omega^2-23=0\end{cases}$$

解得 $\omega=\pm\sqrt{23},K=192$

对应根轨迹如解图 11-14 所示。

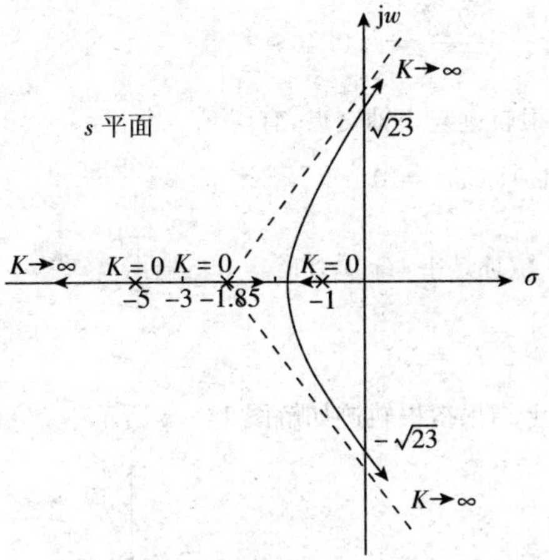

解图 11-14

11.15 知识点窍 根轨迹的作法如上题。

系统稳定性：对连续系统以 s 平面虚轴为界，极点位于左半区时系统稳定，位于右半区时系统不稳定。

逻辑推理 依次求出极点值、渐近线重心、渐近线与实轴交角、各分支交会点及根轨迹与虚轴交点,画出根轨迹。

解题过程 (1) $A(s)F(s)=\dfrac{K}{s(s+1)(s+4)}$ 3个极点分别位于0、-1、-4,没有有限零点。根轨迹有3支,始于0、-1、-4,止于无穷,此时 $K\to\infty$。

渐近线重心

$$\sigma_0=\frac{(p_1+p_2+\cdots+p_n)-(z_1+z_2+\cdots z_m)}{n-m}=\frac{-1-4}{3}=-\frac{5}{3}$$

渐近线与实轴交角 $\dfrac{l\pi}{n-m}=\dfrac{l\pi}{3},l=1,3,5$

求各分支交会点

$$\frac{\mathrm{d}}{\mathrm{d}s}[A(s)F(s)]=\frac{\mathrm{d}}{\mathrm{d}s}\left[\frac{K}{s(s+1)(s+4)}\right]=0$$

导出方程 $3s^2+10s+4=0$

解得 $s_1=\dfrac{-5+\sqrt{13}}{3},s_2=\dfrac{-5-\sqrt{13}}{3}$

将 s_1、s_2 代回特征方程得出 s_2 不合要求,其对应 K 值为负。

因此交会点为

$$s_1=\frac{-5+\sqrt{13}}{3}=-0.465$$

最后求根轨迹与虚轴交点,有

$$1+A(\mathrm{j}\omega)F(\mathrm{j}\omega)=0$$

$$(\mathrm{j}\omega)^3+5(\mathrm{j}\omega)^2+4(\mathrm{j}\omega)+K=0\quad 有\begin{cases}K-5\omega^2=0\\ \omega^2-4=0\end{cases}$$

得 $\omega=\pm 2,K=20$。

综合以上结果得根轨迹如解图11-15所示。

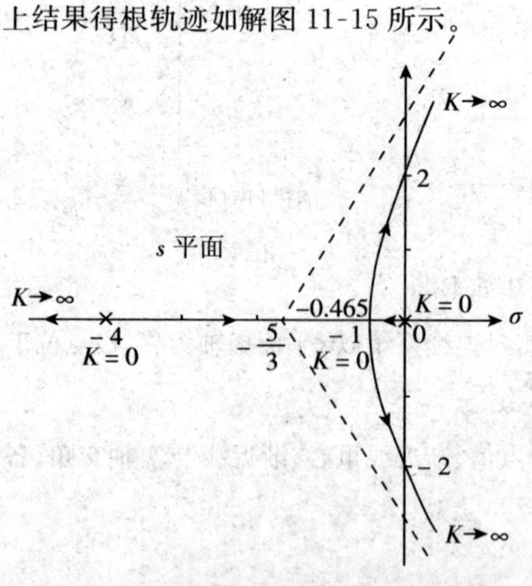

解图 11-15

(2) 在根轨迹与虚轴的交会处对应 $K=20$，当根位于右平面时系统进入不稳定状态，即 $K>20$ 时，系统不稳定。

11.16 知识点窍 画根轨迹及求两分支交点，详见根轨迹作图规则。

要使闭环系统中的冲激响应不呈现振荡，根轨迹应落于实轴。

逻辑推理 按照根轨迹作图规则求出零极点、渐近线重心、渐近线与实轴交角、两分支会合点等，综合画出根轨迹。

解题过程 (1) $A(s)F(s)=\dfrac{K(s+2)}{s^2+2s+4}$

则系统极点 $p_1=-1+\sqrt{3}\mathrm{j}, p_2=-1-\sqrt{3}\mathrm{j}$

有限零点 $z_1=-2$

渐近线与实轴交角 $\dfrac{l\pi}{n-m}=\dfrac{\pi}{2-1}=\pi$

渐近线重心 $\sigma_0=\dfrac{(p_1+\cdots+p_n)-(z_1+\cdots+z_m)}{n-m}=\dfrac{(-2)-(-2)}{2-1}=0$

两分支会合点

$$\frac{\mathrm{d}}{\mathrm{d}s}[1+F(s)A(s)]=\frac{\mathrm{d}}{\mathrm{d}s}[F(s)A(s)]=0$$

则 $\dfrac{\mathrm{d}}{\mathrm{d}s}\left[\dfrac{K(s+2)}{s^2+2s+4}\right]=\dfrac{K(s^2+2s+4)-K(s+2)(2s+2)}{(s^2+2s+4)^2}=0$

得方程

$Ks^2+4Ks=0$

解得 $s_1=0, s_2=-4$。将 $s_1=0$ 代入原特征方程得出 K 为负，不合要求。$s_2=-4$ 符合要求，为两分支会合点。

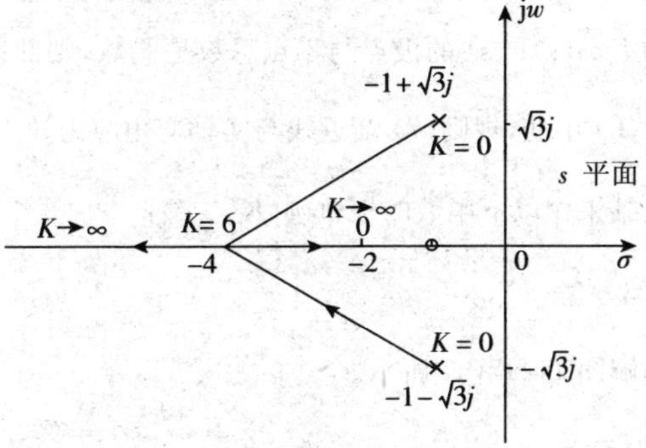

解图 11-16

综上,根轨迹应为两支,分别起于$-1+\sqrt{3}j$、$-1-\sqrt{3}j$,一条止于无穷远,另一条止于$s=-2$。两分支会合点为$s=-4$。$s=-2$左边的实轴符合规则(4),因此也是根轨迹的一部分。画出根轨迹如解图11-16所示。

(2) 第(1)小题中已得出两分支交会点为

$s=-4$

(3) 将$s=-4$代入特征方程有

$$1+\frac{K(-4+2)}{(-4)^2-8+4}=0 \quad 得\ K=6$$

$K>6$时根轨迹落于实轴,此时闭环系统中的冲激响应不呈现振荡。

11.17 知识点窍 仍为考查根轨迹的作图规则,在原有的基础上融会贯通。

逻辑推理 作根轨迹的根本规则是逐点改变K值,求出相应极点的位置。可从简单系统函数分析着手考虑规则有何变化。

解题过程 由教材式(11-33)

$\dfrac{\prod\limits_{i=1}^{m}(s-z_i)}{\prod\limits_{k=1}^{n}(s-p_k)}=-\dfrac{1}{K}$ 知,根轨迹为逐点改变K值所得相应极点的位置,n个极点对应n条分支。

考虑一简单开环系统函数 $A(s)F(s)=\dfrac{K}{s+a}$

当$K>0$时其根轨迹为$s=-a$左边的实轴,

相应$K<0$时,根轨迹应为$s=-a$右边的实轴。

原作图规则(1)、(2)、(3)与K的取值无关,规则(4)应改为:若有一段实轴,在它右边的实轴上$A(s)F(s)$的极点与零点总数是偶数,则此段实轴是根轨迹的一部分。

规则(5)、(6)不变,规则(7)渐近线与实轴交角应为$\dfrac{(l+1)\pi}{n-m}$,规则(8)不变。

根据以上结果作以下函数的根轨迹($K<0$):

(1)$F(s)A(s)=\dfrac{K}{s+2}$

根轨迹如解图11-17(a)所示。

(2)$F(s)A(s)=\dfrac{K}{(s+1)(s+3)}$

参照题11.13(2),求得两分支交会点$s=-2$,但代回原特征方程得$K=1$,不合要求，两分支不能交会。再考查新规则(4)，得根轨迹如解图 11-17(b) 所示。

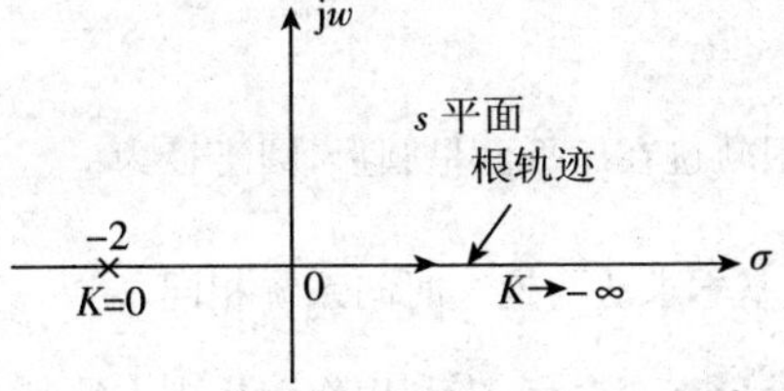

解图 11-17(a)

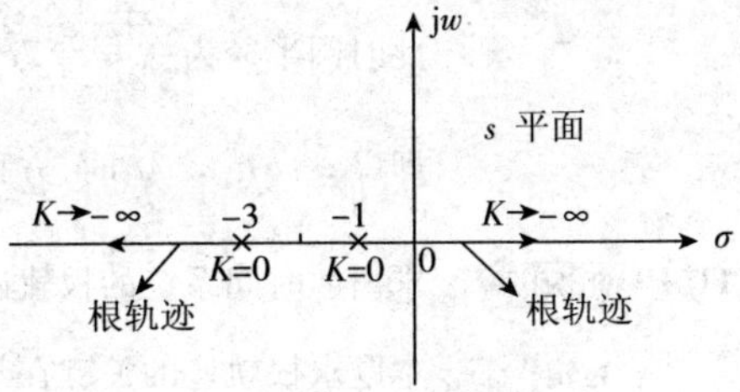

解图 11-17(b)

(3)$F(s)A(s)=\dfrac{K(s+2)}{s^2+2s+4}$

参照题 11.16，求两分支交会点时得

$s_1=0, s_2=-4$

其中 $s_2=-4$ 对应$(K>0)$不符合要求。综合得根轨迹如解图 11-17(c) 所示。

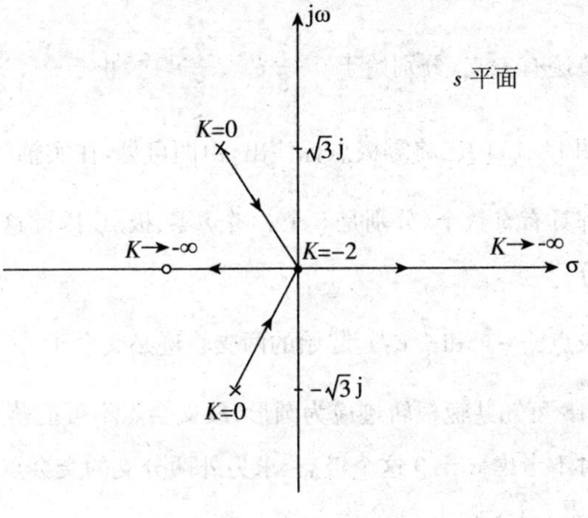

解图 11-17(c)

11.18 知识点窍 离散时间反馈系统的根轨迹图画法与连续时间系统基本类似。系统稳定要求极点位于单位圆内。

逻辑推理 特征方程的根在 z 平面出现共轭对时，根轨迹呈圆形。

解题过程 当特征方程有共轭复根时，根轨迹在 z 平面呈圆形。

$z^2-bz+c+Kz=0$

$z^2+(K-b)z+c=0$

当$(K-b)^2<4c$时,方程有共轭复根。

此时圆半径为$\frac{\sqrt{4c}}{2}=\sqrt{c}$

即$(K-b)^2<4c$时,方程根轨迹在z平面呈圆形,圆半径为$\sqrt{c}$。

11.19 知识点窍 求离散时间系统的根轨迹,基本求法与连续时间系统相同。

逻辑推理 本题求根轨迹的关键在于求分支交会点。先利用作图规则大致判定根轨迹的范围,求交会点,作出根轨迹。保证系统稳定要求$|z|<1$。

解题过程 (1) $A(z)F(z)=\dfrac{K\left(z-\frac{1}{4}\right)\left(z-\frac{1}{2}\right)}{z(z-p_1)(z-p_2)}$

极点:$p_0=0, p_1=\frac{7}{8}e^{j\frac{\pi}{4}}, p_2=\frac{7}{8}e^{-j\frac{\pi}{4}}$

零点:$z_1=\frac{1}{4}, z_2=\frac{1}{2}$。

根轨迹有三支,分别始于0、$\frac{7}{8}e^{j\frac{\pi}{4}}$、$\frac{7}{8}e^{-j\frac{\pi}{4}}$,止于$\frac{1}{4}$、$\frac{1}{2}$和无穷。

解图11-19中已将零极点标注出,由图可见,在实轴$-\infty$到0和$\frac{1}{4}$到$\frac{1}{2}$两段右边都具有奇数个(分别是5个、3个)零、极点,因此这两段实轴都是根轨迹的一部分。

从极点$\frac{7}{8}e^{j\frac{\pi}{4}}$和$\frac{7}{8}e^{-j\frac{\pi}{4}}$起始的两支轨迹必交会于$\frac{1}{4}$到$\frac{1}{2}$间的实轴,因为由题11.18可知共轭根轨迹应为圆形,故交会点不可能落于$z<0$的负实轴上。

此时不考虑$z=0$这个极点,求另外两分支的交会点:

$$\frac{K\left(z-\frac{1}{4}\right)\left(z-\frac{1}{2}\right)}{(z-p_1)(z-p_2)}+1=0$$

$$K\left(z^2-\frac{3}{4}z+\frac{1}{8}\right)+\left(z^2-\frac{7\sqrt{2}}{8}z+\frac{49}{64}\right)=0$$

$$(K+1)z^2-\left(\frac{3}{4}K+\frac{7}{8}\sqrt{2}\right)z+\left(\frac{K}{8}+\frac{49}{64}\right)=0$$

当$\dfrac{\frac{3}{4}K+\frac{7}{8}\sqrt{2}}{2(K+1)}=\sqrt{\dfrac{\frac{K}{8}+\frac{49}{64}}{K+1}}$时,两分支交会,特征方程有重根。

化简有$K^2+(21\sqrt{2}-57)K+\frac{49}{4}=0$

解得 $K=0.456$ 或 26.85

当 $K=0.456$ 时 $z=0.542>\frac{1}{2}$，不合要求。

当 $K=26.85$ 时 $z=0.384$ 位于$\frac{1}{4}$ 到$\frac{1}{2}$ 之间，符合要求，为两分支交会点。

根据上题结论得半径为 0.384，作出根轨迹如解图 11-19 所示。

(2) 为保证系统稳定需要有 $|z|<1$，结合根轨迹图，当 $z=-1$ 时处于临界状态，代回特征方程求 K：

$$1+\frac{K\left(-1-\frac{1}{4}\right)\left(-1-\frac{1}{2}\right)}{-(-1-p_1)(-1-p_2)}=0$$

化简，有 $K=\frac{8}{15}+\frac{49}{15\times 8}+\frac{7}{15}\sqrt{2}\approx 1.6$

故 $K<1.6$ 时，系统稳定。

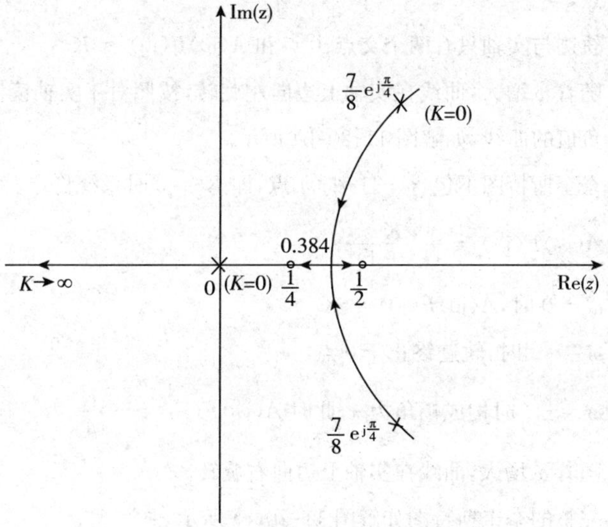

解图 11-19

11.20 知识点窍 开环系统的奈奎斯特判据求解系统稳定参数。

逻辑推理 求出 $A(\mathrm{j}w)F(\mathrm{j}w)$ 的方程并画出奈奎斯特图。解出使得奈奎斯特图不包含$(-1+\mathrm{j}0)$ 点的参数，即系统稳定的参数。

解题过程 (1) $A(\mathrm{j}\omega)F(\mathrm{j}\omega)=\frac{K}{\mathrm{j}\omega+1}=\frac{K}{1+\omega^2}-\frac{\mathrm{j}K\omega}{1+\omega^2}$

复轨迹上的点满足以下方程：

$$\left(\frac{K}{1+\omega^2}-\frac{K}{2}\right)^2+\left(\frac{\omega K}{1+\omega^2}\right)^2=\left(\frac{K}{2}\right)^2$$

奈奎斯特图如解图 11-20(a) 所示。

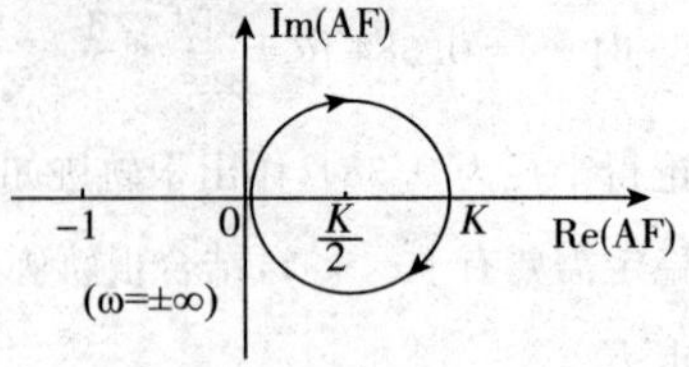

解图 11-20(a)

系统稳定则要求此奈奎斯特图不包括$(-1+\mathrm{j}0)$点,此时$K>0$,可满足要求。

故$K>0$时系统稳定。

(2) $A(\mathrm{j}\omega)F(\mathrm{j}\omega)=\dfrac{K}{(\mathrm{j}\omega+1)^2}$　$\omega=0$时$A(\mathrm{j}0)F(\mathrm{j}0)=K$　$\omega=\infty$时轨迹终止于0点,

轨迹与实轴只有两个交点:0点和$A(\mathrm{j}0)F(\mathrm{j}0)=K$

随着ω增大,曲线在实轴上边向左旋转,按照对于实轴镜像原理可以绘出ω为负值的曲线,如解图 11-20(b) 所示。

奈奎斯特图不包含$(-1+\mathrm{j}0)$点,即$K>0$时系统稳定。

(3) $A(\mathrm{j}\omega)F(\mathrm{j}\omega)=\dfrac{K}{(\mathrm{j}\omega+1)^4}$

$\omega=0$时,$A(\mathrm{j}0)F(\mathrm{j}0)=K$

$\omega=\infty$时,轨迹终止于0点

$\omega=\pm1$时构成幅角为π,此时$A(\mathrm{j}\omega)F(\mathrm{j}\omega)=-\dfrac{K}{4}$

随着ω增大,曲线在实轴上边向右旋转。

完整的奈奎斯特图如解图 11-20(c) 所示。

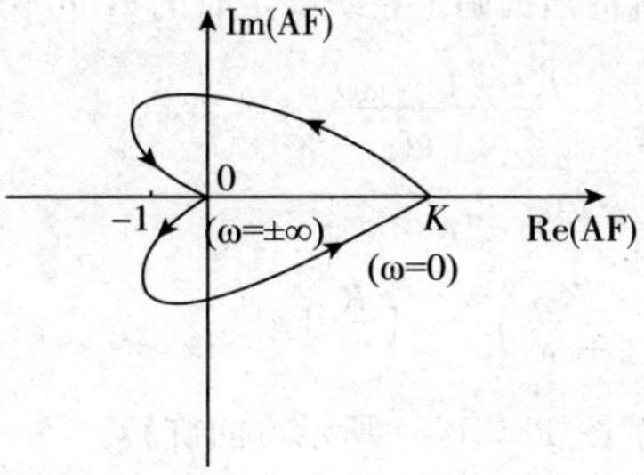

解图 11-20(b)

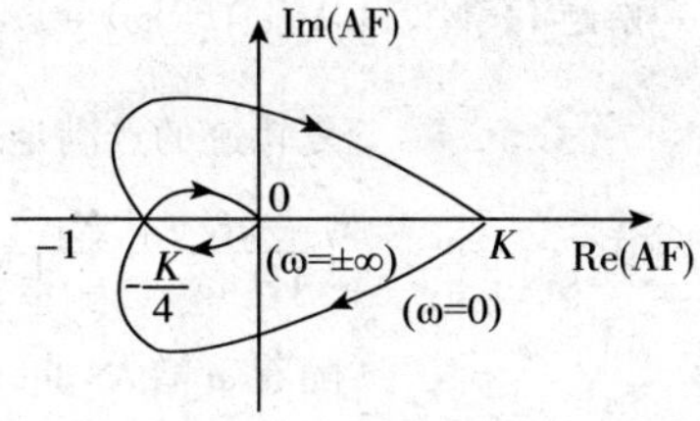

解图 11-20(c)

系统稳定要求奈奎斯特图不包含$(-1+\mathrm{j}0)$点，即

$$-\frac{K}{4}>-1\Rightarrow K<4$$

$$(4)A(\mathrm{j}\omega)F(\mathrm{j}\omega)=\frac{K}{2\mathrm{j}\omega+2-\omega^2}$$

$\omega=0$时，$A(\mathrm{j}0)F(\mathrm{j}0)=\dfrac{K}{2}$

$\omega=\infty$时，轨迹终止于0点

轨迹与实轴只有两个交点：0点和$A(\mathrm{j}0)F(\mathrm{j}0)=\dfrac{K}{2}$

随着ω增大，曲线在实轴上边向左旋转。

完整的奈奎斯特图如解图 11-20(d) 所示。

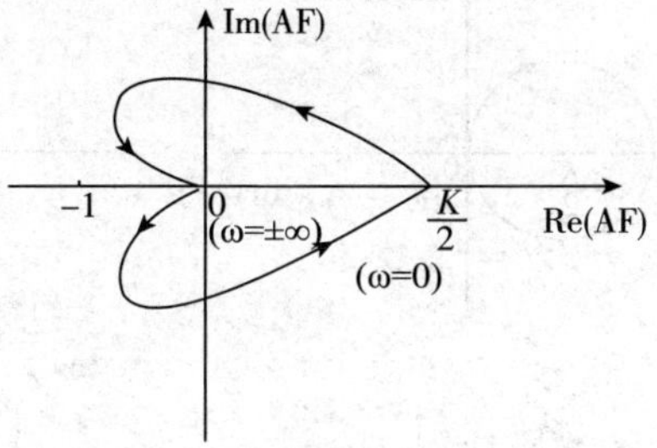

解图 11-20(d)

由图可知系统稳定的条件是$K>0$。

11.21 **知识点窍** 若$G(s)=1+A(s)F(s)$在s右半平面内有极点时系统稳定，则要求s右半平面内零点数与极点数相等。

逻辑推理 取s变量中的$\sigma=0$，求得复轨迹$A(\mathrm{j}\omega)F(\mathrm{j}\omega)$的方程，即可画出奈奎斯特图。利用一

般情况下反馈系统奈奎斯特判据确定系统稳定时的 K 的取值范围。

解题过程 (1) $A(j\omega)F(j\omega)=\dfrac{K}{j\omega-1}=\dfrac{K(-1-j\omega)}{1+\omega^2}$

复轨迹的点满足以下方程:

$$\left(\frac{-K}{1+\omega^2}+\frac{K}{2}\right)^2+\left(\frac{-K\omega}{1+\omega^2}\right)^2=\left(\frac{K}{2}\right)^2$$

随着 ω 增大,曲线如解图 11-21(a) 所示方向旋转。

由 $G(s)=1+A(s)F(s)=\dfrac{s-1+K}{s-1}$ 得

一个极点 $s=1$,一个零点 $s=1-K$

为使系统稳定,则要求 s 右半平面内零、极点数相等,又已知 $K>0$,

故有 $0<K<1$。

(2) $A(j\omega)F(j\omega)=\dfrac{K(1+j\omega)}{-\omega^2-2j\omega+2}$

当 $\omega=0$ 时,$A(j0)F(j0)=\dfrac{K}{2}$

当 $\omega=\infty$ 时,轨迹终止于 0 点

又由计算可知轨迹与实轴只相交于 0 点和 $\dfrac{K}{2}$ 点。

曲线在实轴上边随 ω 增大向左旋转,按照对于实轴镜像的原理可绘出 ω 为负值的曲线,如解图 11-21(b) 所示。

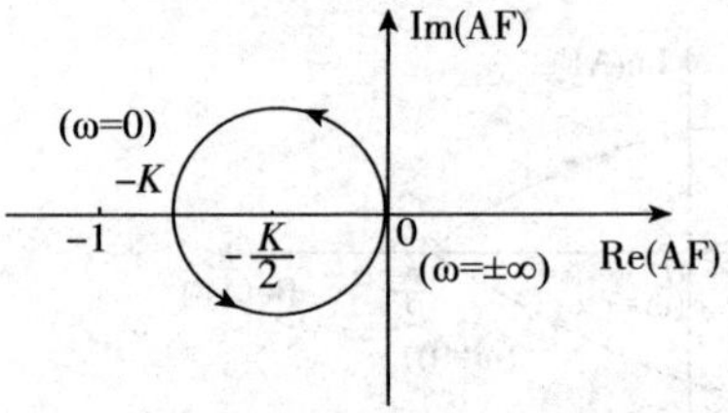

解图 11-21(a)

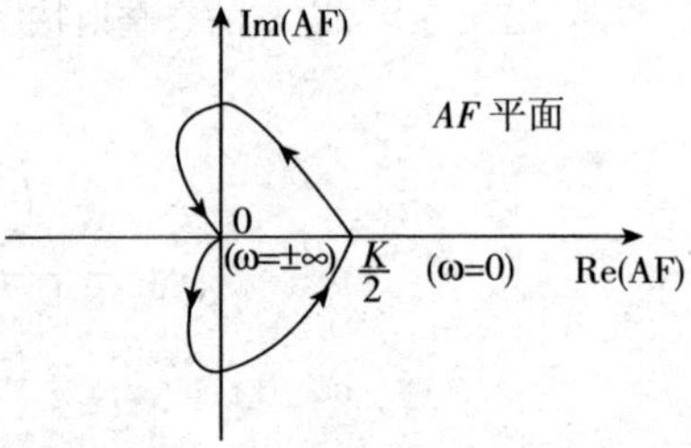

解图 11-21(b)

$$G(s)=1+A(s)F(s)=\frac{s^2+(K-2)s+2+K}{s^2-2s+2}$$

设分母 $s^2-2s+2=0$ 时的两个根为 s_{p1}、s_{p2},

有 $s_{p1}+s_{p2}=2>0$ 且 $s_{p1}\cdot s_{p2}=2>0$

故在 s 右半平面 $G(s)$ 有两个极点。

为使系统稳定,在 s 右半平面上 $G(s)$ 应该有两个零点。

由 $s^2+(K-2)s+2+K=0$ 得

零点为 $s=\dfrac{2-K\pm\sqrt{K^2-8K-4}}{2}$

即 $0<K<2$ 时，这两个零点都在 s 右半平面上，此时系统稳定。

11.22 逻辑推理 复轨迹 $A(\mathrm{j}\omega)F(\mathrm{j}\omega)$ 的方程与题11.20相同。由于限定 K 为负值，奈奎斯特图的曲线位置会有所不同。确定系统稳定条件与题 11.20 同样利用开环特性稳定条件下的奈奎斯特判据进行求解。

解题过程 (1) 对 $A(\mathrm{j}\omega)F(\mathrm{j}\omega)$ 有

$$\left(\frac{K}{1+\omega^2}-\frac{K}{2}\right)^2+\left(\frac{\omega K}{1+\omega^2}\right)^2=\left(\frac{K}{2}\right)^2 \qquad (K<0)$$

奈奎斯特图如解图 11-22(a) 所示。

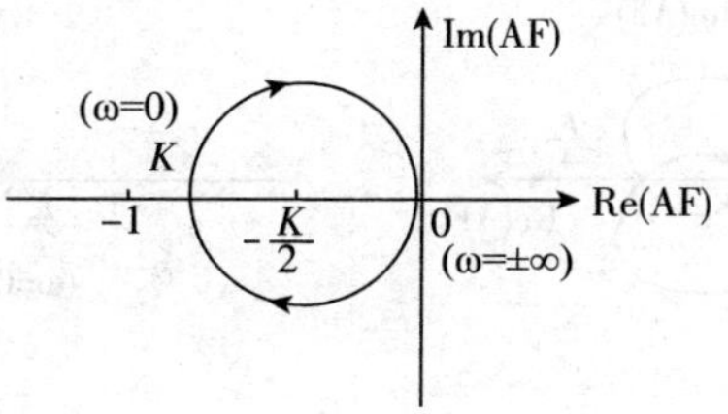

解图 11-22(a)

奈奎斯特图不包含 $(-1+\mathrm{j}0)$ 点，则系统稳定，又由于 $K<0$，故 $-1<K<0$ 时系统稳定。

(2) $A(\mathrm{j}\omega)F(\mathrm{j}\omega)=\dfrac{K}{(\mathrm{j}\omega+1)^2}$

当 $\omega=0$ 时，$A(\mathrm{j}0)F(\mathrm{j}0)=K$

当 $\omega=\infty$ 时，轨迹终止于 0 点

轨迹与实轴只有两个交点：0 点和 $A(\mathrm{j}0)F(\mathrm{j}0)=K$。

随着 ω 增大，曲线在实轴上方向右旋转。按照对于实轴镜像原理可绘出 ω 为负值的曲线，如解图 11-22(b) 所示。

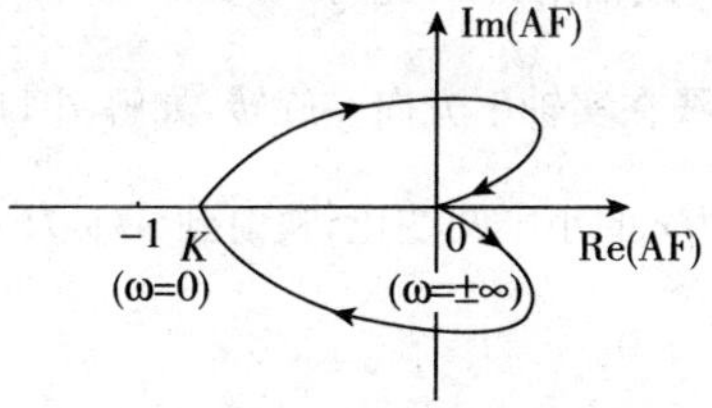

解图 11-22(b)

$K<0$ 且要求系统稳定,则 $-1<K<0$。

(3) $A(\mathrm{j}\omega)F(\mathrm{j}\omega)=\dfrac{K}{(\mathrm{j}\omega+1)^4}$

因为 $K<0$,故奈奎斯特图与解图 11-20(c) 关于虚轴对称,如解图 11-22(c) 所示。

$K<0$ 且又要求系统稳定,

故有 $-1<K<0$。

(4) $A(\mathrm{j}\omega)F(\mathrm{j}\omega)=\dfrac{K}{2\mathrm{j}\omega+2-\omega^2}$

奈奎斯特图与解图 11-20(d) 关于虚轴对称,如解图 11-22(d) 所示。

$K<0$ 且又要求系统稳定,则有 $-1<\dfrac{K}{2}<0$,即 $-2<K<0$。

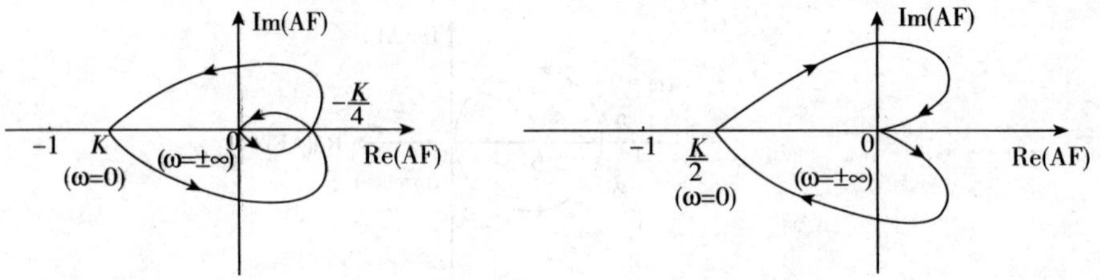

解图 11-22(c)　　　　解图 11-22(d)

11.23 **知识点窍** $A(\mathrm{j}\omega)F(\mathrm{j}\omega)$ 在 $\omega=0$ 处有一极点时,$\omega\to0$ 对应的部分奈奎斯特图是半径趋于 ∞ 的半圆。

逻辑推理 首先按照题中所给的方法得到 $\omega\to0$ 时的部分奈奎斯特图;然后利用 $A(\mathrm{j}\omega)F(\mathrm{j}\omega)$ 的方程求其他部分奈奎斯特图,两部分结合即得完整的奈奎斯特图。根据简化后的奈奎斯特判据求系统稳定条件。

解题过程 $A(\mathrm{j}\omega)F(\mathrm{j}\omega)=\dfrac{K}{\mathrm{j}\omega(\mathrm{j}\omega+1)(\mathrm{j}\omega+4)}$

当 $\omega=\infty$ 时,轨迹终止于零点,

当 $\omega=\pm2$ 时,构成幅角为 π,此时 $A(\mathrm{j}\omega)F(\mathrm{j}\omega)=-\dfrac{K}{20}$,

随着 ω 加大,曲线在实轴下方向左旋转,如解图 11-23 所示。

s 域内 s 沿半径为 r 的小半圆变化,映射到 $A(\mathrm{j}\omega)F(\mathrm{j}\omega)$ 复轨迹图上为半径为 $\dfrac{K}{4r}$ 的半圆,故应该有 $K>0$。

又系统稳定要求奈奎斯特图不包含 $(-1+\mathrm{j}0)$ 点,所以有 $0<K<20$。

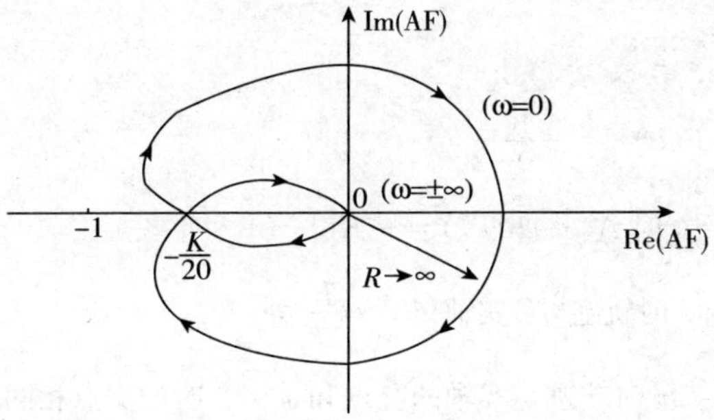

解图 11-23

11.24 知识点窍 奈奎斯特稳定性判据用于离散时间反馈系统时，描绘的是 $z=e^{j\omega}$ 对应的复轨迹。

逻辑推理 求出复轨迹 $A(e^{j\omega})F(e^{j\omega})$ 的方程，并根据它画出奈奎斯特图。然后利用离散时间信号的奈奎斯特判据确定系统稳定的条件。

解题过程 (1) $A(e^{j\omega})F(e^{j\omega})=\dfrac{K}{e^{j\omega}-\dfrac{1}{2}}$

当 $\omega=0$ 时 $A(e^{j0})F(e^{j0})=2K$

当 $\omega=\pi$ 时轨迹与负实轴交于 $-\dfrac{2}{3}K$ 处

当 $\omega=2\pi$ 时轨迹与正实轴的交点和 $\omega=0$ 时的交点相同。

随着 ω 增大，曲线在实轴下方向左旋转，根据对于实轴镜像原理对称绘出 π 至 2π 的曲线，如解图 11-24(a) 所示。

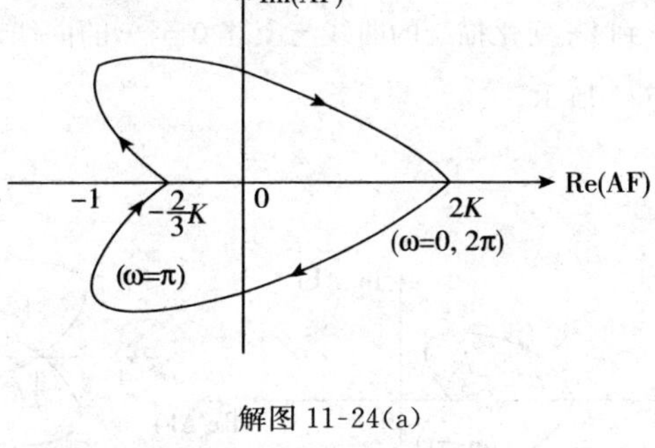

解图 11-24(a)

为使系统稳定，要求 $-\dfrac{2}{3}K>-1$，

即 $K<\frac{3}{2}$。

(2) $A(e^{j\omega})F(e^{j\omega})=\frac{K}{e^{j\omega}-2}$

当 $\omega=0$ 时 $A(e^{j0})F(e^{j0})=-K$

当 $\omega=\pi$ 时轨迹与负实轴交于 $-\frac{K}{3}$ 处

当 $\omega=2\pi$ 时轨迹与实轴的交点和 $\omega=0$ 时的交点相同。

随着 ω 增大，曲线在实轴下方向右旋转，根据对实轴镜像原理对称绘出 π 至 2π 的曲线，如解图 11-24(b) 所示。

$G(z)=1+A(z)F(z)=\frac{z-2+K}{z-2}$，零点为 $z=2-K$。

系统稳定则要求 $\begin{cases}-1<2-K<1\Rightarrow 1<K<3\\ -K>-1\end{cases}$

(3) $A(e^{j\omega})F(e^{j\omega})=\frac{K}{e^{2j\omega}-e^{j\omega}-\frac{3}{4}}$

当 $\omega=0$ 时 $A(e^{j0})F(e^{j0})=-\frac{4}{3}K$

随着 ω 增大，曲线在实轴下方向左旋转，当轨迹与负实轴交于 A 点时 $A(e^{j\omega})F(e^{j\omega})=-\frac{4}{7}K$，此时对应的 ω 值为 $\frac{\pi}{3}$。

随着 ω 继续增大，曲线在实轴上方向右旋转，当 $\omega=\pi$ 时，曲线再次与正实轴交于 $\frac{4}{5}K$ 处。

ω 从 π 到 2π 变化描绘的曲线与上述 0 至 π 的曲线对实轴呈镜像对称，如解图 11-24(c) 所示。

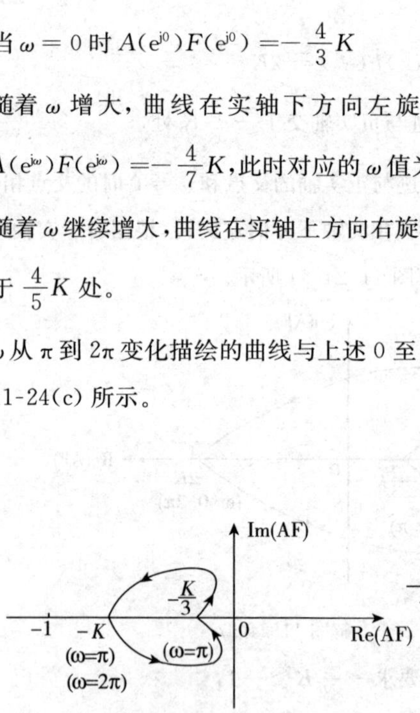

解图 11-24(b)

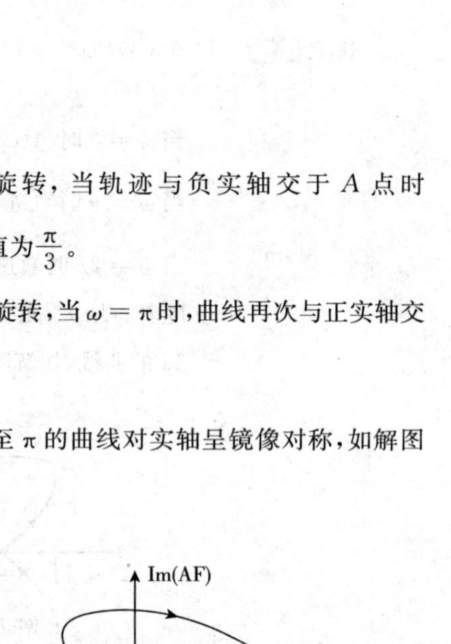

解图 11-24(c)

$$G(z)=1+A(z)F(z)=\frac{z^2-z-\frac{3}{4}+K}{z^2-z-\frac{3}{4}}$$

系统稳定要求 $G(z)$ 的零点都在单位圆内，且奈奎斯特图不包围$(-1+\mathrm{j}0)$，故有

$$\frac{3}{4}<K<\frac{7}{4}。$$

11.25 知识点窍 奈奎斯特图中$(-1+\mathrm{j}0)$点对系统函数的极点分布及冲激响应的影响。

逻辑推理 按照利用系统函数判定稳定性的方法与奈奎斯特判据的对应关系进行讨论。

解题过程 对于连续系统：

$H(s)$ 的极点全都位于 s 左平面时系统稳定，此时奈奎斯特图不包含$(-1+\mathrm{j}0)$点。

$H(s)$ 在 s 右平面内的极点数就是奈奎斯特图顺时针绕$(-1+\mathrm{j}0)$点的次数。

临界状态下，奈奎斯特图刚好经过$(-1+\mathrm{j}0)$点，对应的$H(s)$的极点应该在虚轴上。

此时的冲激响应 $h(t)$ 为等幅振荡。

对于离散系统：

$H(z)$ 的极点全部位于单位圆内时系统稳定，此时奈奎斯特图不包含$(-1+\mathrm{j}0)$点。

$H(z)$ 在单位圆外的极点数就是奈奎斯特图顺时针绕$(-1+\mathrm{j}0)$点的次数。

临界状态下，奈奎斯特图刚好经过$(-1+\mathrm{j}0)$点，对应的 $H(z)$ 的极点应该在单位圆上。此时冲激响应 $h(n)$ 为等幅振荡。

11.26 知识点窍 反馈系统稳定性研究中的"罗斯准则"。

逻辑推理 对多项式系数进行"罗斯准则"验证，以判定系统是否稳定。

解题过程 (1) 二阶多项式系数不同号，故多项式的根不是都位于 s 左平面；

(2) 二阶多项式系数同号，故多项式的根都位于 s 左平面；

(3) 三阶多项式系数不同号，故多项式的根不是都位于 s 左平面；

(4) 三阶多项式系数同号，但 $\alpha\beta=4<\gamma=30$，故多项式的根不是都位于 s 左平面；

(5) 三阶多项式系数同号，且 $\alpha\beta=6<\gamma=5$，故多项式的根都位于 s 左平面；

(6) $s^3+6s^2+3s=s(s^2+6s+3)$，s^2+6s+3 的系数同号，故它的根都位于 s 左平面，另外原多项式还有一个根为 $s=0$。

11.27 知识点窍 线性系统的信号流图。

逻辑推理 用信号流图的符号来改画方框图,并利用节点方程求转移函数。

解题过程 (1) 方框图对应的信号流图如解图 11-27(a) 所示。

各节点方程如下:

$$X_1 = X - G_2 X_4 + G_1 X_5$$

$$X_2 = X_1 H_1 - X_4 G_3$$

$$X_3 = X_2 H_2 - X_5 G_4$$

$$X_4 = X_3 H_3$$

$$X_5 = X_4 H_4 = Y$$

解得

$$H(s) = \frac{Y(s)}{X(s)} = \frac{H_1 H_2 H_3 H_4}{1 + H_2 H_3 G_3 + H_3 H_4 G_4 + H_1 H_2 H_3 G_2 - H_1 H_2 H_3 H_4 G_1}$$

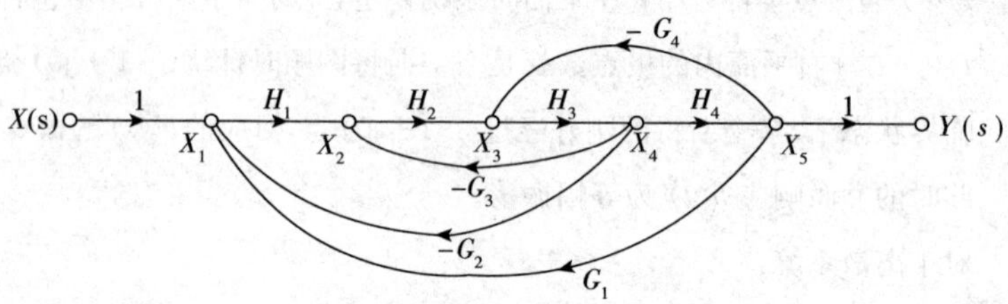

解图 11-27(a)

(2) 信号流图如解图 11-27(b) 所示。

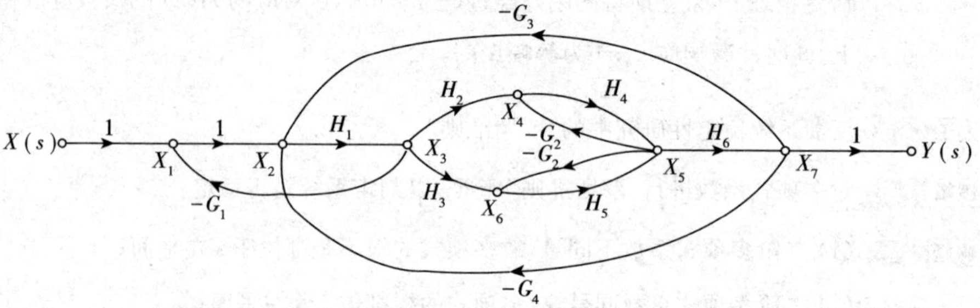

解图 11-27(b)

各节点方程如下:

$$X_1 = X - G_1 X_3$$

$$X_2 = X_1 - (G_3 + G_4) X_6$$

$$X_3 = H_1 X_2$$

$$X_4 = H_2 X_3 - G_2 X_5$$

$$X_5 = H_4 X_4 + H_5 X_6$$

$X_6 = H_3X_3 - G_2X_5$

$X_7 = H_6X_5 = Y$

解得 $H(s) = H_1H_6(H_2H_4 + H_3H_5)/[1 + G_1H_1 + G_2(H_4 + H_5)$
$+ G_3H_1H_6(H_2H_4 + H_3H_5) + G_4H_1H_6(H_2H_4$
$+ H_3H_5) + G_1G_2H_1(H_4 + H_5)]$

11.28 知识点窍 题图(b) 为双输入系统信号流图。

逻辑推理 写出各节点方程,由此解得系统函数。

解题过程 对题图(a) 有 $X_1 = X + bX_2$

$X_2 = aX_1 + dX_3$

$X_3 = cX_2 + eX_1 = Y$

解得 $H(s) = \dfrac{Y(s)}{X(s)} = \dfrac{ac + e}{1 - ab - cd - ebd}$

对题图(b) 有 $X_3 = bX_2 + dX_4$

$X_4 = aX_1 + cX_3$

$Y = eX_4$

解得 $H_1(s) = \dfrac{Y(s)}{X_1(s)} = \dfrac{ae}{1 - cd}$

$H_2(s) = \dfrac{Y(s)}{X_2(s)} = \dfrac{bce}{1 - cd}$

11.29 知识点窍 题图(b) 为双输入、双输出系统信号流图。

逻辑推理 列各节点方程,由此求出转移函数。

解题过程 对题图(a) 有 $X_1 = XH_1 + X_2G_2 + X_3G_1$

$X_2 = X_1H_2$

$X_3 = X_2H_3 + X_3G_3 + X_4G_4$

$X_4 = X_1H_6 + X_3H_4$

$Y = H_5X_4$

解得 $H(s) = \dfrac{Y(s)}{X(s)} = H_1H_2H_3H_4H_5 + H_1H_5H_6(1 - G_3)]/$

$[1 - (H_2G_2 + H_2H_3G_1 + G_3 + H_4G_4 + G_1G_4H_6) +$

$H_2H_4G_2G_4 + H_2G_2G_3]$

对题图(b) 有 $X_3 = X_1H_1 + X_4G_2 + X_5G_1$

$$X_4 = X_3 H_2$$

$$X_5 = X_4 H_3 + X_5 G_3 + X_6 G_4$$

$$X_6 = X_5 H_4 + X_2 H_7 + X_3 H_6$$

$$Y_1 = X_3 H_8$$

$$Y_2 = X_6 H_5$$

解得 $H_{11}(s) = [H_1 H_8 (1 - H_4 G_4 - G_3)] /$

$[1 - (H_2 G_2 + G_1 H_2 H_3 + G_3 + H_4 G_4 + G_1 G_4 H_6) + H_2 H_4 G_2 G_4 + H_2 G_2 G_3]$

$H_{21}(s) = [H_1 H_2 H_3 H_4 H_5 + H_1 H_5 H_6 (1 - G_3)] /$

$[1 - (H_2 G_2 + G_1 H_2 H_3 + G_3 + H_4 G_4 + G_1 G_4 H_6) + H_2 H_4 G_2 G_4 + H_2 G_2 G_3]$

$H_{12}(s) = H_7 G_1 G_4 H_8 / [1 - (H_2 G_2 + G_1 H_2 H_3 + G_3 + H_4 G_4 + G_1 G_4 H_6) + H_2 H_4 G_2 G_4 + H_2 G_2 G_3]$

$H_{22}(s) = [H_5 H_7 (1 - G_3 - H_2 G_2 - G_1 H_2 H_3 + G_2 H_2 G_3)] /$

$[1 - (H_2 G_2 + G_1 H_2 H_3 + G_3 + H_4 G_4 + G_1 G_4 H_6) + H_2 H_4 G_2 G_4 + H_2 G_2 G_3]$

本题亦可用梅森增益公式求解。

11.30 知识点窍 梅森公式为 $H = \frac{1}{\Delta} \sum_k g_k \Delta k$。

逻辑推理 将转移函数改写为梅森公式形式,按照环路画出流图形式。

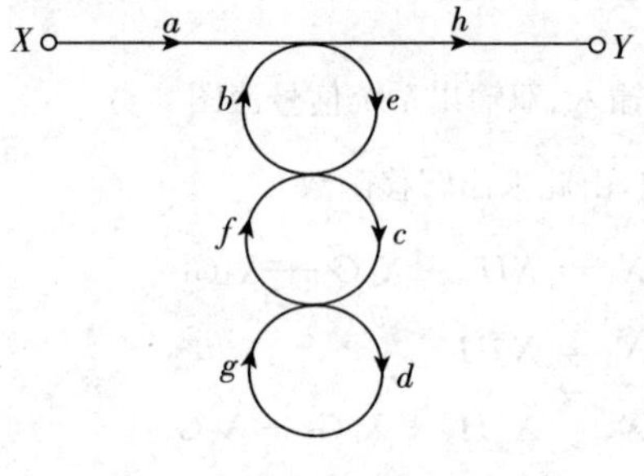

解图 11-30

解题过程

$$H = \frac{Y}{X} = \frac{ah(1 - fc - dg)}{(1 - be)(1 - dg) - fc}$$

$$= \frac{ah(1 - fc - dg)}{1 - be - dg - fc + bedg}$$

对照梅森公式可得该系统有三个环路

$L_1 = be, L_2 = dg, L_3 = fc$

L_1、L_2 两环路互不接触。

还有一条前向通路 $G_1 = ah$，与环路 L_2、L_3 不接触。

由以上分析可得，系统流图如解图 11-30 所示。

11.31 知识点窍 实际连续系统的信号流图表示。

逻辑推理 由约束方程推导出转移函数$\frac{V_o}{V_S}$，再利用梅森公式画出信号流图。

解题过程 由已知约束方程得

$$\begin{aligned} V_o &= -R_c I_c = -R_c \cdot \beta I_b \\ &= -R_c\beta \cdot \frac{V_{be}}{r_{be}} \\ &= -R_c\beta \frac{V_S - V_e}{r_{be}} \\ &= -R_c\beta \cdot \frac{V_S - R_e I_e}{r_{be}} \\ &= -R_c\beta \frac{V_S - R_e \cdot \frac{1+\beta}{\beta} \cdot \left(-\frac{V_o}{R_c}\right)}{r_{be}} \end{aligned}$$

从而有$\frac{V_o}{V_S} = -\frac{R_c\beta}{r_{be} + R_e(1+\beta)}$

写成梅森公式形式

$$\frac{V_o}{V_S} = -\frac{R_c\beta}{r_{be}} \Big/ \left[1 + \frac{R_e}{r_{be}}(1+\beta)\right]$$

该系统只有一个环路 $L = -\frac{R_e}{r_{be}}(1+\beta)$

一条前向通路 $G = -\frac{R_c\beta}{r_{be}}$

系统信号流图如解图 11-31 所示。

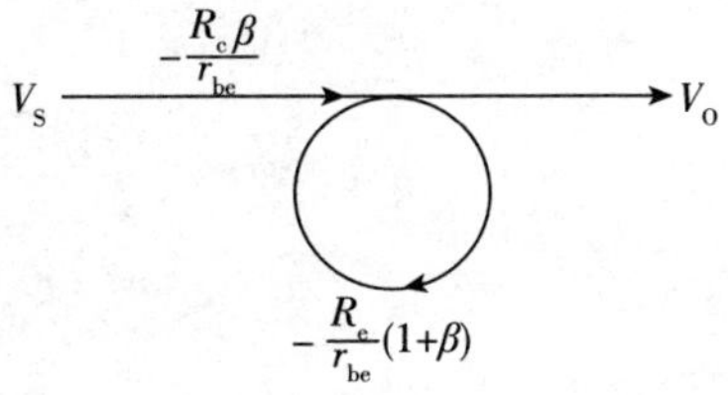

解图 11-31

11.32 知识点窍 实际离散系统的信号流图表示。

逻辑推理 由题图得到信号流图并利用梅森公式写出转移函数。

解题过程 由方框图画出信号流图,如解图 11-32 所示。

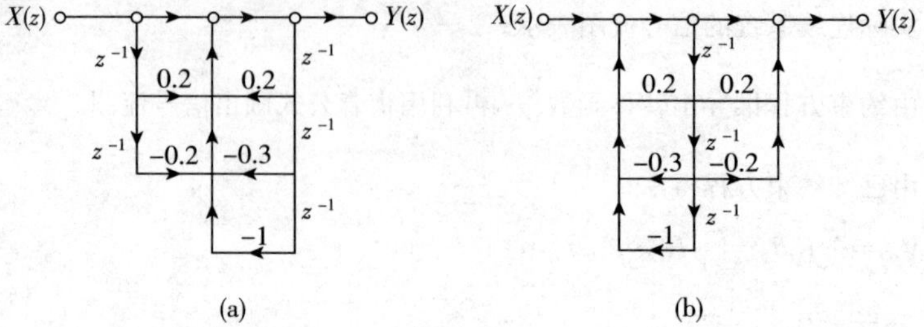

解图 11-32

利用梅森公式写出两个流图的转移函数。

(a)、(b) 对应的系统均有三个环路,且增益一样

$L_1 = 0.2z^{-1}, L_2 = -0.3z^{-2}, L_3 = -z^{-3}$

所有环路都互相接触,所以有 $\Delta = 1 - 0.2z^{-1} + 0.3z^{-2} + z^{-3}$

两个系统有三条同样的前向通路:$G_1 = 1, G_2 = 0.2z^{-1}, G_3 = -0.2z^{-2}$

所有环路都与通路相接触,因此 $\Delta_1 = 1, \Delta_2 = 1, \Delta_3 = 1$

故(a)、(b) 对应系统的转移函数相同。

$$H(z) = \frac{Y(z)}{X(z)} = \frac{1 + 0.2z^{-1} - 0.2z^{-2}}{1 - 0.2z^{-1} + 0.3z^{-2} + z^{-3}}$$

第十二章

系统的状态变量分析

考试要求

理解并掌握系统状态变量分析法中的一系列基本概念，如状态、状态变量、状态矢量、状态空间、状态轨迹等；能熟练根据要求列写连续时间系统的状态方程，掌握求解方法；能熟练根据要求列写离散时间系统的状态方程，掌握求解方法；掌握状态矢量的线性变换方法；理解系统的可控性与可观性及判别方法。

知识点归纳

■ 状态变量分析法的特点

利用描述系统内部特性的状态变量取代仅描述系统外部特性的系统函数，并且将这种描述便捷地运用于多输入 — 多输出系统。

● 几个名词定义

状态：对于一个动态系统状态，表示系统的一组最少变量(被称为状态变量)。

状态变量：能够表示系统状态的那些变量。

状态矢量：能够完全描述一个系统行为的 k 个状态变量，可以看作矢量$\boldsymbol{\lambda}(t)$ 的各个分量的坐标，$\boldsymbol{\lambda}(t)$ 即为状态矢量。

状态空间：状态矢量$\boldsymbol{\lambda}(t)$ 所在的空间。

状态轨迹：在状态空间中状态矢量端点随时间变化而描出的路径。

● 状态方程(连续时间线性时不变系统)

$$\left[\frac{\mathrm{d}}{\mathrm{d}t}\lambda(t)\right]_{k\times 1}=\boldsymbol{A}_{k\times k}\,\boldsymbol{\lambda}_{k\times 1}(t)+\boldsymbol{B}_{k\times m}\,\boldsymbol{e}_{m\times 1}(t)$$

$\boldsymbol{\lambda}_{k\times 1}(t)$ 是系统 k 个状态变量构成的列向量，$\boldsymbol{e}_{m\times 1}(t)$ 为系统 m 个输入信号构成的列向量，$\boldsymbol{A}$、$\boldsymbol{B}$ 为系数矩阵。

其对应的输出方程为

$$[r(t)]_{r\times 1}=\boldsymbol{C}_{r\times k}\boldsymbol{\lambda}_{k\times 1}(t)+\boldsymbol{D}_{r\times m}\boldsymbol{e}_{m\times 1}(t)$$

$[r(t)]_{r\times 1}$ 为系统 r 个输出构成的列向量，$\boldsymbol{C}$、$\boldsymbol{D}$ 为系数矩阵。

● 建立状态方程的方法(连续时间线性时不变系统)

(1) 由电路图直接建立状态方程；

(2) 由系统的输入 — 输出方程或流图建立状态方程；

(3) 将传输算子(或系统函数) 分解，建立状态方程。

● 状态方程求解的方法(连续时间线性时不变系统)

(1) 拉普拉斯变换法：对给定的方程两边取拉氏变换，代入初始条件求解；

(2) 时域法(矢量微分方程求解)。

● 由状态方程求系统函数(连续时间线性时不变系统)

状态方程 $\begin{cases}\dot{\boldsymbol{\lambda}}(t)=\boldsymbol{A\lambda}(t)+\boldsymbol{B}e(t)\\ r(t)=\boldsymbol{C\lambda}(t)+\boldsymbol{D}e(t)\end{cases}$

系统函数 $H(s)=\dfrac{R(s)}{E(s)}=\boldsymbol{C}(s\boldsymbol{I}-\boldsymbol{A})^{-1}\boldsymbol{B}+\boldsymbol{D}$

其中 $(s\boldsymbol{I}-\boldsymbol{A})^{-1}=\dfrac{\mathrm{adj}(s\boldsymbol{I}-\boldsymbol{A})}{|s\boldsymbol{I}-\boldsymbol{A}|}$

● 状态转移矩阵 $e^{\boldsymbol{A}t}$ ($\boldsymbol{\Phi}(t)$) 的性质

$$\boldsymbol{\Phi}(t_1+t_2)=\boldsymbol{\Phi}(t_1)\boldsymbol{\Phi}(t_2)$$

$$[\boldsymbol{\Phi}(t_2-t_1)][\boldsymbol{\Phi}(t_1-t_0)]=\boldsymbol{\Phi}(t_2-t_0)=[\boldsymbol{\Phi}(t_1-t_0)][\boldsymbol{\Phi}(t_2-t_1)]$$

$$\frac{\mathrm{d}}{\mathrm{d}t}\boldsymbol{\Phi}(t)=\boldsymbol{A\Phi}(t)=\boldsymbol{\Phi}(t)\boldsymbol{A}$$

● 离散时间系统状态方程的一般形式

$$\begin{cases}\text{状态方程：}\boldsymbol{\lambda}_{k\times 1}(n+1)=\boldsymbol{A}_{k\times k}\boldsymbol{\lambda}_{k\times 1}(n)+\boldsymbol{B}_{k\times m}\boldsymbol{x}_{m\times 1}(n)\\ \text{输出方程：}\boldsymbol{Y}_{r\times 1}(n)=\boldsymbol{C}_{r\times k}\boldsymbol{\lambda}_{k\times 1}(n)+\boldsymbol{D}_{r\times m}\boldsymbol{x}_{m\times 1}(n)\end{cases}$$

● 建立离散时间系统状态方程的方法

(1) 间接法：由系统的输入 — 输出差分方程建立状态方程；

由给定系统的方框图或流图建立状态方程。

(2) 直接法：由研究对象的运动规律直接建立状态方程。

- 离散时间系统状态方程的求解方法

(1) 时域求解：代入初始条件迭代求解，或计算状态转移矩阵 $\boldsymbol{A}^n$，即 $\boldsymbol{\Phi}(n)$ 求解。

(2) z 变换法求解：对状态方程和输出方程两边作 z 变换求解。

- 状态矢量的线性变换

$\boldsymbol{\lambda}$ 为原状态变量，$\boldsymbol{\gamma}$ 为新状态变量。若有

$$\boldsymbol{\gamma}=\boldsymbol{P\lambda},\frac{\mathrm{d}}{\mathrm{d}t}\boldsymbol{\lambda}(t)=\boldsymbol{A\lambda}(t)+\boldsymbol{B}e(t)$$

则 $\boldsymbol{\lambda}=\boldsymbol{P}^{-1}\boldsymbol{\gamma},\boldsymbol{P}^{-1}\dfrac{\mathrm{d}}{\mathrm{d}t}\boldsymbol{\gamma}(t)=\boldsymbol{AP}^{-1}\boldsymbol{\gamma}(t)+\boldsymbol{B}e(t)$

在新的状态变量下，状态方程与输出方程中的系数矩阵 $\hat{\boldsymbol{A}}$、$\hat{\boldsymbol{B}}$、$\hat{\boldsymbol{C}}$、$\hat{\boldsymbol{D}}$ 与原方程的 $\boldsymbol{A}$、$\boldsymbol{B}$、$\boldsymbol{C}$、$\boldsymbol{D}$ 之间满足如下关系：

$$\begin{cases}\hat{\boldsymbol{A}}=\boldsymbol{PAP}^{-1}\\ \hat{\boldsymbol{B}}=\boldsymbol{PB}\\ \hat{\boldsymbol{C}}=\boldsymbol{CP}^{-1}\\ \hat{\boldsymbol{D}}=\boldsymbol{D}\end{cases}$$

- 由状态方程判断系统的稳定性

对连续系统：$\boldsymbol{A}$ 的特征值 $\mathrm{Re}(\alpha_i)<0$ 时系统稳定。

对离散系统：$\boldsymbol{A}$ 的特征值 $|\alpha_i|<1$ 时系统稳定。

- 系统的可控性与可观性

控制系统是否必然可使系统在有限时间内从起始状态指引到所要求的状态，这就是可控制性问题。

控制系统是否可以做到通过观测有限时间内的输出量而识别出系统的起始状态，因为一旦能够根据输出量识别出起始状态，则任一状态也就唯一确定，这就是可观测性问题。

系统可控性与可观性的判定：满秩判别法。

经典考题解析

例 1　设系统$\{A,B,C\}$的状态矩阵为$A=\begin{bmatrix}0 & 1 & 0\\0 & 0 & 1\\2 & -5 & 4\end{bmatrix}$，试用下列方法求系统的状态转移矩阵$e^{At}$。

(1) 拉氏变换法；(2) 线性变换法；(3) 待定系数法。

逻辑推理　考查系统状态转移矩阵的不同方法求解。

解题过程　(1) 拉氏变换法：因为

$$
\begin{aligned}
&(sI-A)^{-1}\\
&=\begin{bmatrix}s & -1 & 0\\0 & s & -1\\-2 & 5 & s-4\end{bmatrix}^{-1}\\
&=\frac{1}{(s-1)^2(s-2)}\begin{bmatrix}s^2-4s+5 & s-4 & 1\\2 & s^2-4s & s\\2s & -5s+2 & s^2\end{bmatrix}\\
&=\begin{bmatrix}\dfrac{-2}{(s-1)^2}+\dfrac{1}{s-2} & \dfrac{3}{(s-1)^2}+\dfrac{2}{s-1}-\dfrac{2}{s-2} & \dfrac{-1}{(s-1)^2}-\dfrac{1}{s-1}+\dfrac{1}{s-2}\\ \dfrac{-2}{(s-1)^2}-\dfrac{2}{s-1}+\dfrac{2}{s-2} & \dfrac{3}{(s-1)^2}+\dfrac{5}{s-1}-\dfrac{4}{s-2} & \dfrac{-1}{(s-1)^2}-\dfrac{2}{s-1}+\dfrac{2}{s-2}\\ \dfrac{-2}{(s-1)^2}-\dfrac{4}{s-1}+\dfrac{4}{s-2} & \dfrac{3}{(s-1)^2}+\dfrac{8}{s-1}-\dfrac{8}{s-2} & \dfrac{-1}{(s-1)^2}-\dfrac{3}{s-1}+\dfrac{4}{s-2}\end{bmatrix}
\end{aligned}
$$

所以　$e^{At}=\mathscr{L}^{-1}[(sI-A)^{-1}]$

$$
=\begin{bmatrix}-2te^t+e^{2t} & 3te^t+2e^t-2e^{2t} & -te^t-e^t+e^{2t}\\-2e^t-2e^t+2e^{2t} & 3te^t+5e^t-4e^{2t} & -te^t-2e^t+2e^{2t}\\-2te^t-4e^t+4e^{2t} & 3te^t+8e^t-8e^{2t} & -te^t-3e^t+4e^{2t}\end{bmatrix}
$$

(2) 线性变换法：由于A是酉矩阵，故$f(\lambda)=\lambda^3-4\lambda^2+5\lambda-2=(\lambda-1)^2(\lambda-2)$，所以$\lambda_1=\lambda_2=1,\lambda_3=2$

$$
P=\begin{bmatrix}1 & 0 & 1\\\lambda_1 & 1 & \lambda_3\\\lambda_1^2 & 2\lambda_1 & \lambda_3^2\end{bmatrix}=\begin{bmatrix}1 & 0 & 1\\1 & 1 & 2\\1 & 2 & 4\end{bmatrix};P^{-1}=\begin{bmatrix}0 & 2 & -1\\-2 & 3 & -1\\1 & -2 & 1\end{bmatrix}
$$

$$A = PAP^{-1} = \begin{bmatrix} 1 & 1 & 0 \\ 0 & 1 & 0 \\ 0 & 0 & 2 \end{bmatrix}$$

所以 $$\mathrm{e}^{At} = \begin{bmatrix} \mathrm{e}^t & t\mathrm{e}^t & 0 \\ 0 & \mathrm{e}^t & 0 \\ 0 & 0 & \mathrm{e}^{2t} \end{bmatrix}$$

$$\mathrm{e}^{At} = P\mathrm{e}^{At}P^{-1}$$

$$= \begin{bmatrix} -2t\mathrm{e}^t + \mathrm{e}^{2t} & (3t+2)\mathrm{e}^t - 2\mathrm{e}^{2t} & -(t+1)\mathrm{e}^t + \mathrm{e}^{2t} \\ -2(t+1)\mathrm{e}^t + 2\mathrm{e}^{2t} & (3t+5)\mathrm{e}^t - 4\mathrm{e}^{2t} & -(t+2)\mathrm{e}^t + 2\mathrm{e}^{2t} \\ -2(t+2)\mathrm{e}^t + 4\mathrm{e}^{2t} & (3t+8)\mathrm{e}^t - 8\mathrm{e}^{2t} & -(t+3)\mathrm{e}^t + 4\mathrm{e}^{2t} \end{bmatrix}$$

(3) 待定系数法:对于待定系数的等式

$$\mathrm{e}^{At} = \sum_{k=0}^{n-1} \alpha_k(t)A^k = \alpha_0(t)I + \alpha_1(t)A + \alpha_2(t)A^2$$

因 A 的特征值是 $\lambda_1 = \lambda_2 = 1, \lambda_3 = 2$,故得

$$\begin{bmatrix} \alpha_0(t) \\ \alpha_1(t) \\ \alpha_2(t) \end{bmatrix} = \begin{bmatrix} 1 & \lambda_1 & \lambda_1^2 \\ 0 & 1 & 2\lambda_1 \\ 1 & \lambda_3 & \lambda_3^2 \end{bmatrix}^{-1} \begin{bmatrix} \mathrm{e}^{\lambda_1 t} \\ t\mathrm{e}^{\lambda_1 t} \\ \mathrm{e}^{\lambda_3 t} \end{bmatrix} = \begin{bmatrix} 1 & 1 & 1 \\ 0 & 1 & 2 \\ 1 & 2 & 4 \end{bmatrix}^{-1} \begin{bmatrix} \mathrm{e}^t \\ t\mathrm{e}^t \\ \mathrm{e}^{2t} \end{bmatrix}$$

$$= \begin{bmatrix} -2t\mathrm{e}^t + \mathrm{e}^{2t} \\ (3t+2)\mathrm{e}^t - 2\mathrm{e}^{2t} \\ -(t+1)\mathrm{e}^t + \mathrm{e}^{2t} \end{bmatrix}$$

$$\mathrm{e}^{At} = (-2t\mathrm{e}' + \mathrm{e}^{2t}) \begin{bmatrix} 1 & 0 & 0 \\ 0 & 1 & 0 \\ 0 & 0 & 1 \end{bmatrix} + [(3t+2)\mathrm{e}' - 2\mathrm{e}^{2t}] \begin{bmatrix} 0 & 1 & 0 \\ 0 & 0 & 1 \\ 2 & -5 & 4 \end{bmatrix} +$$

$$[-(t+1)\mathrm{e}^t + \mathrm{e}^{2t}] \begin{bmatrix} 0 & 0 & 1 \\ 2 & -5 & 4 \\ 8 & -18 & 11 \end{bmatrix}$$

$$= \begin{bmatrix} -2t\mathrm{e}^t + \mathrm{e}^{2t} & 3t\mathrm{e}^t + 2\mathrm{e}^t - \mathrm{e}^{2t} & -t\mathrm{e}^t - \mathrm{e}^t + \mathrm{e}^{2t} \\ -2t\mathrm{e}^t - 2\mathrm{e}^t + 2\mathrm{e}^{2t} & 3t\mathrm{e}^t + 5\mathrm{e}^t - 4\mathrm{e}^{2t} & -t\mathrm{e}^t - 2\mathrm{e}^t + 2\mathrm{e}^{2t} \\ -2t\mathrm{e}^t - 4\mathrm{e}^t + 4\mathrm{e}^{2t} & 3t\mathrm{e}^t + 8\mathrm{e}^t - 8\mathrm{e}^{2t} & -t\mathrm{e}^t - 3\mathrm{e}^t + 4\mathrm{e}^{2t} \end{bmatrix}$$

例 **2** 图 12-1 所示离散系统,取 $x_1(n)$、$x_2(n)$ 为状态变量。

(1) 列状态方程与输出方程;(2) 求系统的单位响应 $h(n)$;(3) 已知 $\begin{bmatrix}x_1(0)\\x_2(0)\end{bmatrix}=\begin{bmatrix}1\\1\end{bmatrix}$,激励 $f(n)=u(n)$,求状态向量 $\begin{bmatrix}x_1(n)\\x_2(n)\end{bmatrix}$ 与全响应 $y(n)$;(4) 求系统的自然频率,并判断系统是否稳定。

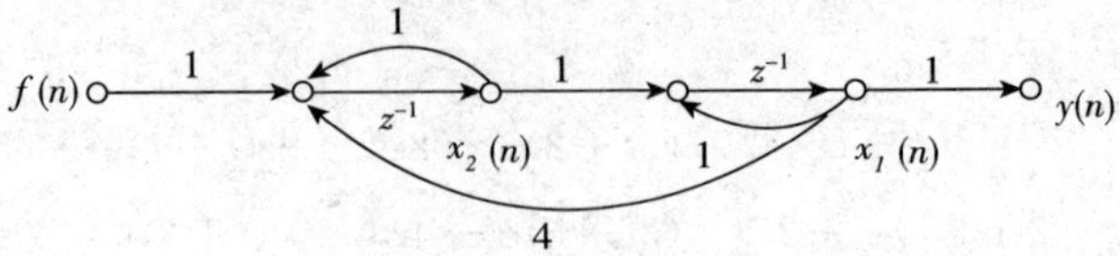

图 12-1

逻辑推理 考查根据信号流图列写状态方程与输出方程的方法,以及系统响应的求解和稳定性判断。

解题过程 (1) $\begin{cases}x_1(n+1)=x_1(n)+x_2(n)\\x_2(n+1)=4x_1(n)+x_2(n)+f(n)\end{cases}$

即 $\begin{bmatrix}x_1(n+1)\\x_2(n+1)\end{bmatrix}=\begin{bmatrix}1&1\\4&1\end{bmatrix}\begin{bmatrix}x_1(n)\\x_2(n)\end{bmatrix}+\begin{bmatrix}0\\1\end{bmatrix}[f(n)]$

$$y(n)=x_1(n)=[1\quad 0]\begin{bmatrix}x_1(n)\\x_2(n)\end{bmatrix}$$

(2) $\Phi(z)=[zI-A]^{-1}z=[I-z^{-1}A]^{-1}=\begin{bmatrix}1-z^{-1}&-z^{-1}\\-4z^{-1}&1-z^{-1}\end{bmatrix}^{-1}$

$$=\frac{1}{(1-z^{-1})^2-4z^{-2}}\begin{bmatrix}1-z^{-1}&z^{-1}\\4z^{-1}&1-z^{-1}\end{bmatrix}$$

$$=\frac{1}{(1+z^{-1})(1-3z^{-1})}\begin{bmatrix}1-z^{-1}&z^{-1}\\4z^{-1}&1-z^{-1}\end{bmatrix}$$

$$=\begin{bmatrix}\frac{1}{2}\frac{z}{z+1}+\frac{1}{2}\frac{z}{z-3}&-\frac{1}{4}\frac{z}{z+1}+\frac{1}{4}\frac{z}{z-3}\\-\frac{z}{z+1}+\frac{z}{z-3}&\frac{1}{2}\frac{z}{z+1}+\frac{1}{2}\frac{z}{z-3}\end{bmatrix}$$

故 $A^n=\mathscr{Z}^{-1}[\Phi(z)]=\begin{bmatrix}\frac{1}{2}(-1)^n+\frac{1}{2}(3)^n&-\frac{1}{4}(-1)^n+\frac{1}{4}(3)^n\\-(-1)^n+3^n&\frac{1}{2}(-1)^n+\frac{1}{2}(3)^n\end{bmatrix}u(n)$

故 $h(n)=(CA^{n-1}B)u(n-1)$

$$= [1\quad 0]\begin{bmatrix}\frac{1}{2}(-1)^{n-1}+\frac{1}{2}(3)^{n-1} & -\frac{1}{4}(-1)^{n-1}+\frac{1}{4}(3)^{n-1}\\ -(-1)^{n-1}+3^{n-1} & \frac{1}{2}(-1)^{n-1}+\frac{1}{2}(3)^{n-1}\end{bmatrix}\begin{bmatrix}0\\1\end{bmatrix}$$

$$= \frac{1}{4}[3^{n-1}-(-1)^{n-1}]u(n-1)$$

(3) $F(z)=\mathscr{Z}[u(n)]=\dfrac{z}{z-1}$

$$X(z)=\Phi(z)x(0)+\Phi(z)z^{-1}BF(z)$$

$$=\begin{bmatrix}\frac{3}{8}\frac{z}{z+1}+\frac{7}{8}\frac{z}{z-3}-\frac{1}{4}\frac{z}{z-1}\\ -\frac{3}{4}\frac{1}{z+4}+\frac{7}{4}\frac{z}{z-3}\end{bmatrix}$$

故得状态向量为$\begin{bmatrix}x_1(n)\\x_2(n)\end{bmatrix}=\begin{bmatrix}\frac{3}{8}(-1)^n+\frac{7}{8}(3)^n-\frac{1}{4}(1)^n\\ -\frac{3}{4}(-4)^n+\frac{7}{4}(3)^n\end{bmatrix}u(n)$

输出 $y(n)=x_1(n)=\left[\frac{3}{8}(-1)^n+\frac{7}{8}(3)^n-\frac{1}{4}(1)^n\right]u(n)$

(4) $|zI-A|=\left|z\begin{bmatrix}1&0\\0&1\end{bmatrix}-\begin{bmatrix}1&1\\4&1\end{bmatrix}\right|$

$$=(z-1)^2-4=(z-3)(z+1)=0$$

得到自然频率为 $P_1=3, P_2=-1$。

因此 P_1 位于 z 平面上的单位圆外部，故系统不稳定。

例 3　已知一离散系统的信号流图如图 12-2 所示，试求该系统的状态方程和输出方程。

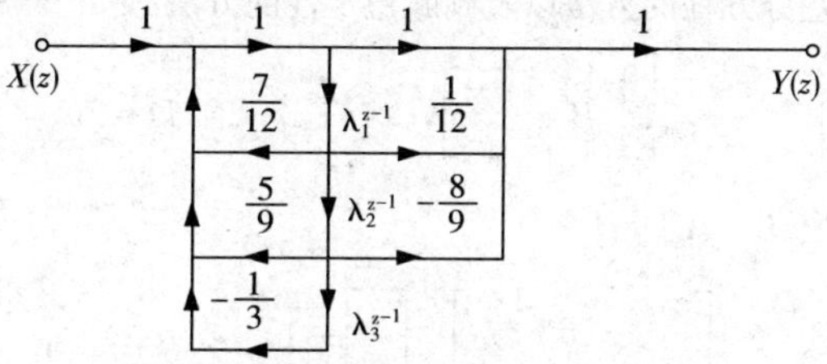

图 12-2

逻辑推理　对于离散系统通常选择延迟器的输出作为其状态变量。

解题过程 如图 12-2 中选三个延迟器的输出为状态变量 $\lambda_1(n)$、$\lambda_2(n)$、$\lambda_3(n)$，于是状态方程为

$$\begin{cases}\lambda_1(n+1)=\frac{7}{12}\lambda_1(n)+\frac{5}{9}\lambda_2(n)-\frac{1}{3}\lambda_3(n)+x(n)\\ \lambda_2(n+1)=\lambda_1(n)\\ \lambda_3(n+1)=\lambda_2(n)\end{cases}$$

输出方程为 $y(n)=\frac{1}{12}\lambda_1(n)-\frac{8}{9}\lambda_2(n)+\lambda_1(n+1)$

即 $y(n)=\frac{2}{3}\lambda_1(n)-\frac{1}{3}\lambda_2(n)-\frac{1}{3}\lambda_3(n)+x(n)$

矩阵形式 $\begin{bmatrix}\lambda_1(n+1)\\ \lambda_2(n+1)\\ \lambda_3(n+1)\end{bmatrix}=\begin{bmatrix}\frac{7}{12} & \frac{5}{9} & -\frac{1}{3}\\ 1 & 0 & 0\\ 0 & 1 & 0\end{bmatrix}\begin{bmatrix}\lambda_1(n)\\ \lambda_2(n)\\ \lambda_3(n)\end{bmatrix}+\begin{bmatrix}1\\ 0\\ 0\end{bmatrix}x(n)$

$$y(n)=\begin{bmatrix}\frac{2}{3} & -\frac{1}{3} & -\frac{1}{3}\end{bmatrix}\begin{bmatrix}\lambda_1(n)\\ \lambda_2(n)\\ \lambda_3(n)\end{bmatrix}+x(n)$$

例 4 已知单输入—单输出离散系统的状态方程与输出方程分别为

$$\begin{bmatrix}\lambda_1(n+1)\\ \lambda_2(n+1)\end{bmatrix}=\begin{bmatrix}-5 & -1\\ 3 & -1\end{bmatrix}\begin{bmatrix}\lambda_1(n)\\ \lambda_2(n)\end{bmatrix}+\begin{bmatrix}2\\ 5\end{bmatrix}x(n)$$

$$y(n)=\begin{bmatrix}1 & 2\end{bmatrix}\begin{bmatrix}\lambda_1(n)\\ \lambda_2(n)\end{bmatrix}+x(n)$$

(1) 求系统的差分方程;(2) 求系统的单位函数响应;

(3) 判断系统的稳定性。

逻辑推理 考查求原系统差分方程的方法以及判断稳定性的方法。

解题过程 (1) 由于 $A=\begin{bmatrix}-5 & -1\\ 3 & -1\end{bmatrix}$，$B=\begin{bmatrix}2\\ 5\end{bmatrix}$，$C=\begin{bmatrix}1 & 2\end{bmatrix}$，$D=1$

$$\begin{aligned}H(z)&=C[zI-A]^{-1}B+D\\ &=\begin{bmatrix}1 & 2\end{bmatrix}\begin{bmatrix}z+5 & 1\\ -3 & z+1\end{bmatrix}^{-1}\begin{bmatrix}2\\ 5\end{bmatrix}+1\\ &=\begin{bmatrix}1 & 2\end{bmatrix}\begin{bmatrix}\frac{z+1}{z^2+6z+8} & \frac{-1}{z^2+6z+8}\\ \frac{3}{z^2+6z+8} & \frac{z+5}{z^2+6z+8}\end{bmatrix}\begin{bmatrix}2\\ 5\end{bmatrix}+1\end{aligned}$$

$$= \frac{12z+59}{z^2+6z+8}+1=\frac{z^2+18z+67}{z^2+6z+8}$$

又 $H(z)=\dfrac{Y(z)}{X(z)}$

故系统的差分方程为

$$y(n+2)+6y(n+1)+8y(n)=x(n+2)+18x(n+1)+67x(n)$$

(2) 由于 $H(z)=\dfrac{12z+59}{z^2+6z+8}+1=\dfrac{\dfrac{-35}{4}z}{z+2}+\dfrac{\dfrac{11}{8}z}{z+4}+\dfrac{67}{8}$

所以 $h(n)=\mathscr{L}^{-1}\{H(z)\}=\mathscr{L}^{-1}\left\{\dfrac{\dfrac{-35}{4}z}{z+2}+\dfrac{\dfrac{11}{8}z}{z+4}+\dfrac{67}{8}\right\}$

$$=\left[-\frac{35}{4}(-2)^n+\frac{11}{8}(-4)^n\right]u(n)+\frac{67}{8}\delta(n)$$

(3) 系统特征方程 $|zI-A|=\begin{vmatrix} z+5 & 1 \\ -3 & z+1 \end{vmatrix}=2^2+6z+8=0$

亦即 $D(z)=z^2+6z+8=(z+2)(z+4)=0$

两个特征根 $z_1=-2, z_2=-4$

由于 $|z_1|>1$，$|z_2|>1$，即特征根均位于 z 平面的单位圆外，故该系统不稳定。

历年考研真题评析

题 1 （北京邮电大学 2008 年）系统流图如图 12-3 所示，列出对应的状态方程和输出方程。

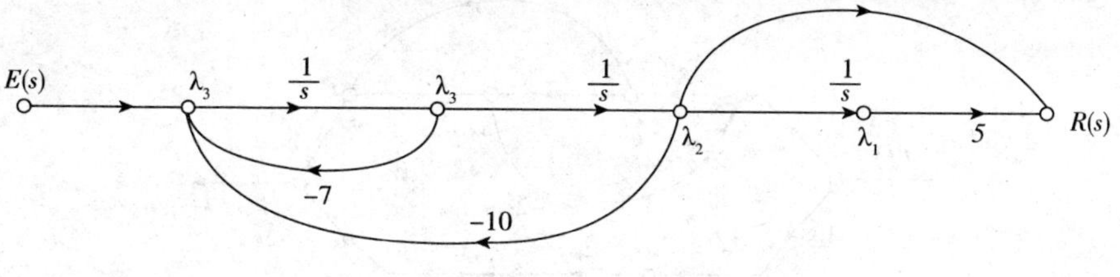

图 12-3

解题过程
$$\begin{cases}\dot{\lambda}_1(t)=\lambda_2(t)\\ \dot{\lambda}_2(t)=\lambda_3(t)\\ \dot{\lambda}_3(t)=-10\lambda_2(t)-7\lambda_3(t)+e(t)\end{cases}$$

$$r(t)=5\lambda_1(t)+\lambda_2(t)$$

题 2 (北京邮电大学 2010 年)已知系统函数表示式为 $H(s)=\dfrac{s+4}{s^3+6s^2+11s+6}$。

(1) 画出系统并联结构形式的流图;

(2) 用流图建立系统的状态方程。

解题过程 $H(s)=\dfrac{s+4}{s^3+6s^2+11s+6}=\dfrac{s+4}{(s+1)(s+2)(s+3)}$

$$=\frac{\frac{3}{2}}{s+1}+\frac{-2}{s+2}+\frac{\frac{1}{2}}{s+3}$$

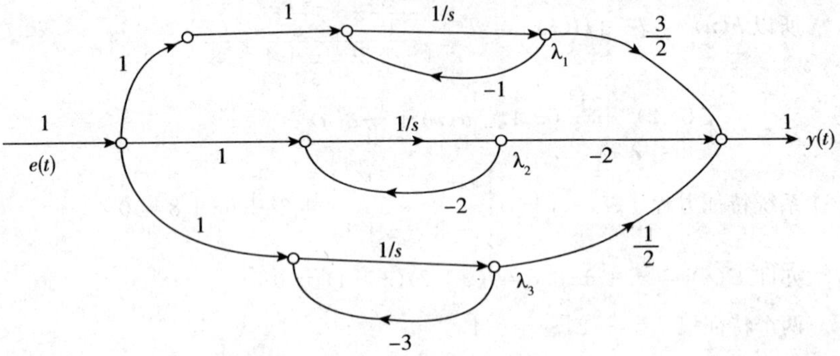

题 3 (西安电子科技大学 2008 年)一线性时不变因果离散系统信号流图如图 12-4 所示。

(1) 求系统函数 $H(z)$;

(2) 判别该系统是否稳定;

(3) 状态变量 x_1、x_2、x_3 如图 12-4 所示,写出状态方程和输出方程。

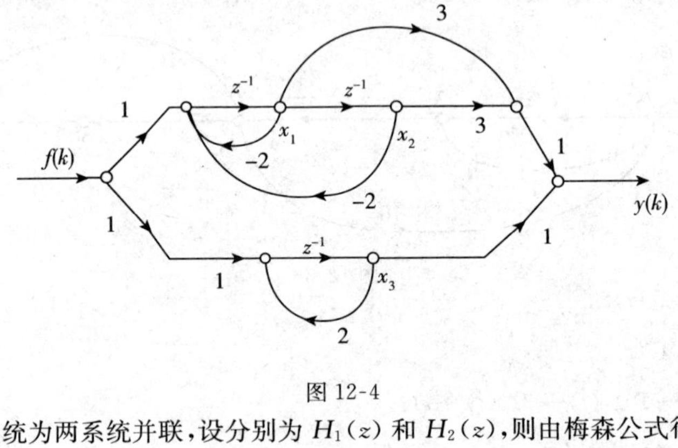

图 12-4

解题过程 (1) 该系统为两系统并联,设分别为 $H_1(z)$ 和 $H_2(z)$,则由梅森公式得

$$H_1(z)=\frac{3z^{-1}+3z^{-2}}{H2z^{-1}+2z^{-2}}=\frac{3z+3}{z^2+2z+2}$$

$$H_2(z)=\frac{1}{z-2}$$

$$\therefore H(z)=H_1(z)+H_2(z)=\frac{4z^2-z-4}{2^3-2z-4}$$

(2) 因为极点不全在单位圆内,因此系统不稳定。

(3) 根据图中状态变量,可写出状态方程和输出方程:

$$\begin{bmatrix}x_1(k+1)\\x_2(k+1)\\x_3(k+1)\end{bmatrix}=\begin{bmatrix}-2&-2&0\\1&0&0\\0&0&2\end{bmatrix}\begin{bmatrix}x_1(k)\\x_2(k)\\x_3(k)\end{bmatrix}+\begin{bmatrix}1\\0\\1\end{bmatrix}f(k)$$

$$y(k)=\begin{bmatrix}3&3&1\end{bmatrix}\begin{bmatrix}x_1(k)\\x_2(k)\\x_3(k)\end{bmatrix}$$

题 4 (西安电子科技大学 2009 年)一线性时不变因果离散系统的信号流图如图 12-5 所示。

(1) 求系统函数 $H(z)$;

(2) 判别系统是否稳定;

(3) 写出输入输出方程。

(4) 列出系统状态方程和输出方程。

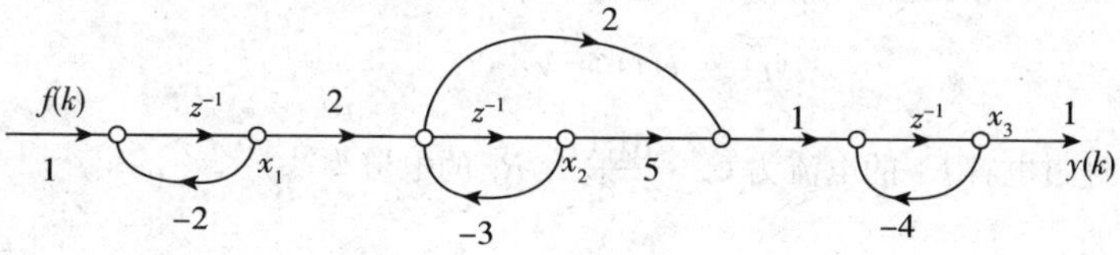

图 12-5

解题过程 (1) 由梅森公式得

$$H(z)=\frac{10z^{-3}+4z^{-2}}{1+(2z^{-1}+3z^{-1}+4z^{-1})+(6z^{-2}+8z^{-2}+12z^{-2})+24z^{-3}}$$

$$=\frac{2(2z+5)}{z^3+9z^2+26z+24}$$

(2) 不稳定。

(3) 由 $H(z)$ 写出 $y(k)+9y(k-1)+26y(k-2)+24y(k-3)=4f(k-2)+10f(k-3)$

(4) 状态方程：$\begin{bmatrix} x_1(k+1) \\ x_2(k+1) \\ x_3(k+1) \end{bmatrix} = \begin{bmatrix} -2 & 0 & 0 \\ 2 & -3 & 0 \\ 4 & -1 & 4 \end{bmatrix}\begin{bmatrix} x_1(k) \\ x_2(k) \\ x_3(k) \end{bmatrix} + \begin{bmatrix} 1 \\ 0 \\ 0 \end{bmatrix} f(k)$

输出方程：$y(k) = [0 \quad 0 \quad 1]\begin{bmatrix} x_1(k) \\ x_2(k) \\ x_3(k) \end{bmatrix}$

教材同步习题全解

12.1 知识点窍 由电路图直接建立状态方程，先选定状态变量，通常选电容两端电压和流经电感的电流为状态变量，状态变量的个数 k 等于系统的阶数，各状态变量之间必须相互独立。

逻辑推理 根据题给电路找出状态变量与已知条件之间的关系，整理得出标准的状态方程和输出方程形式。

解题过程 (1) 求状态方程。

设流经整个回路的总电流为 I。

已知状态变量 $\quad \lambda_1(t) = V_{C1}(t)$

$$\lambda_2(t) = r(t) = V_{C2}(t)$$

经过电容 C_1 的电流为 $C_1 \cdot \frac{d\lambda_1(t)}{dt}$，$R_1$ 的电流为 $\frac{\lambda_1(t)}{R_1}$，

经过电容 C_2 的电流为 $C_2 \cdot \frac{d\lambda_2(t)}{dt}$，$R_2$ 的电流为 $\frac{\lambda_2(t)}{R_2}$。

则有 $\begin{cases} C_1 \frac{d\lambda_1(t)}{dt} + \frac{\lambda_1(t)}{R_1} = C_2 \frac{d\lambda_2(t)}{dt} + \frac{\lambda_2(t)}{R_2} = I \\ \lambda_1(t) + \lambda_2(t) + R_0 I = e(t) \end{cases}$

整理得 $\begin{cases} \dot{\lambda}_1 = \frac{d\lambda_1(t)}{dt} = e(t) - 2\lambda_1(t) - \lambda_2(t) \\ \dot{\lambda}_2 = \frac{d\lambda_2(t)}{dt} = e(t) - 2\lambda_2(t) - \lambda_1(t) \end{cases}$

写成矩阵形式，有

$$\begin{bmatrix}\dot{\lambda}_1\\ \dot{\lambda}_2\end{bmatrix}=\begin{bmatrix}-2 & -1\\ -1 & -2\end{bmatrix}\begin{bmatrix}\lambda_1(t)\\ \lambda_2(t)\end{bmatrix}+\begin{bmatrix}1\\ 1\end{bmatrix}e(t)$$

(2) 求输出方程。

$$r(t)=v_{C2}(t)=\lambda_2(t)$$

即 $r(t)=\begin{bmatrix}0 & 1\end{bmatrix}\begin{bmatrix}\lambda_1(t)\\ \lambda_2(t)\end{bmatrix}$

12.2 知识点窍 由传输算子求状态方程，应首先将传输算子表达式分解，每部分对应简单的流图结构，由此设定状态变量，求解状态方程及输出方程。

逻辑推理 首先将 $H(p)$ 部分分式展开，将每一部分表示为流图形式并选取状态变量，综合写出状态方程，各部分流图并联即为整个系统的流图表示。

解题过程 将 $H(p)$ 部分分式展开，有

$$H(p)=\frac{1}{(p+1)(p+2)}=\frac{1}{p+1}+\frac{-1}{p+2}$$

其中每一个传输算子的标准形式为

$$H_i(p)=\frac{\beta_i}{p+\alpha_i}$$

表示成流图即如解图 12-2(a) 所示。

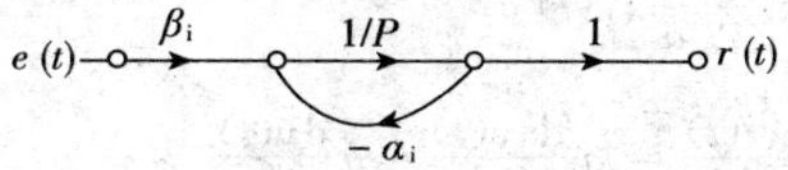

解图 12-2(a)

取积分器的输出为状态变量，则有：

$$\begin{cases}\dot{\lambda}_1=-\lambda_1+e(t)\\ \dot{\lambda}_2=-2\lambda_2-e(t)\end{cases}$$

$$r(t)=\lambda_1+\lambda_2$$

表示成矩阵形式为

$$\begin{bmatrix}\dot{\lambda}_1\\ \dot{\lambda}_2\end{bmatrix}=\begin{bmatrix}-1 & 0\\ 0 & -2\end{bmatrix}\begin{bmatrix}\lambda_1\\ \lambda_2\end{bmatrix}+\begin{bmatrix}1\\ -1\end{bmatrix}e(t)$$

$$r(t)=[1\quad 1]\begin{bmatrix}\lambda_1\\ \lambda_2\end{bmatrix}$$

即$\boldsymbol{A}=\begin{bmatrix}-1 & 0\\ 0 & -2\end{bmatrix}\quad \boldsymbol{B}=\begin{bmatrix}1\\ -1\end{bmatrix}\quad \boldsymbol{C}=[1\quad 1]$

系统流图如解图 12-2(b) 所示。

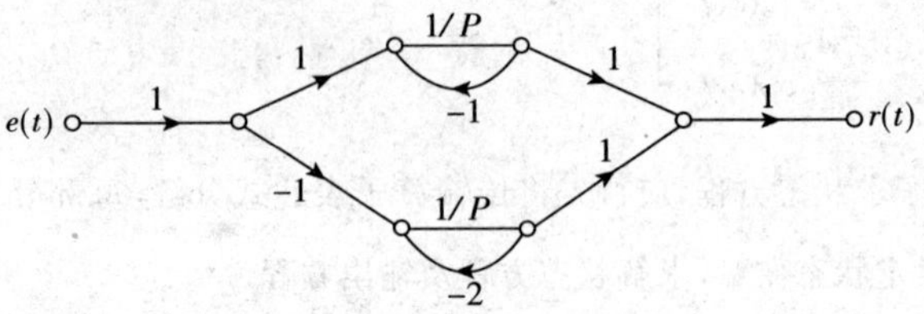

解图 12-2(b)

12.3 知识点窍 已知系统的微分方程,选定状态变量后即可得状态方程,进而结合原微分方程求输出方程。

逻辑推理 题目中已选定状态变量,可直接求解出状态方程,进而求输出方程。

解题过程 因为 $\lambda_1(t)=ay(t)$,所以$\dot{\lambda}_1(t)=\dfrac{\mathrm{d}\lambda_1(t)}{\mathrm{d}t}=a\dfrac{\mathrm{d}y(t)}{\mathrm{d}t}$

又有 $\lambda_2(t)=a\dfrac{\mathrm{d}y(t)}{\mathrm{d}t}+by(t)$

故$\dot{\lambda}_1(t)=\lambda_2(t)-\dfrac{b}{a}\lambda_1(t)$

同理$\dot{\lambda}_2(t)=\dfrac{\mathrm{d}\lambda_2(t)}{\mathrm{d}t}=a\dfrac{\mathrm{d}^2y(t)}{\mathrm{d}t^2}+b\dfrac{\mathrm{d}y(t)}{\mathrm{d}t}$

又有 $\lambda_3(t)=a\dfrac{\mathrm{d}^2y(t)}{\mathrm{d}t}+b\dfrac{\mathrm{d}y(t)}{\mathrm{d}t}+cy(t)$

所以$\dot{\lambda}_2(t)=\lambda_3(t)-\dfrac{c}{a}\lambda_1(t)$

又$\dot{\lambda}_3(t)=a\dfrac{\mathrm{d}^3y(t)}{\mathrm{d}t}+b\dfrac{\mathrm{d}^2y(t)}{\mathrm{d}t}+c\dfrac{\mathrm{d}y(t)}{\mathrm{d}t}$

原微分方程

$$a\frac{\mathrm{d}^3y(t)}{\mathrm{d}t}+b\frac{\mathrm{d}^2y(t)}{\mathrm{d}t^2}+c\frac{\mathrm{d}y(t)}{\mathrm{d}t}+\mathrm{d}y(t)=0$$

$$\dot{\lambda}_3(t)=-\frac{\mathrm{d}}{a}\lambda_1(t)$$

综上,得状态方程

$$\begin{cases}\dot{\lambda}_1(t) = -\dfrac{b}{a}\lambda_1(t) + \lambda_2(t) \\ \dot{\lambda}_2(t) = -\dfrac{c}{a}\lambda_1(t) + \lambda_3(t) \\ \dot{\lambda}_3(t) = -\dfrac{d}{a}\lambda_1(t)\end{cases}$$

输出方程

$$r(t) = \frac{\mathrm{d}}{\mathrm{d}t}y(t) = \frac{1}{a}\dot{\lambda}_1(t) = \frac{1}{a}\left[\lambda_2(t) - \frac{b}{a}\lambda_1(t)\right] = -\frac{b}{a^2}\lambda_1(t) + \frac{1}{a}\lambda_2(t)$$

12.4 知识点窍 由系统流图建立状态方程，关键是选取状态变量，选定状态变量后根据流图列写状态方程。对于一个给定系统而言，状态变量的选择不唯一，但一般选取积分器的输出为状态变量。

逻辑推理 选定积分器的输出为状态变量，根据流图列写方程。

解题过程 选定状态变量为两个积分器的输出，分别记为 $\lambda_1(t)$、$\lambda_2(t)$，如题图 12-4 所示。由流图可得状态方程

$$\begin{cases}\dot{\lambda}_1(t) = -3\lambda_1(t) + 8e_1(t) + 7e_2(t) \\ \dot{\lambda}_2(t) = 2\lambda_1(t) - \lambda_2(t) + 4e_1(t) + e_2(t)\end{cases}$$

输出方程 $r(t) = 2\lambda_1(t) + 3\lambda_2(t)$

12.5 知识点窍 由离散时间系统的方框图求状态方程，一般先将其表示为流图，进而选定状态变量，列写方程。

逻辑推理 首先由系统的方框图画出系统的流图，然后选定状态变量为各延时单元的输出，列写出状态方程和输出方程。

解题过程 由系统框图得流图如解图 12-5 所示。

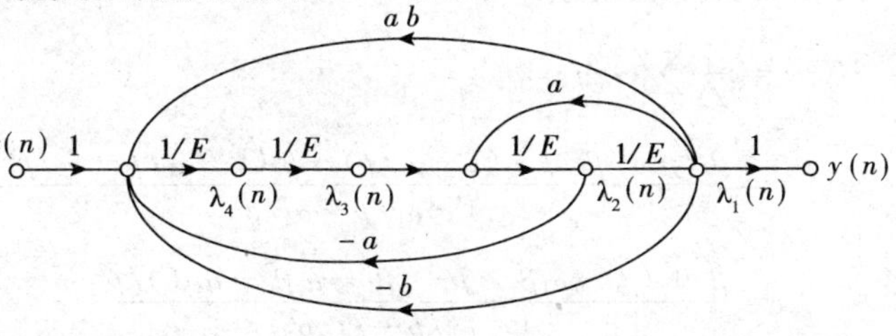

解图 12-5

选定状态变量为各延时单元的输出，记为 $\lambda_1(n)$、$\lambda_2(n)$、$\lambda_3(n)$、$\lambda_4(n)$，标注如解图 12-5 所示。由系统流图可得状态方程：

$$\begin{cases}\lambda_1(n+1)=\lambda_2(n)\\ \lambda_2(n+1)=a\lambda_1(n)+\lambda_3(n)\\ \lambda_3(n+1)=\lambda_4(n)\\ \lambda_4(n+1)=b(a-1)\lambda_1(n)-a\lambda_2(n)+x(n)\end{cases}$$

输出方程 $y(n)=\lambda_1(n)$

12.6 知识点窍 流图与微分方程之间的对应关系：流图中积分器的个数等于微分方程的阶数。

逻辑推理 (1) 小题可直接由流图及题给状态变量列写状态方程及输出方程，求对应关系时首先由微分方程写出转移函数，再对比梅森公式得出的转移函数找出对应关系。(2) 小题直接由(1) 小题的结论求解。

解题过程 (1) 由系统流图可得状态方程

$$\begin{cases}\dot{\lambda}_1(t)=\lambda_2(t)+\beta_1 e(t)\\ \dot{\lambda}_2(t)=\alpha_2\lambda_1(t)+\alpha_1\lambda_2(t)+\beta_2 e(t)\end{cases}$$

再由微分方程求得系统的转移函数为

$$H(p)=\frac{r(t)}{e(t)}=\frac{b_0p^2+b_1p+b_2}{p^2+a_1p+a_2}=\frac{b_0+b_1/p+b_2/p^2}{1+a_1/p+a_2/p^2}$$

然后由梅森公式根据流图求系统转移函数。

流图内有 2 个环路：$L_1=\alpha_1/p$，$L_2=\alpha_2/p^2$

两环路互相接触，因此 $\Delta=1-\alpha_1/p-\alpha_2/p^2$

流图中有三条前向通路：$G_1=\beta_2/p^2$，$G_2=\beta_1/p$，$G_3=\beta_0$

所有环路均与 G_1 接触，L_1 与 G_2 不接触，L_1、L_2 与 G_3 不接触

因此 $\Delta_1=1$，$\Delta_2=1-\alpha_1/p$，$\Delta_3=1-\alpha_1/p-\alpha_2/p^2$

故系统的转移函数为

$$H(p)=\frac{1}{\triangle}\sum_i G_i\Delta i$$

$$=\frac{\beta_2/p^2+\beta_1/p\cdot(1-\alpha_1/p)+\beta_0(1-\alpha_1/p-\alpha_2/p^2)}{1-\alpha_1/p-\alpha_2/p^2}$$

$$=\frac{\beta_0+(\beta_1-\alpha_1\beta_0)/p+(\beta_2-\alpha_1\beta_1-\alpha_2\beta_0)/p^2}{1-\alpha_1/p-\alpha_2/p^2}$$

与由微分方程求得的系统函数相对比，有

$$a_1=-\alpha_1, a_2=-\alpha_2$$

$$\begin{cases}b_0=\beta_0\\ b_1=-\alpha_1\beta_0+\beta_1\\ b_2=-\alpha_2\beta_0-\alpha_1\beta_1+\beta_2\end{cases}$$

写为矩阵形式，有

$$\begin{bmatrix}b_0\\ b_1\\ b_2\end{bmatrix}=\begin{bmatrix}1 & 0 & 0\\ -\alpha_1 & 1 & 0\\ -\alpha_2 & -\alpha_1 & 1\end{bmatrix}\begin{bmatrix}\beta_0\\ \beta_1\\ \beta_2\end{bmatrix}=\begin{bmatrix}1 & 0 & 0\\ a_1 & 1 & 0\\ a_2 & a_1 & 0\end{bmatrix}\begin{bmatrix}\beta_0\\ \beta_1\\ \beta_2\end{bmatrix}$$

所以 $\begin{bmatrix}\beta_0\\ \beta_1\\ \beta_2\end{bmatrix}=\begin{bmatrix}1 & 0 & 0\\ a_1 & 1 & 0\\ a_2 & a_1 & 0\end{bmatrix}^{-1}\begin{bmatrix}b_0\\ b_1\\ b_2\end{bmatrix}$

(2) 由题给微分方程有

$$a_1=4, a_2=3, b_0=1, b_1=6, b_2=8$$

代入上题结果有

$$\alpha_1=-4, \alpha_2=-3$$

$$\begin{bmatrix}\beta_0\\ \beta_1\\ \beta_2\end{bmatrix}=\begin{bmatrix}1 & 0 & 0\\ 4 & 1 & 0\\ 3 & 4 & 1\end{bmatrix}^{-1}\begin{bmatrix}1\\ 6\\ 8\end{bmatrix}=\begin{bmatrix}1\\ 2\\ -3\end{bmatrix}$$

$$\beta_0=1, \beta_1=2, \beta_2=-3$$

12.7 **知识点窍** 由系统框图画出流图结构，找出传输算子(直接与流图结构对应)与原题条件之间的对应关系。

逻辑推理 题给传输算子：$H(p)=\dfrac{b_1+\dfrac{b_0}{p}}{1+\dfrac{a_0}{p}}$

将原框图中的$\dfrac{s+a}{s+c}$化为$\dfrac{1+\dfrac{a}{s}}{1+\dfrac{c}{s}}$，画流图结构，其他类似。

解题过程 题图 12-7(a) 中$\dfrac{s+a}{s+c}=\dfrac{1+\dfrac{a}{s}}{1+\dfrac{c}{s}}$

$$\frac{K}{s(s+c)}=\frac{K}{s}\cdot\frac{\frac{1}{s}}{1+\frac{c}{s}}$$

(b) 图中依此类推,得题图 12-7(a)、(b) 的流图分别如解图 12-7(a)、(b) 所示。

对图(a):状态变量如解图 12-7(a) 所示,分别为三个积分器的输出。

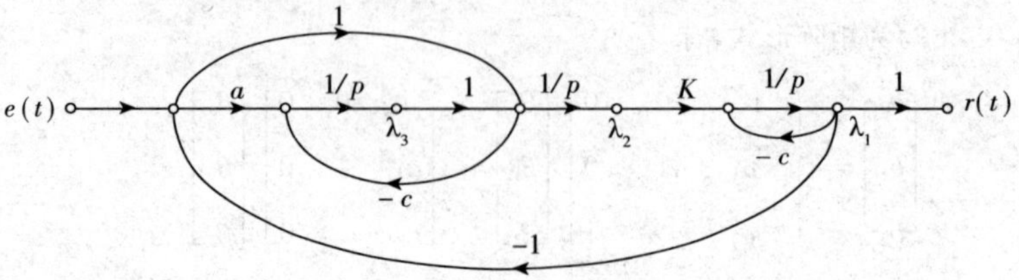

解图 12-7(a)

状态方程

$$\begin{cases}\dot{\lambda}_1(t)=-c\lambda_1(t)+K\lambda_2(t)\\ \dot{\lambda}_2(t)=-\lambda_1(t)+\lambda_3(t)+e(t)\\ \dot{\lambda}_3(t)=(-a+c)\lambda_1(t)-c\lambda_3(t)+(a-c)e(t)\end{cases}$$

输出方程 $r(t)=\lambda_1(t)$

对图(b):状态变量如解图 12-7(b) 所示。

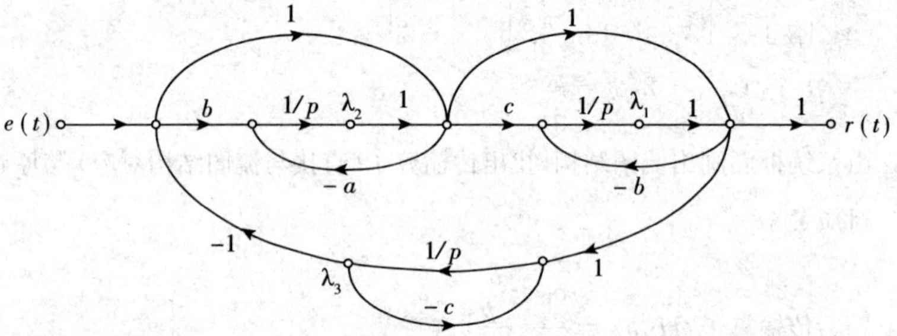

解图 12-7(b)

状态方程

$$\begin{cases}\dot{\lambda}_1(t)=-b\lambda_1(t)+(c-b)\lambda_2(t)+(b-c)\lambda_3(t)+(c-b)e(t)\\ \dot{\lambda}_2(t)=-a\lambda_2(t)+(a-b)\lambda_3(t)+(b-a)e(t)\\ \dot{\lambda}_3(t)=\lambda_1(t)+\lambda_2(t)-(c+1)\lambda_3(t)+e(t)\end{cases}$$

输出方程

$r(t)=\lambda_1(t)+\lambda_2(t)-\lambda_3(t)+e(t)$

节点λ之后增益为1的通路不能省去。因为状态变量是积分器的输出,因此对标为状态变量的节点只能有一条输入支路,这样有时就需要在积分器后加一条单独支路,其增益为1。

12.8 **知识点窍** 由电路图直接列写状态方程,一般取电感的电流、电容两端的电压为状态变量,然后由电路关系列写方程。

逻辑推理 图中有三个回路,分别设出回路电流,找出各状态变量之间的关系。

解题过程 选电容两端的电压、流经电感的电流为状态变量,分别设为$\lambda_1(t)$、$\lambda_2(t)$、$\lambda_3(t)$、$\lambda_4(t)$,如题图12-8所示。设图中三个回路的电流分别为$i_1(t)$、$i_2(t)$、$i_3(t)$,则有

$$\begin{cases}\lambda_1(t)=i_1(t)-i_3(t)\\ \lambda_2(t)=i_2(t)\\ \lambda_3(t)=\dfrac{1}{C}\displaystyle\int[i_1(t)-i_2(t)]\mathrm{d}t\\ \lambda_4(t)=\dfrac{1}{C}\displaystyle\int[i_3(t)-i_2(t)]\mathrm{d}t\end{cases}$$

由KCL,又有

$$Ri_1(t)+\frac{1}{C}\int[i_1(t)-i_2(t)]\mathrm{d}t+L\frac{\mathrm{d}}{\mathrm{d}t}[i_1(t)-i_3(t)]=e(t)$$

$$L\frac{\mathrm{d}}{\mathrm{d}t}i_2(t)-\frac{1}{C}\int[i_3(t)-i_2(t)]\mathrm{d}t-\frac{1}{C}\int[i_1(t)-i_2(t)]\mathrm{d}t=0$$

$$Ri_3(t)-L\frac{\mathrm{d}}{\mathrm{d}t}[i_1(t)-i_3(t)]+\frac{1}{C}\int[i_3(t)-i_2(t)]\mathrm{d}t=0$$

以上式子整理后可得状态方程

$$\begin{cases}\dot{\lambda}_1(t)=\dfrac{1}{2L}[-R\lambda_1(t)-\lambda_3(t)+\lambda_4(t)+e(t)]\\ \dot{\lambda}_2(t)=\dfrac{1}{L}[\lambda_3(t)+\lambda_4(t)]\\ \dot{\lambda}_3(t)=\dfrac{1}{2C}\left[\lambda_1(t)-2\lambda_2(t)-\dfrac{1}{R}\lambda_3(t)-\dfrac{1}{R}\lambda_4(t)+\dfrac{1}{R}e(t)\right]\\ \dot{\lambda}_4(t)=\dfrac{1}{2C}\left[-\lambda_1(t)-2\lambda_2(t)-\dfrac{1}{R}\lambda_3(t)-\dfrac{1}{R}\lambda_4(t)+\dfrac{1}{R}e(t)\right]\end{cases}$$

输出方程

$$r(t)=-\frac{R}{2}\lambda_1(t)-\frac{1}{2}\lambda_3(t)-\frac{1}{2}\lambda_4(t)+\frac{1}{2}e(t)$$

12.9 知识点窍 $\boldsymbol{\Phi}(t)$(或 e^{At})称为状态转移矩阵。

逻辑推理 拉氏变换法求解。

解题过程 因为 $\mathscr{L}[e^{At}]=(s\boldsymbol{I}-\boldsymbol{A})^{-1}$

所以 $$\mathscr{L}[e^{At}]=\begin{bmatrix}s & -1 & 0\\ 0 & s & -1\\ 0 & -1 & s\end{bmatrix}^{-1}=\frac{1}{s^3-s}\begin{bmatrix}s^2-1 & s & 1\\ 0 & s^2 & s\\ 0 & s & s^2\end{bmatrix}$$

$$=\begin{bmatrix}\frac{1}{s} & \frac{1}{s^2-1} & \frac{1}{s^3-s}\\ 0 & \frac{s}{s^2-1} & \frac{1}{s^2-1}\\ 0 & \frac{1}{s^2-1} & \frac{s}{s^2-1}\end{bmatrix}$$

对上式两端取逆变换,有

$$\boldsymbol{\Phi}(t)=e^{At}=\begin{bmatrix}1 & \frac{1}{2}(e^t-e^{-t}) & \frac{1}{2}(e^t+e^{-t})-1\\ 0 & \frac{1}{2}(e^t+e^{-t}) & \frac{1}{2}(e^t-e^{-t})\\ 0 & \frac{1}{2}(e^t-e^{-t}) & \frac{1}{2}(e^t+e^{-t})\end{bmatrix}$$

12.10 知识点窍 状态方程的求解:不管是对连续时间系统还是离散时间系统,求解方法基本都分两大类:时域求解和变换域求解。

逻辑推理 拉氏变换法求解。

解题过程 变换域求解(进行拉氏变换求解)。

$$\mathscr{L}[e^{At}]=(s\boldsymbol{I}-\boldsymbol{A})^{-1}=\begin{bmatrix}s-1 & 2\\ -1 & s-4\end{bmatrix}^{-1}=\frac{1}{(s-2)(s-3)}\begin{bmatrix}s-4 & -2\\ 1 & s-1\end{bmatrix}$$

$$=\begin{bmatrix}\frac{-1}{s-3}+\frac{2}{s-2} & \frac{-2}{s-3}+\frac{2}{s-2}\\ \frac{1}{s-3}-\frac{1}{s-2} & \frac{2}{s-3}-\frac{1}{s-2}\end{bmatrix}$$

于是有

$$e^{At} = \mathscr{L}^{-1}\begin{bmatrix} \frac{-1}{s-3}+\frac{2}{s-2} & \frac{-2}{s-3}+\frac{2}{s-2} \\ \frac{1}{s-3}-\frac{1}{s-2} & \frac{2}{s-3}-\frac{1}{s-2} \end{bmatrix} = \begin{bmatrix} -e^{3t}+2e^{2t} & -2e^{3t}+2e^{2t} \\ e^{3t}-e^{2t} & 2e^{3t}-e^{2t} \end{bmatrix}$$

$$\boldsymbol{\lambda}(t) = e^{At}\boldsymbol{\lambda}(0^-) = \begin{bmatrix} -7e^{3t}+10e^{2t} \\ 7e^{3t}-5e^{2t} \end{bmatrix}$$

12.11 知识点窍 考查状态方程与实际问题的结合，关键是建立数学模型。

逻辑推理 根据题意设出状态变量，找出相等关系列写状态方程。

解题过程 设 λ_1 为该城人口数，λ_2 为外地人口数，年份为 n。

由题意知，次年总人口数为原有人口数减去离去人口数，再加上外来人口数，最后考虑人口的自然增长率，有

$$\lambda_1(n+1) = (1+\gamma)[(1-\beta)\lambda_1(n) + \alpha\lambda_2(n)] \tag{1}$$

单从人口自然增长的角度看，有关系式

$$\lambda_1(n+1) + \lambda_2(n+1) = (1+\gamma)[\lambda_1(n) + \lambda_2(n)] \tag{2}$$

(2) 式减(1) 式，可得

$$\lambda_2(n+1) = (1+\gamma)[\beta\lambda_1(n) + (1-\alpha)\lambda_2(n)] \tag{3}$$

综上，得系统的状态方程为

$$\begin{cases} \lambda_1(n+1) = (1+\gamma)[(1-\beta)\lambda_1(n) + \alpha\lambda_2(n)] \\ \lambda_2(n+1) = (1+\gamma)[\beta\lambda_1(n) + (1-\alpha)\lambda_2(n)] \end{cases}$$

由状态方程的求解条件可知，为预测未来人口数，还需要知道起始年份的人口数 $\lambda_1(0)$ 和 $\lambda_2(0)$。

12.12 知识点窍 用状态变量法分析离散系统。

逻辑推理 首先写出系统的状态方程和输出方程，进而得到状态转移矩阵 $\boldsymbol{A}^n$。然后求状态变量，并根据矢量差分方程的时域求解公式求出系统响应。整个系统的差分方程可由状态方程进行线性变换得到。

解题过程 (1) 由题图 12-12 可得状态方程为

$$\begin{cases} \lambda_1(n+1) = \frac{1}{2}\lambda_1(n) + x(n) \\ \lambda_2(n+1) = \frac{1}{4}\lambda_1(n) + 2\lambda_2(n) + x(n) \end{cases}$$

输出方程为 $y(n)=2\lambda_1(n)$

由此得 $\boldsymbol{A}=\begin{bmatrix}\frac{1}{2} & 0\\ \frac{1}{4} & 2\end{bmatrix}$ $\quad \boldsymbol{B}=\begin{bmatrix}1\\1\end{bmatrix}$

$\boldsymbol{C}=[2\quad 0]\qquad \boldsymbol{D}=[0]$

$\boldsymbol{A}$ 的特征方程 $|\alpha\boldsymbol{I}-\boldsymbol{A}|=\begin{vmatrix}\alpha-\frac{1}{2} & 0\\ -\frac{1}{4} & \alpha-2\end{vmatrix}=\left(\alpha-\frac{1}{2}\right)(\alpha-2)=0$

求得 $\boldsymbol{A}$ 的特征值为 $\alpha_1=\frac{1}{2},\alpha_2=2$

根据凯莱—哈密顿定理有

$$\begin{cases}\left(\frac{1}{2}\right)^n=C_0+\frac{1}{2}C_1\\ 2^n=C_0+2C_1\end{cases}$$

解得 $\quad C_0=\frac{4}{3}\cdot\left(\frac{1}{2}\right)^n-\frac{1}{3}(2)^n\quad C_1=\frac{2}{3}\left[2^n-\left(\frac{1}{2}\right)^n\right]$

所以 $\quad \boldsymbol{A}^n=C_0\boldsymbol{I}+C_1\boldsymbol{A}$

$$=\left[\frac{4}{3}\cdot\left(\frac{1}{2}\right)^n-\frac{1}{3}\cdot 2^n\right]\begin{bmatrix}1 & 0\\0 & 1\end{bmatrix}+\frac{2}{3}\left[2^n-\left(\frac{1}{2}\right)^n\right]\begin{bmatrix}\frac{1}{2} & 0\\ \frac{1}{4} & 2\end{bmatrix}$$

$$=\begin{bmatrix}\left(\frac{1}{2}\right)^n & 0\\ \frac{1}{6}\left[2^n-\left(\frac{1}{2}\right)^n\right] & 2^n\end{bmatrix}$$

又

$$\boldsymbol{\lambda}(n)=\left[\sum_{i=0}^{n-1}\boldsymbol{A}^{n-1-i}\boldsymbol{B}\cdot\boldsymbol{x}(i)\right]u(n-1)$$

$$=\left\{\sum_{i=0}^{n-1}\begin{bmatrix}\left(\frac{1}{2}\right)^{n-1-i} & 0\\ \frac{1}{6}\left[2^{n-1-i}-\left(\frac{1}{2}\right)^{n-1-i}\right] & 2^{n-1-i}\end{bmatrix}\begin{bmatrix}1\\1\end{bmatrix}\delta(i)\right\}u(n-1)$$

$$=\begin{bmatrix}\left(\frac{1}{2}\right)^{n-1}\\ \frac{7}{6}\cdot 2^{n-1}-\frac{1}{6}\left(\frac{1}{2}\right)^{n-1}\end{bmatrix}u(n-1)=\begin{bmatrix}\lambda_1(n)\\ \lambda_2(n)\end{bmatrix}$$

所以输出序列为

$$y(n)=h(n)=\boldsymbol{C}\cdot\boldsymbol{A}^{n-1}\cdot\boldsymbol{B}+\boldsymbol{D}\cdot\delta(n)=\left(\frac{1}{2}\right)^{n-2}u(n-1)\quad(n\geqslant 1)$$

(2) 由状态方程 $\lambda_1(n+1)=\frac{1}{2}\lambda_1(n)+x(n)$ 得

$$\lambda_1(n)=\frac{1}{2}\lambda_1(n-1)+x(n-1)$$

又因为 $y(n)=2\lambda_1(n)$

所以 $$y(n)=2\lambda_1(n)=2\left[\frac{1}{2}\lambda_1(n-1)+x(n-1)\right]$$

$$=2\left[\frac{1}{2}\cdot\frac{1}{2}y(n-1)+x(n-1)\right]$$

$$=\frac{1}{2}y(n-1)+2x(n-1)$$

即系统差分方程为 $y(n)-\frac{1}{2}y(n-1)=2x(n-1)$

12.13 **知识点窍** 考查状态方程的求解。

逻辑推理 由给定状态方程求得矩阵 $\boldsymbol{A}$ 并利用其特征多项式解出 a、b 的值。由此写出带参数的 $\lambda_1(n)$、$\lambda_2(n)$ 的闭式解，利用状态方程求得未知参数，即可解得 $\lambda_1(n)$、$\lambda_2(n)$ 的闭式解。

解题过程 (1) 由状态方程可得 $\boldsymbol{A}=\begin{bmatrix}1 & -2\\ a & b\end{bmatrix}$

又已知 $n\geqslant 0$ 时，$x(n)=0$ 和 $y(n)=8(-1)^n-5(-2)^n$

故 $y(n)$ 是系统的齐次解，并且特征根为

$\alpha_1=-1,\alpha_2=-2$

$\boldsymbol{A}$ 的特征方程为

$$|\alpha\boldsymbol{I}-\boldsymbol{A}|=\begin{vmatrix}\alpha-1 & 2\\ -a & \alpha-b\end{vmatrix}=(\alpha-1)(\alpha-b)+2a=0$$

将 $\alpha_1=-1,\alpha_2=-2$ 代入得

$$\begin{cases}-2(-1-b)+2a=0\\ -3(-2-b)+2a=0\end{cases}$$

解得 $a=3,b=-4$

(2) 因为特征根为 $\alpha_1=-1,\alpha_2=-2$,故可设

$$\begin{cases}\lambda_1(n)=A_1(-1)^n+B_1(-2)^n\\ \lambda_2(n)=A_2(-1)^n+B_2(-2)^n\end{cases}$$

状态方程为 $\begin{bmatrix}\lambda_1(n+1)\\ \lambda_2(n+1)\end{bmatrix}=\begin{bmatrix}1 & -2\\ 3 & -4\end{bmatrix}\begin{bmatrix}\lambda_1(n)\\ \lambda_2(n)\end{bmatrix}+\begin{bmatrix}1\\ 0\end{bmatrix}x(n)$

因为 $n\geqslant 0$ 时,$x(n)=0$

所以 $\begin{bmatrix}\lambda_1(n+1)\\ \lambda_2(n+1)\end{bmatrix}=\begin{bmatrix}1 & -2\\ 3 & -4\end{bmatrix}\begin{bmatrix}\lambda_1(n)\\ \lambda_2(n)\end{bmatrix}$

故有 $\begin{bmatrix}A_1(-1)^{n+1}+B_1(-2)^{n+1}\\ A_2(-1)^{n+1}+B_2(-2)^{n+1}\end{bmatrix}=\begin{bmatrix}1 & -2\\ 3 & 4\end{bmatrix}\begin{bmatrix}A_1(-1)^n+B_1(-2)^n\\ A_2(-1)^n+B_2(-2)^n\end{bmatrix}$

于是 $\begin{cases}-A_1=A_1-2A_2\\ -2B_1=B_1-2B_2\end{cases}\quad\begin{cases}-A_2=3A_1-4A_2\\ -2B_2=3B_1-4B_2\end{cases}$

解得 $\begin{cases}A_1=A_2\\ B_1=\dfrac{2}{3}B_2\end{cases}$

又由 $y(n)=[1\quad 1]\begin{bmatrix}\lambda_1(n)\\ \lambda_2(n)\end{bmatrix}=(A_1+A_2)(-1)^n+(B_1+B_2)(-2)^n$

$$=2A_2(-1)^n+\frac{5}{3}B_2(-2)^n=8(-1)^n-5(-2)^n$$

得 $A_2=4,B_2=-3$

所以 $A_1=4,B_1=-2$

$\lambda_1(n)$ 和 $\lambda_2(n)$ 的闭式解分别为

$\lambda_1(n)=4(-1)^n-2(-2)^n$

$\lambda_2(n)=4(-1)^n-3(-2)^n\quad(n\geqslant 0)$

12.14 **知识点窍** 此题考查对状态方程的理解程度,状态方程的零输入解即齐次解。

逻辑推理 由状态方程求出 **A** 进而解得特征根,由此可写出带参数的零输入解的形式,利用状态方程及起始条件求出未知参数。系统差分方程可由状态方程和输出方程进行线性变换得到。

解题过程 (1) 由状态方程可得 $\boldsymbol{A}=\begin{bmatrix}1 & -1\\ -1 & -1\end{bmatrix}$

特征方程为 $|\alpha\boldsymbol{I}-\boldsymbol{A}|=\begin{vmatrix}\alpha-1 & 1\\ 1 & \alpha+1\end{vmatrix}=\alpha^2-2=0$

特征根为 $\alpha_1=\sqrt{2},\alpha_2=-\sqrt{2}$

所以零输入解可设为

$$\begin{cases}\lambda_1(n)=A_1(\sqrt{2})^n+B_1(-\sqrt{2})^n\\ \lambda_2(n)=A_2(\sqrt{2})^n+B_2(-\sqrt{2})^n\end{cases}$$

将其代入状态方程，有

$$\begin{bmatrix}A_1(\sqrt{2})^{n+1}+B_1(-\sqrt{2})^{n+1}\\ A_2(\sqrt{2})^{n+1}+B_2(-\sqrt{2})^{n+1}\end{bmatrix}=\begin{bmatrix}(A_1-A_2)(\sqrt{2})^n+(B_1-B_2)(-\sqrt{2})^n\\ (-A_1-A_2)(\sqrt{2})^n+(-B_1-B_2)(-\sqrt{2})^n\end{bmatrix}$$

因此$\begin{cases}\sqrt{2}A_1=A_1-A_2\\ -\sqrt{2}B_1=B_1-B_2\end{cases}$ $\begin{cases}\sqrt{2}A_2=A_1-A_2\\ -\sqrt{2}B_2=-B_1-B_2\end{cases}$

于是 $A_2=(1-\sqrt{2})A_1,B_2=(1+\sqrt{2})B_1$

又由 $\lambda_1(0)=2,\lambda_2(0)=2$ 得

$$\begin{cases}A_1+B_1=2\\ (1-\sqrt{2})A_1+(1+\sqrt{2})B_1=2\end{cases}$$

解得 $A_1=1,B_1=1$

所以 $A_2=1-\sqrt{2},B_2=1+\sqrt{2}$

所以零输入解为

$\lambda_1(n)=(\sqrt{2})^n+(-\sqrt{2})^n=[1+(-1)^n](\sqrt{2})^n$

$\lambda_2(n)=(1-\sqrt{2})(\sqrt{2})^n+(1+\sqrt{2})(-\sqrt{2})^n=[1-\sqrt{2}+(-1)^n(1+\sqrt{2})](\sqrt{2})^n\quad(n\geqslant 0)$

(2) 由输入方程 $y(n)=\lambda_1(n)\lambda_2(n)+x(n)$ 得

$y(n-1)=\lambda_1(n-1)\lambda_2(n-1)+x(n-1)$

$y(n-2)=\lambda_1(n-2)\lambda_2(n-2)+x(n-2)$

又由状态方程可得

$$\begin{cases}\lambda_1(n)=\lambda_1(n-1)-\lambda_2(n-1)\\ \lambda_2(n)=-\lambda_1(n-1)-\lambda_2(n-1)\end{cases}$$

$$\begin{cases}\lambda_1(n-1)=\lambda_1(n-2)-\lambda_2(n-2)\\ \lambda_2(n-1)=-\lambda_1(n-2)-\lambda_2(n-2)\end{cases}$$

将 $\lambda_1(n-1),\lambda_2(n-1)$ 代入 $\lambda_1(n),\lambda_2(n)$ 中可得

$\lambda_1(n)=2\lambda_1(n-2)\quad \lambda_2(n)=2\lambda_2(n-2)$

所以有 $y(n)=\lambda_1(n)\lambda_2(n)+x(n)$

$$=4\lambda_1(n-2)\lambda_2(n-2)+x(n)$$

$$y(n-1)=\lambda_1(n-1)\lambda_2(n-1)+x(n-1)=\lambda_2^2(n-2)-\lambda_1^2(n-2)+x(n-1)$$

由于该系统中包含有两个状态变量，可以将其看做一个二阶系统，因此系统的差分方程可写为

$$y(n)+ky(n-1)+my(n-2)$$
$$=4\lambda_1(n-2)\lambda_2(n-2)+x(n)+k\lambda_2^2(n-2)-k\lambda_1^2(n-2)+kx(n-1)$$
$$+m\lambda_1(n-2)\lambda_2(n-2)+mx(n-2)$$

选择常数 k、m 使 $\lambda_1(n-2)$、$\lambda_2(n-2)$ 的系数为 0，即可得到系统差分方程。

于是 $\begin{cases}k=0\\ 4+m=0\end{cases}$，所以 $\begin{cases}k=0\\ m=-4\end{cases}$

故系统差分方程为 $y(n)-4y(n-2)=x(n)-4x(n-2)$

(3) 由状态方程得 $\boldsymbol{B}=0$，所以状态方程的零输入解就是完全解。

所以 $y(n)=\lambda_1(n)\lambda_2(n)+x(n)$

$$=[1+(-1)^n](\sqrt{2})^n[1-\sqrt{2}+(-1)^n(1+\sqrt{2})](\sqrt{2})^n+2^n$$
$$=3\cdot 2^n+(-1)^n2^{n+1}$$

$x(n)=2^n$ 时，对差分方程有

$x(n)-4x(n-2)=0$

所以差分方程的特解为零。

12.15 **知识点窍** 利用已知的 $\boldsymbol{A}$、$\boldsymbol{B}$、$\boldsymbol{C}$、$\boldsymbol{D}$ 矩阵可直接写出系统的冲激响应

$$h(t)=\boldsymbol{C}e^{\boldsymbol{A}t}\boldsymbol{B}+\boldsymbol{D}\delta(t)$$

逻辑推理 分别写出两个系统的冲激响应，利用矩阵变换性质即可证明结论。

解题过程 对状态方程 $\begin{cases}\dot{\boldsymbol{\lambda}}(t)=\boldsymbol{A\lambda}(t)+\boldsymbol{B}e(t)\\ r_1(t)=\boldsymbol{C\lambda}(t)\end{cases}$

有 $h_1(t) = \boldsymbol{C}e^{\boldsymbol{A}t}\boldsymbol{B} + \boldsymbol{D}\delta(t) = \boldsymbol{C}e^{\boldsymbol{A}t}\boldsymbol{B}$

对状态方程 $\begin{cases} \dot{\boldsymbol{\gamma}}(t) = -\boldsymbol{A}^T\boldsymbol{\gamma}(t) + \boldsymbol{C}^T e(t) \\ r_2(t) = \boldsymbol{B}^T\boldsymbol{\gamma}(t) \end{cases}$

有 $h_2(t) = \boldsymbol{B}^T e^{-\boldsymbol{A}^T t}\boldsymbol{C}^T$

由于冲激响应 $h_2(t)$ 是一个关于 t 的多项式，故有

$[h_2(t)]^T = h_2(t) = \boldsymbol{C}[e^{-\boldsymbol{A}^T t}]^T\boldsymbol{B} = \boldsymbol{C}e^{-\boldsymbol{A}t}\boldsymbol{B}$

所以 $h_2(-t) = \boldsymbol{C}e^{\boldsymbol{A}t}\boldsymbol{B} = h_1(t)$

12.16 知识点窍 可控性判别矩阵 $\boldsymbol{M}$ 满秩，则系统可控。

可观性判别矩阵 $\boldsymbol{N}$ 满秩，则系统可观。

由状态方程求系统函数 $H(s) = \boldsymbol{C}(s\boldsymbol{I} - \boldsymbol{A})^{-1}\boldsymbol{B} + \boldsymbol{D}$。

逻辑推理 分别判定矩阵 $\boldsymbol{M}$ 和 $\boldsymbol{N}$ 是否满秩来检查系统的可控性和可观性。由给定的 $\boldsymbol{A}$、$\boldsymbol{B}$、$\boldsymbol{C}$ 矩阵写出系统函数并整理得最终表达式。

解题过程

(1) $\boldsymbol{M} = (\boldsymbol{B} \vdots \boldsymbol{AB} \vdots \boldsymbol{A}^2\boldsymbol{B})$

$$= \left(\begin{bmatrix} 0 \\ 1 \\ 1 \end{bmatrix} \begin{bmatrix} -2 & 2 & -1 \\ 0 & -2 & 0 \\ 1 & -4 & 0 \end{bmatrix} \begin{bmatrix} 0 \\ 1 \\ 1 \end{bmatrix} \begin{bmatrix} -2 & 2 & -1 \\ 0 & -2 & 0 \\ 1 & -4 & 0 \end{bmatrix}^2 \begin{bmatrix} 0 \\ 1 \\ 1 \end{bmatrix} \right)$$

$$= \begin{bmatrix} 0 & 1 & -2 \\ 1 & -2 & 4 \\ 1 & -4 & 9 \end{bmatrix}$$

$\boldsymbol{M}$ 满秩，故系统可控。

$$\boldsymbol{N} = \begin{bmatrix} \boldsymbol{C} \\ \cdots \\ \boldsymbol{CA} \\ \cdots \\ \boldsymbol{CA}^2 \end{bmatrix} = \begin{bmatrix} 1 & 0 & 0 \\ -2 & 2 & -1 \\ 3 & -4 & 2 \end{bmatrix} \rightarrow \begin{bmatrix} 1 & 0 & 0 \\ 3 & -4 & 2 \\ 3 & -4 & 2 \end{bmatrix} \rightarrow \begin{bmatrix} 1 & 0 & 0 \\ 3 & -4 & 2 \\ 0 & 0 & 0 \end{bmatrix}$$

$\boldsymbol{N}$ 的秩为 2，不满秩，故系统不可观。

(2) 由状态方程可得

$$H(s)=\boldsymbol{C}(s\boldsymbol{I}-\boldsymbol{A})^{-1}\boldsymbol{B}+\boldsymbol{D}=\begin{bmatrix}1 & 0 & 0\end{bmatrix}\begin{bmatrix}s+2 & -2 & 1\\ 0 & s+2 & 0\\ -1 & 4 & s\end{bmatrix}^{-1}\begin{bmatrix}0\\1\\1\end{bmatrix}$$

$$=\begin{bmatrix}1 & 0 & 0\end{bmatrix}\frac{1}{(s+2)(s+1)^2}\begin{bmatrix}s(s+2) & 2(s+2) & -(s+2)\\ 0 & (s+1)^2 & 0\\ s+2 & -(4s+6) & (s+2)^2\end{bmatrix}\begin{bmatrix}0\\1\\1\end{bmatrix}$$

$$=\frac{1}{(s+1)^2}$$

12.17 逻辑推理 由习题 12.1 的结果得到矩阵 $\boldsymbol{M}$ 和 $\boldsymbol{N}$,并利用 $H(s)=\boldsymbol{C}=(s\boldsymbol{I}-\boldsymbol{A})^{-1}\boldsymbol{B}+\boldsymbol{D}$ 求出系统函数。

解题过程 由习题 12.1 可知

$$\boldsymbol{A}=\begin{bmatrix}-2 & -1\\ -1 & -2\end{bmatrix}\quad \boldsymbol{B}=\begin{bmatrix}1\\1\end{bmatrix}\quad \boldsymbol{C}=\begin{bmatrix}0 & 1\end{bmatrix}\quad \boldsymbol{D}=\begin{bmatrix}0\end{bmatrix}$$

$$\boldsymbol{M}=[\boldsymbol{B}\ \vdots\ \boldsymbol{AB}]=\left[\begin{bmatrix}1\\1\end{bmatrix}\begin{bmatrix}-2 & -1\\ -1 & -2\end{bmatrix}\begin{bmatrix}1\\1\end{bmatrix}\right]$$

$$=\begin{bmatrix}1 & -3\\ 1 & -3\end{bmatrix}\to\begin{bmatrix}1 & -3\\ 0 & 0\end{bmatrix}\to\begin{bmatrix}1 & 0\\ 0 & 0\end{bmatrix}$$

$\boldsymbol{M}$ 的秩为 1,不满秩,故系统不完全可控。

$$\boldsymbol{N}=\begin{bmatrix}\boldsymbol{C}\\ \cdots\\ \boldsymbol{CA}\end{bmatrix}=\begin{bmatrix}0 & 1\\ -1 & -2\end{bmatrix}$$

$\boldsymbol{N}$ 满秩,故系统完全可观。

$$H(s)=\boldsymbol{C}(s\boldsymbol{I}-\boldsymbol{A})^{-1}\boldsymbol{B}+\boldsymbol{D}$$

$$=\begin{bmatrix}0 & 1\end{bmatrix}\begin{bmatrix}s+2 & 1\\ 1 & s+2\end{bmatrix}^{-1}\begin{bmatrix}1\\1\end{bmatrix}$$

$$=\begin{bmatrix}0 & 1\end{bmatrix}\frac{1}{(s+2)^2-1}\begin{bmatrix}s+2 & -1\\ -1 & s+2\end{bmatrix}\begin{bmatrix}1\\1\end{bmatrix}$$

$$=\frac{s+1}{s^2+4s+3}=\frac{1}{s+3}$$

12.18 知识点窍 线性时不变系统可观性的另一判据:设系统具有两两相异的特征值,则其状态完全可观的充要条件是系统经非奇异变换后成为 **A** 对角化的形式，在此形式中 **B** 不包含零元素。

逻辑推理 将 **A** 进行非奇异变换化为对角形式，观察对应的 **B**、**C** 是否有零元素。

解题过程 (1) **A** 的特征方程

$$|\alpha \boldsymbol{I}-\boldsymbol{A}|=\begin{vmatrix}\alpha-1 & 0 & 0 & 0\\ 0 & \alpha-2 & 0 & 0\\ 6 & 2 & \alpha-3 & 0\\ 3 & 2 & 0 & \alpha-4\end{vmatrix}=0$$

解得特征值为 $\alpha_1=1,\alpha_2=2,\alpha_3=3,\alpha_4=4$

求对应各特征值的特征向量，有

$$\boldsymbol{A\xi}_1=\alpha_1\boldsymbol{\xi}_1\quad \boldsymbol{A\xi}_2=\alpha_2\boldsymbol{\xi}_2\quad \boldsymbol{A\xi}_3=\alpha_3\boldsymbol{\xi}_3\quad \boldsymbol{A\xi}_4=\alpha_4\boldsymbol{\xi}_4$$

其中 $\boldsymbol{\xi}_i=[C_{1i},C_{2i},C_{3i},C_{4i}]^T$

$$\text{解得}\quad \boldsymbol{\xi}_1=\begin{pmatrix}1\\0\\3\\1\end{pmatrix}\quad \boldsymbol{\xi}_2=\begin{pmatrix}0\\1\\2\\1\end{pmatrix}\quad \boldsymbol{\xi}_3=\begin{pmatrix}0\\0\\1\\0\end{pmatrix}\quad \boldsymbol{\xi}_4=\begin{pmatrix}0\\0\\0\\1\end{pmatrix}$$

$$\text{可得}\quad \boldsymbol{P}^{-1}=[\boldsymbol{\xi}_1\boldsymbol{\xi}_2\boldsymbol{\xi}_3\boldsymbol{\xi}_4]=\begin{bmatrix}1&0&0&0\\0&1&0&0\\3&2&1&0\\1&1&0&1\end{bmatrix}$$

$$\boldsymbol{P}=\begin{bmatrix}1&0&0&0\\0&1&0&0\\-3&-2&1&0\\-1&-1&0&1\end{bmatrix}$$

$$\text{所以对角化矩阵}\quad \hat{\boldsymbol{A}}=\boldsymbol{PAP}^{-1}=\begin{bmatrix}1&0&0&0\\0&2&0&0\\0&0&3&0\\0&0&0&4\end{bmatrix}$$

$$\hat{\boldsymbol{B}} = \boldsymbol{PB} = \begin{bmatrix} 1 \\ 0 \\ 0 \\ 1 \end{bmatrix}$$

$$\hat{\boldsymbol{C}} = \boldsymbol{CP}^{-1} = [0 \quad 0 \quad 1 \quad 1]$$

(2) 由于 $\boldsymbol{A}$ 具有两两相异的特征值,状态方程的 $\boldsymbol{A}$ 对角化形式中,$\hat{\boldsymbol{B}}$ 和 $\hat{\boldsymbol{C}}$ 都包含有零元素,故系统是不可控且不可观的。

(3) $H(s) = \boldsymbol{C}(s\boldsymbol{I} - \boldsymbol{A})^{-1}\boldsymbol{B} = \hat{\boldsymbol{C}}(s\boldsymbol{I} - \hat{\boldsymbol{A}})^{-1}\hat{\boldsymbol{B}}$

$$= [0 \quad 0 \quad 1 \quad 1] \begin{bmatrix} s-1 & 0 & 0 & 0 \\ 0 & s-2 & 0 & 0 \\ 0 & 0 & s-3 & 0 \\ 0 & 0 & 0 & s-4 \end{bmatrix}^{-1} \begin{bmatrix} 1 \\ 0 \\ 0 \\ 1 \end{bmatrix}$$

$$= [0 \quad 0 \quad 1 \quad 1] \begin{bmatrix} \frac{1}{s-1} & 0 & 0 & 0 \\ 0 & \frac{1}{s-2} & 0 & 0 \\ 0 & 0 & \frac{1}{s-3} & 0 \\ 0 & 0 & 0 & \frac{1}{s-4} \end{bmatrix} \begin{bmatrix} 1 \\ 0 \\ 0 \\ 1 \end{bmatrix}$$

$$= \frac{1}{s-4}$$

12.19 知识点窍 考查以前知识的综合运用并融会贯通,串联系统可观性、可控性的判别。

逻辑推理 (1) 将两系统串联后,综合考虑其输入输出关系得状态方程;

(2) 用可观性与可控性的矩阵 $\boldsymbol{N}, \boldsymbol{M}$ 分别判定;

(3) 求转移函数。

解题过程 (1) 因为 $\dot{\boldsymbol{\lambda}}_1(t) = \boldsymbol{A}_1\boldsymbol{\lambda}_1(t) + \boldsymbol{B}_1 e_1(t)$

$$\dot{\boldsymbol{\lambda}}_2(t) = \boldsymbol{A}_2\boldsymbol{\lambda}_2(t) + \boldsymbol{B}_2 e_2(t)$$

而在串联系统中,由于

$$e_2(t) = r_1(t) = \boldsymbol{C}_1\boldsymbol{\lambda}_1(t)$$

故 $\dot{\boldsymbol{\lambda}}_2(t) = \boldsymbol{A}_2\boldsymbol{\lambda}_2(t) + \boldsymbol{B}_2\boldsymbol{C}_1\boldsymbol{\lambda}_1(t)$

得此串联系统的状态方程：

$$\dot{\boldsymbol{\lambda}}(t) = \begin{bmatrix} \dot{\lambda}_1(t) \\ \dot{\lambda}_2(t) \end{bmatrix} = \begin{bmatrix} \boldsymbol{A}_1 & 0 \\ \boldsymbol{B}_2\boldsymbol{C}_1 & A_2 \end{bmatrix} \begin{bmatrix} \lambda_1(t) \\ \lambda_2(t) \end{bmatrix} + \begin{bmatrix} \boldsymbol{B}_1 \\ 0 \end{bmatrix} e_1(t)$$

$$= \left[\begin{array}{cc:c} 0 & 1 & 0 \\ -3 & -4 & 0 \\ \hdashline 2 & 1 & -2 \end{array}\right] \begin{bmatrix} \lambda_1(t) \\ \lambda_2(t) \end{bmatrix} + \begin{bmatrix} 0 \\ 1 \\ \cdots \\ 0 \end{bmatrix} e_1(t)$$

输出方程为　$\boldsymbol{r}_2(t) = \boldsymbol{C}_2 \cdot \boldsymbol{\lambda}_2(t)$

$$= [0 \quad 0 \quad 1] \begin{bmatrix} \lambda_1(t) \\ \lambda_2(t) \end{bmatrix}$$

(2) 由于 $\boldsymbol{A} = \begin{bmatrix} 0 & 1 & 0 \\ -3 & -4 & 0 \\ 2 & 1 & -2 \end{bmatrix} \quad \boldsymbol{B} = \begin{bmatrix} 0 \\ 1 \\ 0 \end{bmatrix} \quad \boldsymbol{C} = [0 \quad 0 \quad 1]$

$$\boldsymbol{A}^2 = \begin{bmatrix} -3 & -4 & 0 \\ 12 & 13 & 0 \\ -7 & -4 & 4 \end{bmatrix}$$

于是

$$\boldsymbol{M} = [\boldsymbol{B} \vdots \boldsymbol{AB} \vdots \boldsymbol{A}^2\boldsymbol{B}] = \begin{bmatrix} 0 & 1 & -4 \\ 1 & -4 & 13 \\ 0 & 1 & -4 \end{bmatrix}$$

$\boldsymbol{M}$ 阵第一行与第三行相同，不满秩，因此串联系统不可控。

又有 $\boldsymbol{N} = \begin{bmatrix} \boldsymbol{C} \\ \cdots \\ \boldsymbol{CA} \\ \cdots \\ \boldsymbol{CA}^2 \end{bmatrix} = \begin{bmatrix} 0 & 0 & 1 \\ 2 & 1 & -2 \\ -7 & -4 & 4 \end{bmatrix}$

其行列式 $\begin{vmatrix} 0 & 0 & 1 \\ 2 & 1 & -2 \\ -7 & -4 & 4 \end{vmatrix} = -1 \neq 0$

$\boldsymbol{N}$ 满秩,此系统可观。

(3) 据 $H(s)=\boldsymbol{C}(s\boldsymbol{I}-\boldsymbol{A})^{-1}\boldsymbol{B}+\boldsymbol{D}$ 可得

$$H_1(s)=[2\quad 1]\begin{bmatrix}s & -1\\ 3 & s+4\end{bmatrix}^{-1}\begin{bmatrix}0\\ 1\end{bmatrix}$$

$$=[2\quad 1]\frac{1}{(s+1)(s+3)}\begin{bmatrix}s+4 & 1\\ -3 & s\end{bmatrix}\begin{bmatrix}0\\ 1\end{bmatrix}$$

$$=\frac{s+2}{(s+1)(s+3)}$$

$$H_2(s)=\boldsymbol{C}_2(s\boldsymbol{I}-\boldsymbol{A}_2)\boldsymbol{B}_2+\boldsymbol{D}_2=[1][s+2]^{-1}[1]=\frac{1}{s+2}$$

故串联系统的系统函数 $H(s)$ 为:

$$H(s)=H_1(s)H_2(s)=\frac{s+2}{(s+1)(s+3)}\cdot\frac{1}{s+2}=\frac{1}{(s+1)(s+3)}$$

由 $H(s)$ 可知串联后有零极点相消现象。(2) 的结果说明可控可观的系统经串联后组成的系统不一定仍然可控可观。

12.20 知识点窍 考查可控可观性的判别。

可控性:$\boldsymbol{M}=[\boldsymbol{B}\vdots\boldsymbol{B}\vdots\cdots\vdots\boldsymbol{A}^{k-1}\boldsymbol{B}]$ 满秩;

可观性:$\boldsymbol{N}=\begin{bmatrix}\boldsymbol{C}\\ \cdots\\ \vdots\\ \cdots\\ \boldsymbol{C}\boldsymbol{A}^{k-1}\end{bmatrix}$ 满秩。

逻辑推理 直接由判定方法证明,第(2) 小题求出 $H(s)$ 表达式即可。

证明 由于

$$\boldsymbol{M}=[\boldsymbol{B}\vdots\boldsymbol{A}\boldsymbol{B}\vdots\cdots\vdots\boldsymbol{A}^{k-1}\boldsymbol{B}]$$

$$\boldsymbol{N}=\begin{bmatrix}\boldsymbol{C}\\ \cdots\\ \boldsymbol{C}\boldsymbol{A}\\ \cdots\\ \vdots\\ \cdots\\ \boldsymbol{C}\boldsymbol{A}^{k-1}\end{bmatrix}$$

有

$$NM = \begin{bmatrix} C \\ \cdots \\ CA \\ \cdots \\ \vdots \\ \cdots \\ CA^{k-1} \end{bmatrix} [B \vdots AB \vdots \cdots \vdots A^{k-1}B] = \begin{bmatrix} CB & CAB & \cdots & CA^{k-1}B \\ CAB & CA^2B & \cdots & CA^kB \\ \vdots & \vdots & \cdots & \vdots \\ CA^{k-1}B & CA^kB & \cdots & CA^{2k-2}B \end{bmatrix}$$

由题给条件 $CA^iB = 0$,其中 $i = 0,1,\cdots,k-1$

可知$\det NM = |NM| = 0$

而 $\det NM = \det N \cdot \det M = 0$,故 N、M 至少有一个不满秩,即该系统不能同时完全可控和完全可观。

12.21 解题过程 (1) 对题 11.11 简化后的线性方程 $L\frac{d^2}{dt^2}\theta(t) = g\theta(t) - a(t) + Lx(t)$

状态变量 $\lambda_1(t) = \theta(t)$,$\lambda_2(t) = \frac{d}{dt}\theta(t)$,则状态方程

$$\begin{bmatrix} \dot{\lambda}_1(t) \\ \dot{\lambda}_2(t) \end{bmatrix} = \begin{bmatrix} 0 & 1 \\ \frac{g}{L} & 0 \end{bmatrix} \begin{bmatrix} \lambda_1(t) \\ \lambda_2(t) \end{bmatrix} + \begin{bmatrix} 0 & 0 \\ 1 & -\frac{1}{L} \end{bmatrix} \begin{bmatrix} x(t) \\ a(t) \end{bmatrix}$$

因为采用比例 — 微分反馈控制,代入 $a(t) = K_1\theta(t) + K_2\dot{\theta}(t) = K_1\lambda_1(t) + K_2\lambda_2(t)$

$$\begin{bmatrix} \dot{\lambda}_1(t) \\ \dot{\lambda}_2(t) \end{bmatrix} = \begin{bmatrix} 0 & 1 \\ \frac{1}{L}(g - K_1) & -\frac{K_2}{L} \end{bmatrix} \begin{bmatrix} \lambda_1(t) \\ \lambda_2(t) \end{bmatrix} + \begin{bmatrix} 0 \\ 1 \end{bmatrix} x(t)$$

所以 $A = \begin{bmatrix} 0 & 1 \\ \frac{1}{L}(g - K_1) & -\frac{K_1}{L} \end{bmatrix} \quad B = \begin{bmatrix} 0 \\ 1 \end{bmatrix}$

(2) A 矩阵特征值 $|\alpha I - A| = 0$ 的根

$$\begin{vmatrix} \alpha & 1 \\ -\frac{1}{L}(g - K_1) & \alpha + \frac{K_2}{L} \end{vmatrix} = 0 \Rightarrow \alpha^2 + \left(\frac{K_2}{L}\right)\alpha + \frac{1}{L}(K_1 - g) = 0$$

解得 $\alpha_1 = \dfrac{-K_2 + \sqrt{K_2^2 - 4L(K_1 - g)}}{2L}$

$$\alpha_2 = \frac{-K_2 - \sqrt{K_2^2 - 4L(K_1 - g)}}{2L}$$

(3) A 矩阵特征值 α_1、α_2，即系统函数的极点，为保证系统稳定应有极点位于左半平面，得 $K_1 > g, K_2 > 0$。